高等职业教育数控技术专业系列教材

数控机床 PMC 程序编制与调试

张中明　吴晓苏　编

机械工业出版社

本书以《数控机床装调维修工国家职业标准（试行）》中提出的梯形图编制的基本原则为编写依据，以数控机床中最常见的按键、信号灯、电动机、十字滑台、手轮、刀库、气动门等作为语言处理的基本元件，将梯形图编制技术由浅入深地分成四个基本模块。第一模块是第 1 章介绍的组合逻辑控制模块；第二模块是第 2 章介绍的时序控制模块；第三模块是第 3 章介绍的程序结构模块，内容包括顺序结构、重复结构、选择结构、并行结构和状态转换结构等程序编写方法；第四模块是第 4 ~ 8 章介绍的典型案例，深入分析了键盘扫描、十字滑台移动、刀库控制以及加工中心有关部件的编程与控制方法。它们的层次关系是：逻辑控制模块是基础层，时序控制模块是中间层，而程序结构模块是高级层。上一层内容可以包含下一层内容。书中所有的程序都已在数控单元中调试通过。通过本书的学习，读者可具备在实际工程中对比较复杂的程序进行分析、编制与调试的能力。

本书可以作为高等职业院校数控技术、机械制造与自动化、机电一体化技术、电气自动化技术等专业的教学用书，也可以作为数控机床设计、安装、调试、维修及升级改造等方面工程技术人员的参考用书。

图书在版编目（CIP）数据

数控机床 PMC 程序编制与调试/张中明，吴晓苏编 .—北京：机械工业出版社，2019.12（2024.7 重印）

高等职业教育数控技术专业系列教材

ISBN 978-7-111-64397-5

Ⅰ.①数…　Ⅱ.①张…　②吴…　Ⅲ.①数控机床-程序设计-高等职业教育-教材　Ⅳ.①TG659.022

中国版本图书馆 CIP 数据核字（2019）第 285926 号

机械工业出版社（北京市百万庄大街 22 号　邮政编码 100037）

策划编辑：齐志刚　　责任编辑：齐志刚　安桂芳　王莉娜

责任校对：肖　琳　梁　静　封面设计：张　静

责任印制：邓　博

北京盛通数码印刷有限公司印刷

2024 年 7 月第 1 版第 4 次印刷

184mm×260mm · 12.25 印张 · 296 千字

标准书号：ISBN 978-7-111-64397-5

定价：36.00 元

电话服务　　网络服务

客服电话：010-88361066　　机　工　官　网：www.cmpbook.com

010-88379833　　机　工　官　博：weibo.com/cmp1952

010-68326294　　金　书　网：www.golden-book.com

　机工教育服务网：www.cmpedu.com

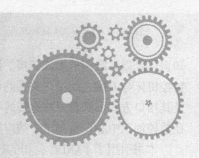

前　言

数控机床是以内置的专用计算机为工具，以数字和字符编码形式所记录的信息为处理对象，使刀具和工件在程序的指挥下实现精确相对位移而加工出金属制品的自动化设备。人们可以在大型机械零件加工、纳米级超精细刻画、柔性生产流水线以及传统机械设备升级改造等场合看到数控机床的影子。无论这些场合中设备的外形、加工对象有多大的差异，但都有一个共同的特点，即都安装有计算机数控系统单元和 PMC 梯形图程序开发环境。

PMC 是英文 Programmable Machine Controller 的缩写，意思是可编程序机床控制器（也可看成为内置于数控机床的可编程序控制器）。PMC 主要由两部分内容组成：其一是硬件环境，包括微处理器、存储单元以及相应的接口电路；其二是软件开发环境，允许用户进行符号编辑、调试和运行，目前主要的处理对象是梯形图符号和相关的数据。如果是独立式可编程序控制器，仍可沿用 PLC（可编程序控制器）的称呼。PMC 与 PLC 的主要区别是应用领域不同，前者主要应用于数控机床，后者应用于一般工业环境。

数控机床中的 PMC 梯形图是数控系统生产厂商提供给用户的用于机床功能二次开发的主要平台。对同一类数控系统来说，由于机床侧设备数量和型号的差异，如刀架工位数、冷却方式不同或者伺服设备数和性能不同，因此为这类机床编写出来的 PMC 梯形图程序会有很大的差异；对同一种型号的数控机床来说，不同开发人员写出来的 PMC 梯形图程序也有很大的差别。无论是已经工作多年的数控机床 PMC 梯形图编程老手，还是准备进入这个行业并为其努力奋斗的新手，如何正确阅读和理解他人编写好的 PMC 梯形图程序，如何针对这些程序中的一些缺陷进行改进或提高，如何根据工作任务要求编写出符合规范的 PMC 梯形图程序，这些都是需要认真面对的问题。

本书以应用广泛的 FANUC Series 0i Mate - TD 数控系统为背景，以系统内置的 PMC 梯形图程序开发环境为平台，系统地介绍了其中的基本指令系统、定时器、计数器以及功能模块的使用方法，提出了工作任务的描述方法，并且以结构分类的方式描述了顺序结构、重复结构、选择结构、并行结构以及状态转换结构等程序编写方法。这些方法都是基于独立可编程序控制器的，也就是说，采用其他类型的控制器，也可以采用这样的结构进行梯形图程序的编写和调试。

为了进一步提高读者对复杂问题的处理能力，本书介绍了一些相对复杂的案例。例如“手部控制力竞赛”，读者只需综合应用已经学习过的方法，通过比较规范的工作任务描述、数据结构安排、数学建模、数值计算方法以及编写程序，即可掌握最终调试出所需结果的方法。

本书以浙江亚龙科技有限公司制造的 YL - 559 型 0i Mate - TD 教学型数控车床设备为背景，全面介绍了面板键盘扫描、辅助功能、伺服设备、主轴控制、冷却系统和刀架等设备的 PMC 梯形图程序的编写方法，其中有许多代码都在原来的基础上进行了重新编写，并在重要知识点处以二维码的形式链接了讲解视频，以方便学生理解相关知识。另外，为了增加读者对数控机床与刀库之间接口关系的认识，本书还以24工位圆盘刀库为背景介绍了现有数控系统及其接口方式、圆盘刀库运转的基本控制算法，以华中智能产线为技术背景介绍了梯形图程序在数控加工中心设备调试中的应用。

本书引用了FANUC公司的技术文献资料，包括《梯形图语言编程说明书》《连接说明书》和《PMC功能》等，还引用了华中数控机床的随机手册《HNC－818数控系统用户说明书》和《HNC－8数控系统软件PLC编程说明书》中的有关内容。在此，对参加以上文献编写的工程技术人员表示真挚的感谢。

本书的第1章至第6章由张中明编写，第7章、第8章及部分习题由吴晓苏编写，全书由张中明统稿。

本书的编写得到了浙江省高等教育教学改革研究项目“基于校企共同体的数控机床维修与升级改造课程改革与实践（jg2013281）”及“杭州市双语精品课程：数控机床维修与升级改造（Repair and upgrade of CNC machine tools）（杭教高师［2013］55号-23）”项目的资助。本书的一部分内容在2018年夏季南非留学生进修班中进行了全英文授课并获得了很好的教学效果。在本书的编写过程中，编者得到了许多数控机床装调维修专家的指导和帮助，他们为本书的撰写提供了许多有价值的案例，在此一并表示感谢。

由于编者水平有限，书中难免存在不妥之处，请广大读者批评指正。

编　者

二维码索引

序号	名称	二维码	页码	序号	名称	二维码	页码
1	单个定时器的编程		34	6	冷却控制		129
2	固定式计数器		36	7	主轴控制		132
3	外置式计数器		38	8	刀架控制		139
4	工作方式的选择		113	9	三色灯控制		143
5	伺服控制		123				

目　录

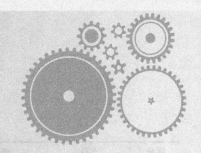

第 1 章　PMC 梯形图程序基础

1.1　梯形图的编写环境

数控机床之所以在外观上千差万别、在功能上各有所长、在结构上自成体系，其重要原因之一是许多特定功能是通过梯形图程序的编写来实现的，这就是可编程序机床控制器的重要作用。数控机床的信息处理单元是数控系统，其型号非常多，即使对同一种型号数控系统下的数控机床来说，它们拥有的信号点数量、种类和控制要求也可以不同，这些不同点包括键盘功能分布、电动刀架位置信号采集方法、旋转轴个数、直线轴个数、手轮信号形式及刀库类型等，这些差异的存在决定了仅仅为一种数控系统编写一个特定的梯形图是无法满足机床工作需要的，这就需要有一部分专业人员以梯形图编辑环境为工具，为数控机床编写、调试或者维护梯形图，使这些设备在金属加工过程中能够更加有效地按照预定的规律有序地工作。从梯形图编程者的角度，可以将数控机床梯形图的编写环境做以下归纳：

（1）接口功能　接口是指机床侧与数控单元之间的一个界面，这个界面不仅仅是为了解决数控单元本身的安全问题而做的物理隔离，同时也建立了 PMC 输入与输出之间特定的信号映射关系。例如，人工按下机床面板上的一个特定按键则可以使冷却电动机启动或停止，这就建立了机床设备与数控单元之间的接口关系，同样地，加工程序中的命令语句与 PMC 梯形图代码之间也形成了检测与控制接口关系。

（2）译码功能　所谓译码是将具有特定意义的二进制代码翻译成一定的输出信号，以实现二进制代码的控制要求。在加工程序的命令行中或者在数控机床 MDI 方式下，这些二进制代码是以命令形式出现的，比较典型的是 M 命令、T 命令和 S 命令等。例如，以正转方式且以一定的速度使主轴运转，这是通过内部特定的 R 继电器去控制对应的 Y 信号向外输出触点的，这个过程是由 PMC 梯形图程序“翻译”的，而这样的预设功能是非常多的。

（3）驱动功能　驱动对象是指 PMC 梯形图直接可以控制的数控系统自带的伺服放大器、电动机和手轮等设备。这些设备的特点是其变量单元符号由数控系统厂家自己设定，其中大多是 G 信号和 F 信号，这些信号规定了伺服轴运行的方向、倍率、轴选择信号以及极限位置等。从广义上来说，为了辨识当前的工作模式，需要通过对 G 信号进行编码，并向 CNC 系统发出申请，当 CNC 接收到这组编码信号后需要进行识别，如果识别后的信号符合规定的编码组合，则发出对应的 F 信号，表示正确识别了一种工作状态，这个过程体现了 PMC 和 CNC 在内部传递接口信号中的关系。这些直接驱动功能是控制器所特有的。

从本章开始，将围绕着 PMC 的可编程性特点，系统地学习梯形图接口功能、译码功能和驱动功能的分析、调试和实现方法，同时引入大量的案例来尝试编写出功能正确、形式优美、易于扩充以及可读性强的梯形图代码，为设计、制造和调试出高品质的数控机床做好基础工作。

1.2 编写梯形图程序的意义

对于今后欲从事数控机床设备装配、调试、维修或升级改造等技术工作的学生和在职工程技术人员来说，熟练掌握梯形图程序代码测试、分析和定位设备动作情况是一项非常重要的工作技能。梯形图是除了万用表、示波器和逻辑分析仪等之外的又一个重要工具，使用好这个工具，将有助于工作者由内而外地进行设备检测、维修和技术升级。其典型工作过程是PMC 程序定位→发控制信号→屏幕读取设备状态→外部设备动作。在这四项检测过程中，前三项属于内部信号的处理，高度体现了 PMC 的工具性，外部设备的动作则可以用万用表或示波器来进行观测。两种工具的使用可以极大地提高数控设备诊断、调试和维修的速度，对新机床的制造或旧机床的改造更起决定性的作用。归纳起来，学习 PMC 梯形图程序编制具有以下意义：

1. 读懂原有机床的 PMC 程序

机床生产厂家已经在数控单元中存放好了经过精心调试的参数和梯形图文件，其主要内容有机床类型信息、机床参数、交叉对照表和梯形图程序代码等。其中机床类型信息规定了该 PMC 程序所针对的机器类型：车床、铣床或加工中心等；机床参数规定了数据类型（二进制或 BCD 码）和编辑 PMC 程序的支持文件类型；交叉对照表则对应列出了元件名称、地址值和含义等信息，是帮助阅读梯形图的重要信息；梯形图程序代码则是用各类元件有机组合而成的软件代码，掌握这些代码的含义、模块的功能和信号流关系等内容可以了解和掌握数控机床的基本输入/输出信息、键盘编码方式、辅助功能实现方式、主轴调速方式、电动刀架以及直线轴等的控制方式等，这是实现用 PMC 工具进行设备检测和调试的重要基础。

2. 改进 PMC 梯形图程序

机床厂家提供的参数和软件在当时出厂的条件下，其代码的编写一般也具备了经典性、正确性和规范性等原则，或者说这些代码至少是能够符合当时的工作要求的。经过数年的运行，当人们用现在的眼光再去阅读这些代码时，可能会觉得当时对一些功能的处理方法不尽合理，有些写法可能还有一定的缺陷，因此我们不必完全拘泥于原来的程序书写方式，而是可以按照自己的想法优化程序代码。例如，在编写机床辅助功能控制程序时，经典的方法是用3－8 译码器实现，也就是在一个模块中可以写 1～8 个辅助功能，其优点是代码结构紧凑，缺点是难以对每个辅助功能进行注释，工作方式不易被理解；另一种程序编写方法就是每一个辅助功能只用一组特定的 BCD 码的比较指令来实现，每一组功能可以单独注释，虽然代码长度比原来长一些，但是容易在程序中编写注解语句，提高了程序的可阅读性。这个过程就是对原有代码的重新编写，改进后的代码在完成原有工作任务的前提下，其表现形式非常适合阅读、注释和功能扩展，实际上也提高了代码的质量。

3. 测试与调整机床指定设备

对于从事机床检测与调试工作的人来说，自如地对一些指定设备编写驱动程序是非常必要的。例如，当需要仅仅对主轴功能进行测试时，只要写上与主轴有关的语句就可以工作了，其他无关语句可以不用编写，这样可大大缩小检查范围，甚至可以编写一些特定的功能来测试特定设备的性能，如编写主轴速度测试程序，使主轴在规定的时间内进行加速度或减速度控制，并用电流表或功率表来检测主轴的运行参数，以此来判断主轴的故障位置，这对检测主轴中的疑难故障非常有用。只针对特定设备编写特定的代码并使设备正确运行是真正理解梯形图程序的关键，甚至可以针对某一环节写出更复杂的检测代码来诊断一些疑难故障。

4. 流水线改造与机床升级

这里有两个方面的问题需要讨论。其一是生产流水线改造问题。有些待加工工件的体积大或数量比较多，一般需要特定的夹具来进行辅助操作，夹具的动作类似一个机械手功能，需要实现机械手下降、夹紧、上升及固定等动作。此外，有些毛坯料的运送也需要专门的设备，在设备上面放一些传感器可检测工件是否处于正确的位置，这些控制程序都可以在 PMC 环境下编写，并通过接口电路去控制液压或气动方式的工作夹具来完成毛坯料的运送、夹紧和成品零件的入库等一系列操作。由于这种设备都是“非标准”的，因此必须由用户自己编写出适合特定设备的程序，在加工过程中可以通过 M 指令来调用和执行这些新定义的功能。

其二是设备升级问题。例如，早些年许多单位购买了三轴的加工中心，其主要配置为：主轴、*X* 轴、*Y* 轴、*Z* 轴以及刀库设备等。以立式加工中心为例，其有效的加工面仅为工件的一个侧面，现在设想在工作台上再安装一个可以环绕 *X* 轴旋转的工作台，定义其为 *A* 轴，*A* 轴一般可以在 $-180° \sim 180°$ 的工作范围内任意设置，并且该轴的最小分度值一般为 0.001°，这样可以把工件几乎细分成任意控制的角度。当 *A* 轴与 *X*、*Y* 和 *Z* 三个直线轴实现联动时，就可加工出更为复杂的空间曲面。这样的设备升级和改造除了硬件的开销之外，其关键技术就是新增加的 PMC 程序编写、参数设置和第四轴的机械和电信号连接了。

1.3 数控系统的组成与结构

1.3.1 PMC 的体系结构

对于 FANUC 数控系统来说，其控制体系的描述方法可以有许多种，在该系统所提供的关于《梯形图语言编程说明书》中通常将其描述成如图 1-1 所示的形式，从中可以观察到与 PMC 相关的重要组成信息。首先，PMC 处于中心位置，它与 CNC、内部继电器、非易失性存储器和机床之间存在着信号联系。这种描述主要强调了编制 PMC 程序时需要处理四种类型的地址变量关系，其特点是将 CNC 和 PMC 看成是地位平行的关系。事实上，由于 CNC 由数控单元制造商提供，其内容是独立设计的，并且普通用户是看不到其内容的，而 PMC 是由数控单元制造商提供给机床厂家的开放平台，是由机床厂家在应用，因此 CNC 和 PMC 是两个相对独立的个体，其地位是不平等的。显然，图 1-2 是以图 1-1 为基础而重新绘制的一种基于层次关系的数控系统体系结构。这里之所以强调 CNC 和 PMC 在地位上不一样，

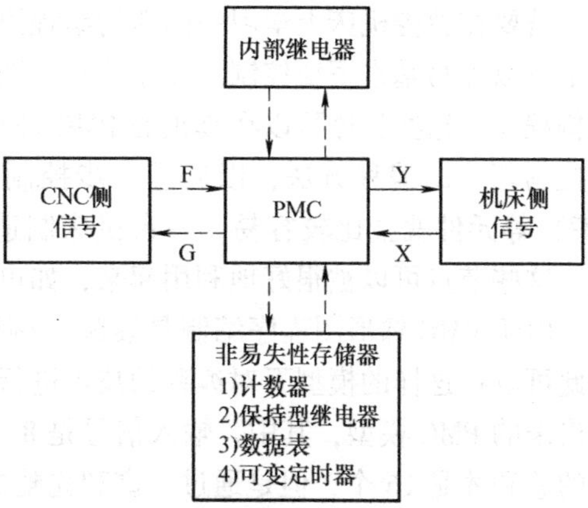

图 1-1 FANUC 描述的数控系统体系结构

是因为图 1-2 中更加突出了 CNC 作为数控系统的核心作用，在数控系统结构中其地位是最高的，其本身的代码实现过程是无法看见的，但是其通过 G/F 信号来反映数控系统可能所处的状态，而这对于检测和调试机床状态是必需的。

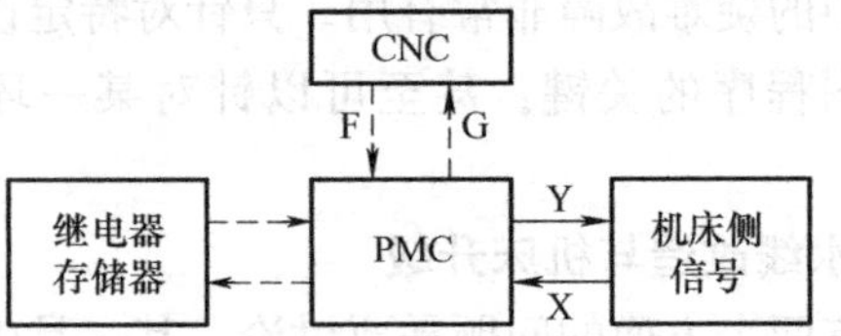

图 1-2　基于层次关系的数控系统体系结构

现在对其层次模型进行以下分析：

第一层是 CNC（Computer Numerical Control），也就是计算机数字控制系统。这一层的内容是由控制器厂家用汇编语言及 C 语言等编写的程序，对一般用户不开放。这一层主要完成的工作有开机诊断信息显示、控制算法的实现以及通过 G/F 信号对 PMC 逻辑控制器进行监控和管理。虽然人们不能从语言的细节上看到其工作的过程，但是可以通过 G/F 信号的变化来理解 CNC 的工作方式。其体现的是 CNC 对于 PMC 的管理功能，通过对 G 信号和 F 信号的识别，可以编写出既与 CNC 有关又与机床侧信号有关的控制程序，这是一般独立式的 PLC 所不具备的功能。

第二层是 PMC，图 1-2 中由实线表示的与 PMC 相关的输入/输出信号经由 I/O 板的接收电路和驱动电路传送，用于机床信号检测和对机床产生必要的控制；由虚线表示的与 PMC 相关的输入/输出变量信号仅在存储器中传送，如在 RAM 中传送；这些信号的状态都可以在 CRT 上显示。在这一层，用户可以在该环境下编写梯形图程序，其对用户是开放的，用户通过对梯形图语言进行编辑、修改并运行，可以实现对各变量诸如继电器、G/F 信号以及 X/Y 信号的检测与控制。

如果暂时略去 G/F 信号，第二层实际上就是一个典型的 PLC，基本符合一般 PLC 设备的特点。

1.3.2　PMC 的模型结构

一台实际机床的 PMC 的 I/O 节点数量是比较大的，并且其中的许多位置已经被占用，如用于操作面板、主轴驱动、伺服进给、冷却、润滑以及刀具控制等单元，显然，这些位置是不能再挪作他用的。

若要在数控机床上学习一门新的编程语言，最好的方法是建立一个模型结构，在模型结构下可以编写基本逻辑控制、顺序控制、选择控制、并行控制以及状态转换方面的典型控制结构程序，这些程序可以在真正的 PMC 环境中进行调试、监视和运行。只要掌握了这些基本控制环节的编程方法，以后进一步控制数控机床的主轴电动机、伺服电动机以及刀架（库）等元件就会比较容易。一台机床制造完成后，数控系统通常还会留有一些富余的节点，这些节点可以被很好地利用起来，如可以利用这些富余的节点建立一个最小模型结构。

由于 PMC 梯形图程序编制是装配、调试、维修以及升级数控机床所需要的重要基础，因此可以在这样的模型下对编程的技术进行循序渐进的学习。图 1-3 是依据一种数控机床提取出来的 PMC 模型，其中，输入信号是 8 个，输出信号也是 8 个，尽管输入信号和输出信号的总和才是 16 个，但是通过丰富和完整的中间变量单元等的组合，也可以编写一些从简单到复杂的控制程序。本书中的所有案例都是基于这个模型调试通过的，同时也有部分案例是占用实际通道的，如冷却控制的案例就属于这种情况，这样可以看到实际设备的运行情况。

现在对图 1-3 所示的模型做一个简要的说明。DI0 ~ DI7 是现场设备的输入位号，DI 是英文 Digital Input 两个单词的第一个字母，意思是数据输入，在给变量起名字时应尽可能见名识意，以便在阅读程序时可以迅速理解变量的含义。这些输入数据可以是启动按键、停止按键、限位开关等信号，其名称应与实际设备相符合，以便电气或工艺人员识别，输入节点一般采用常开节点；X6.0 ~ X6.7 是 PMC 的输入变量，是供程序编制人员使用的；R、T、C、K、A 等属于中间变量，主要完成信号传递、延迟时间或计数等功能，其中略去了标号和子程序等变量，这些变量的使用比较复杂，将在后面的章节中详细介绍它们的用法；Y2.0 ~ Y2.7 是 PMC 的输出变量，其输出端连接了位号为 DO0 ~ DO7 的变量，DO 是英文 Digital Output 两个单词的第一个字母，意思是数据输出，DO0 ~ DO7 是外部微型继电器的位号，用以启动外部电动机、信号灯或加热器等设备。本系统的继电器线圈采用直流 24V 供电。

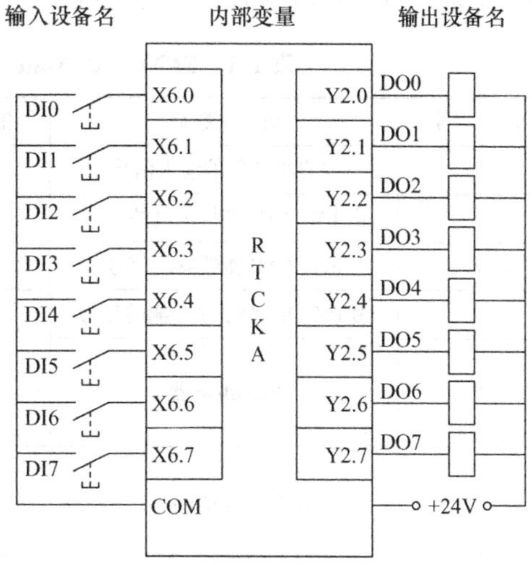

图 1-3　PMC 模型

1.3.3　基本数据格式

数据格式是指计算机对于数据变量的存储和组织方法。在数控机床的 PMC 环境下，数据由字母和数字所组成。字母决定了数据的访问功能，所谓访问功能是指以 PMC 为参照物，信号是输入、输出还是内部变量等；数字决定了其在计算机中的存储位置，两者缺一不可。现在以 X6.2 为例做以下说明：

X 表示对于 PMC 来说是输入信号，实际来自于机床侧的某一个信号。

6 表示地址值，它隐含地表示了该地址是 8 位的，可访问的地址范围是6.0 ~ 6.7，如果写成 X6，则表示访问的是全部 8 位二进制数据。

2 表示的是地址 6 中的第二位数据。

图 1-4 所示为 X 信号的线性存储结构示意图，即 X 的寻址范围是 X0 ~ X127 共 128 个字节，每个字节可以寻址 0 ~ 7，其中涂黑的单元表示 X6.2，显然这是一个位寻址。

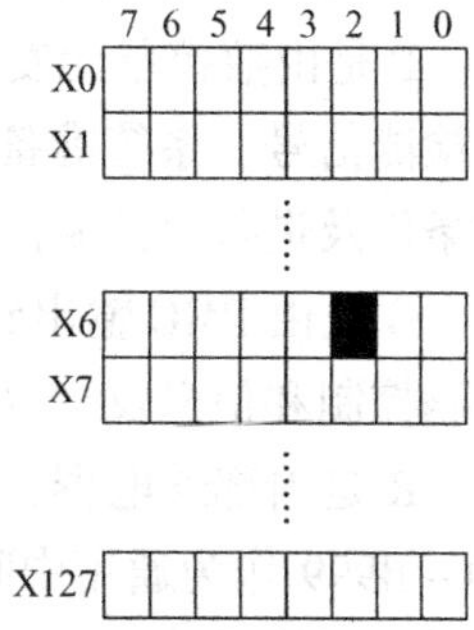

图 1-4　X 信号的线性存储结构示意图

不同的数控系统的变量范围是不同的，在数控厂家提供的《梯形图语言编程说明书》中以表格的形式对各种变量的含义进行了说明，表 1-1 是以其中的表格为蓝本进行归纳后的 FANUC 0i Mate - TD 数控系统中各变量的表达范围。如果数控系统型号不同，数据范围也会有区别，越是高级的数控单元，其变量的定义范围越宽，以便于编写需要更多变量的程序。如果要对某些数控系统进行技术升级、改造或编写梯形图，则需要对这些数控系统中的变量范围进行现场检查或核实，以确认哪些变量是可以使用的。

表1-1　FANUC 0i Mate－TD 数控系统中各变量的表达范围

符　号	信号类型	信号方向与性质	信号表达范围
X	来自机床侧的输入信号	MT→PMC	X0～X127（外装 I/O 模块）
Y	由 PMC 输出到机床侧的信号	PMC→MT	Y0～Y127（外装 I/O 模块）
F	来自 CNC 侧的输入信号	CNC→PMC	F0～F767
G	由 PMC 输出到 CNC 侧的信号	PMC→CNC	G0～G767
R	内部继电器	内部信号	R0～R999（用户使用） R9000～R9499（系统使用）
A	信息显示请求信号	内部信号	A0～A24 A9000～A9249
C	计数器	内部信号	C0～C79 C5000～C5039
K	保持型继电器	内部信号	K0～K19 K900～K999
T	可变定时器	内部信号	T0～T79 T9000～T9079
D	数据表	内部信号	D0～D1859

以下是对表1-1中信号的几点说明：

X是来自机床侧的输入信号（如极限开关、刀位信号、操作按键等检测元件），PMC接收从机床侧各检测装置反馈回来的输入信号，在控制程序中进行逻辑运算，作为机床动作的条件及外围设备进行自诊断的依据。

Y是由PMC输出到机床侧的信号，从控制程序中输出信号到机床侧的继电器、接触器、电动机和信号指示灯等组成的设备链，以满足机床的控制要求。

F是由数控单元发送到PMC的信号，用以检测机床动作的相关信号（移动中信号、位置检测信号、系统准备完毕信号等），这些信号反馈到PMC中进行逻辑运算，作为机床动作的条件及进行自诊断的依据。

G是由PMC输出到控制伺服电动机和主轴电动机的系统部分的信号，对系统部分进行编码控制和信息反馈（如轴互锁信号、M代码执行完毕信号等）。

R是内部继电器，经常在程序中做辅助运算用，其地址从R0～R999，共1000字节。R0～R999作为通用中间继电器，R9000后的地址作为PMC系统程序保留区域，不能作为继电器线圈使用。

A是信息显示请求信号，共25个字节200个位，共计可存储200个信息数。PMC通过从机床侧各检测装置反馈回来的信号和系统部分的状态信号，经过程序的逻辑运算后对机床所处的状态进行自诊断。若为异常，使A为1。当指定的A地址被置为1后，在报警显示屏幕上便会出现相关的信息，帮助查找和排除故障。

C 为计数器地址，共 80 个字节，用于确定计数器的地址，每 4 个字节组成一个计数器（其中 2 个字节作为保存预置值用，另外 2 个字节作为保存当前值用），也就是说共有 20 个计数器（1 ~20）。

K 为保持型继电器，其中 K0 ~ K16 为一般通用地址，K17 ~ K19 为 PMC 系统软件参数设定区域，由 PMC 使用。在数控系统运行过程中，若发生停电，输出继电器和内部继电器全部为断开状态。当电源再次接通时，输出继电器和内部继电器都不可自动恢复到断电前的状态，所以保持型继电器就用于保存停电前的状态且在再次运行时再现该状态的情形。

T 为可变定时器，共 80 个字节，用于存储设定时间，每 2 个字节组成一个定时器，共 40 个定时器（1 ~40）。

D 为数据表地址，共 1860 个字节。在 PMC 程序中，有时需要读写大量的数字数据，D 就是用来存储这些数据的非易失性存储器。

关于地址使用的几点说明：① 在 PMC 程序中，机床侧的输入信号（X）和系统部分的输出信号（F）是不能作为线圈输出的；② 对于输出线圈而言，输出地址不能重复定义，否则该地址的状态不能被确定，在编辑程序过程中可以通过“双线圈”对其进行检查，如果发现有同名线圈符号，则应该通过等效替换的方法加以避免，或者使用中间继电器线圈来传递信号；③ 定时器号（T）和计数器号（C）在性质上也属于输出线圈，也是不能重复使用的，另一方面，同一地址的常开或常闭节点可以多次引用，这里仅受到内存的限制。

1.3.4　PMC 程序的分级

现在大多数数控机床 PMC 程序都划分成两个级别，也可以将其划分成三个级别甚至更多，可以在 PMC 的初始工作环境界面中进行设定。

PMC 的运行是建立在扫描基础上的，图 1-5 所示为程序扫描过程示意图，根据这个原则，当把梯形图设置成运行状态后，只要机器一上电，扫描指针就会指向第一级程序中的语句 1，然后依次执行语句 2……当全部执行完第一级程序后，扫描指针会指向第二级程序的语句 1、语句 2、…、语句 N。END1 和 END2 分别代表第一级和第二级程序的结束，这两个是关键字，是不可缺少的。当程序执行完 END2 语句后又开始执行新一轮的扫描，因此在程序处于活动期间，其扫描过程是周而复始地执行的。

由于程序被分成了两级，因此在编写程序时要注意以下几方面：

1）工作任务的合理分配。第一级尽可能编写一些响应时间短的程序，以便于处理紧急事件，这些程序可以包括紧急停止按键和各行程开关等，而且这些程序要尽可能写得短小精悍，这样可以占用更少的时间资源。

2）通用变量的互相访问。梯形图程序虽然被分成了两个级别，但是各种变量的使用还是如同在一个程序中，特别是双线圈的处理方法也遵循工作于一个程序段的原理。

在数控系统厂商提供的《梯形图语言编程说明书》中有如下一些关于程序分级方面的描述，对这些描述的正确理解有助于指导我们在程序编制中正确地设置程序分级，以提高程序的执行效率。这里对程序分级的原则做以下说明。

1）共同周期问题。无论是第一级还是第二级梯形图程序，CNC 总是每隔 8ms 执行一次读写操作，其中 1.25ms 执行第一级梯形图程序，余下的 6.75ms 为 CNC 功能处理时间。

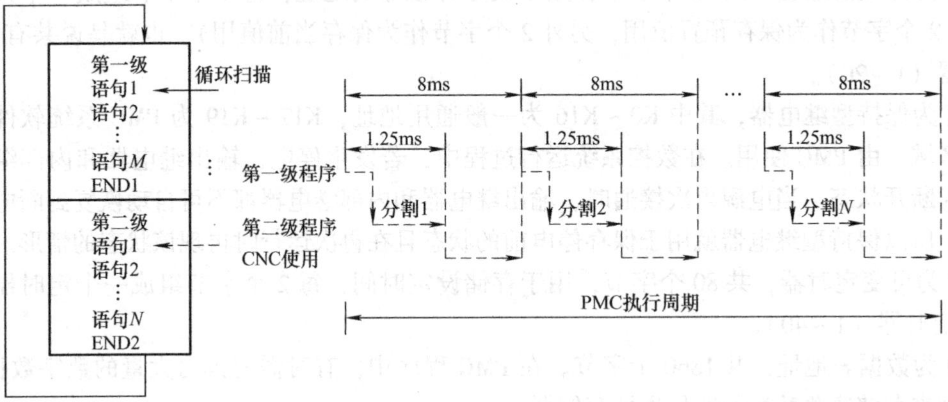

图 1-5 程序扫描过程示意图

2）第一级程序的主要功能。该级程序主要处理急停、跳转、超程等紧急动作。

3）第二级程序的分割数 N 要尽可能小。在 1.25ms 的时间里，首先执行全部的第一级程序，1.25ms 内剩下的时间执行第二级程序的一部分，直至全部 PMC 程序执行完毕。这样，第二级程序根据 PMC 程序代码的长短被自动分割成 N 等份，每 8ms 扫描完第一级程序后，再依次扫描第二级程序，所以整个 PMC 的执行周期是 $N\times8$ms。然后又重头开始执行 PMC 程序，周而复始。由此可见，由于第二级程序的代码行数都足够多，不可能在 8ms 内一次全部扫描完毕，所以要将第二级程序分成若干段。如果第一级程序写得太长，如执行时间远远超过 1.25ms，则 8ms 中余下的时间就减少了，第二级程序代码的分割数 N 就会增加，这样就使得整个 PMC 程序的扫描周期相应延长，因此第一级程序越短越好。程序扫描过程示意图如图 1-5 所示，其中左边以语句顺序说明了扫描顺序，右边部分则显示了 CNC 与 PMC 的时序分配情况。

1.3.5 PMC 指令分类

数控系统厂商在《梯形图语言编程说明书》中将其 PMC 指令分为基本指令和功能指令两大类别。其中，PMC 的基本指令主要用于完成基本的节点装载、逻辑运算以及置位-复位等功能，是构成 PMC 程序的重要基础，基本指令有 14 条；而功能指令是一些用于处理复杂数据结构和关系的应用型指令，其重要特征是模块化。这些指令在进行数据传送、数据比较、程序转移、时间延迟、高速计数及代码转换等时具有很强大的功能。功能指令约有 95 条，不同型号的 PMC，其指令的有效性会有些差异。

在编写数控机床控制和接口程序时通常采用梯形图语言，这是因为梯形图是目前发展得比较成熟的图形化语言。由于梯形图在形式上易于理解、便于阅读和编辑，因此成为现场一线工作人员编程的首选工具。用户应该从基本指令入手，然后熟练而深刻地学习和应用功能指令，以达到可以处理比较复杂和高级的现场应用问题的目的。由于梯形图是直接从传统的继电器控制演变而来的，因此具有基本电气线路知识的人也可以比较容易地理解这些逻辑关系，进一步深入的应用还应该从工艺和控制要求本身去理解，此时基本指令和功能指令只是解决问题的基本工具而已。

1.4　工作任务描述方法

这里将工作任务局限在与梯形图编制、调试和运行相关联的有关步骤。工作任务的描述有两个方面的作用。其一是在进行某程序编制之前对工作任务的内容进行必要的描述，以确定要做什么、如何做或者希望对现有一些程序进行哪些比较重要的改进等。其二是在阅读别人写的程序之前，详细地阅读他人编写的技术文档，由此可以看出别人是在做什么、如何做以及可能存在的问题等。因此，工作任务的描述就显得尤为重要，其重要性不亚于完成工作任务本身。工作任务通常由项目负责人编写，其应站在很高的角度上对工作任务的流程、内容和性质进行有条理的编写。好的工作任务描述是产生优质工作任务的基础。下面介绍几种常见的工作任务描述法，在一个工作任务中可以视情况全部或部分地选用这些方法。

1.4.1　概述描述法

概述描述法是在编制梯形图程序之前对相关的工艺流程、设备组织结构和控制系统进行一般的、整体的和轮廓性的描述。例如，对于某金属加工企业，其工艺流程主要表现为对金属进行切削加工；其设备的组织结构为数控铣床、数控车床和加工中心等；其控制系统指的是目前比较成熟的或者已经在产业中广泛使用的控制单元，如华中数控、西门子数控或FANUC数控系统等。这些描述都是概述性的，通过这些描述可以了解到最基本的信息，以便维修前对设备有一个定性的了解。

1.4.2　组合逻辑描述法

当一些输入/输出信号呈现比较明显的逻辑关系时，可以采用组合逻辑规律来描述工作任务。例如，表达一个三输入与非门，可以采用如图1-6所示的方法，其中X6.0、X6.1和X6.2是指定信号输入，而Y2.0是信号输出，通过编制梯形图代码，要求输入/输出信号之间实现逻辑所规定的控制要求。用组合逻辑法来描述工作任务的特点是简洁、直观和易于实现，必要时还需要用真值表列出输入/输出之间的关系，以便在调试过程中检查所编写梯形图是否满足工作任务的要求。由于用逻辑关系来描述一些工作任务时还有一些局限性，如还不能够表达与时间相关的逻辑关系，所以通常把它作为一种可选的描述工作任务的方法。

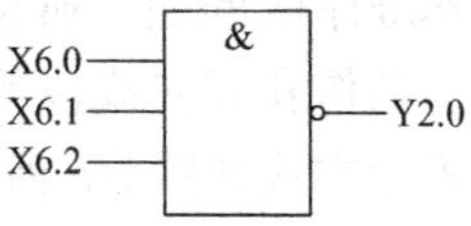

图1-6　三输入与非门

1.4.3　时序描述法

如果要描述输入/输出信号之间复杂和严格的时序关系，则采用时序图进行工作任务描述是一种比较理想的方式。图1-7所示为时间延迟和脉冲计数混合的时序图，X6.0是启动信号，其动作形式是“按下-抬起”方式，此键被按下后，设备Y2.4立即产生输出，通过这个信号可以实际带动一台电动机设备的启动，期间，系统先进行一个7s的延迟，之后的任一时刻通过X6.2开关接收5个脉冲信号，接着系统再次经过8s的延迟后Y2.4停止输出，其实际带动的电动机也停止转动。通过图1-7所示的时序图可以清楚地表示工作任务中以时间-计数为参考坐标的设备动作的详细要求。另外，用时序关系描绘的工作任务在编制梯形图程序时其解法不是唯一的，尽管如此，时序图所表达出的输入/输出信号之间的清晰关系仍是编制梯形图程序和验证结果的重要依据。本书中的许多例子都是采用时序图描述的。

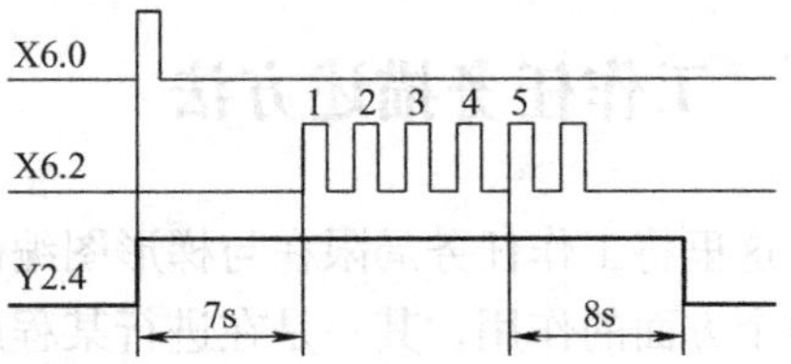

图 1-7　时间延迟和脉冲计数混合的时序图

1.4.4　顺序功能图描述法

IEC 61131-3 是国际电工委员会为工业自动化控制系统的软件编制提供标准化编程语言的一个国际标准。一方面，它得到了世界范围内众多厂商的支持；另一方面，它又独立于任何一种产品。这是国际电工委员会工作组在合理地吸收、借鉴世界范围内各种可编程序控制器的技术、编程语言甚至方言的基础上形成的一套国际编程语言标准，它详细地说明了句法、语义和五种常见的编程语言，这些编程语言包括指令表、结构化文本、梯形图、功能块图和顺序功能图（Sequential Function Chart，SFC）。显然，顺序功能图已经被列为其中的一个重要子集。

以逻辑关系表达式或时序图来编制梯形图时，编制出来的梯形图可能有多种实现方法，具有很大的探索性、随意性和形式上的不稳定性，如果工作任务比较简单，这些问题并不突出；如果所涉及的系统比较复杂，要考虑很多因素，大量的中间单元、自锁、互锁、定时和计数器等元件互相交织，这时编制出来的梯形图会变得难以调试、阅读和分析，给系统的交付、维修和改进都会带来很大的困难。因此，顺序功能图的引入比较好地解决了在一张流程图中可以表达组合逻辑、时序逻辑和动作顺序的问题。典型的顺序功能图由步、转换条件、动作和有向线段等要素组成。顺序功能图的通用表达方式如图 1-8 所示。在该顺序功能图中，时间的起点从初始化脉冲 R100.0 开始，R10.0 ~ R10.3 为工作步，X6.0 ~ X6.3 为转换条件，Y2.4 ~ Y2.6 为实际动作。相比时序图，以顺序功能图为依据编制出的梯形图具有比较好的结构稳定性，这对于程序代码的质量监控、检查与调试都具有重要意义。

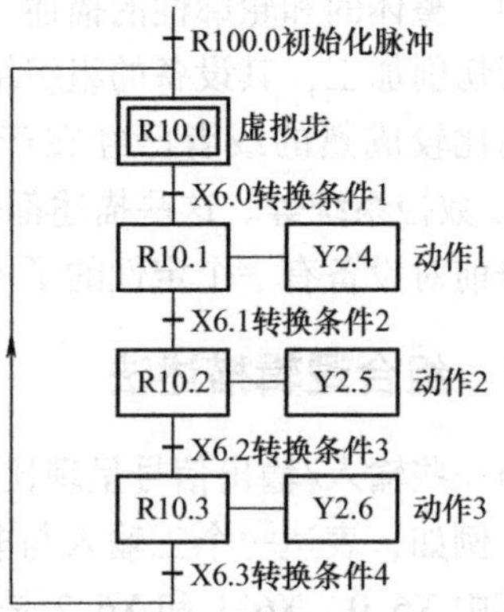

图 1-8　顺序功能图的通用表达方式

1.4.5　输入/输出节点分配表

为了清晰地表达梯形图程序中控制条件与执行结果之间的对应关系，这里引入了节点分配表的信号描述方式。这种描述的特点是将输入/输出的所有节点名称等信息都列在一张表格中，见表 1-2，左边是输入信号，右边是输出信号。其优点主要有：其一，便于程序编制人员与其他专业（特别是电气专业）人员交流信息，也许电气专业人员并不知道某节点在 PMC 中是如何工作的，但是从名称栏中可以知道该节点的作用，以便为其提供合适的节点形式：有源或无源触点；其二，便于统计总的输入/输出节点数，这对于设备选型、节点配置和成本核算是很有帮助的。

表 1-2　输入/输出信息表

输入信号			输出信号		
名称	设备代号	输入节点编号	名称	设备代号	输出节点编号
主轴电动机 M 启动	SB1	X6.0	主轴电动机 M 接触器	KM1	Y2.0
主轴电动机 M 制动	SB2	X6.1	主轴电动机制动线圈	KM2	Y2.1

在编写输入/输出信息表时要注意以下问题：① 名称指的是现场实际运行的以及大家都认可的设备名称，如主轴电动机、伺服电动机或者冷却电动机等；② 设备代号是指电气或者机械人员标注在设备图样上的符号，如 SB1 指的是启动按键，是英文 Start Button 的缩写，出于国际化的考虑，这些代号应尽可能采用国际上通用的缩写符号；③ 节点编号指的是 PMC 内部处理的接口变量，这个信息主要是针对程序编制人员的，X 是输入信号，Y 是输出信号。

1.5　以单条语句实现的组合逻辑控制

从本节开始，以组合逻辑控制主题为例来描述梯形图的编制和调试方法。在 PMC 程序编制过程中，经常要判断外部设备的动作状态、设备初始化或屏蔽某些状态位等。这些状态通常可以用组合逻辑关系来判断，如某电动机启动的条件规定为同时满足冷却泵运行和轴承温度正常。在这种条件下，该电动机才允许启动。显然，这两个条件符合“与”的逻辑关系。类似这样的条件判断可以通过组合逻辑关系来实现。组合逻辑关系的特点是：电路在任何时刻的输出信号仅由该时刻的输入信号来决定，而与原来的状态无关。

【例 1-1】 试在 PMC 设备上实现如图 1-9 所示的异或逻辑功能。

【解】 这个工作任务是通过组合逻辑关系给出的，要求输出信号 Y2.0 与输入信号 X6.0 和 X6.1 之间呈现异或的关系。为此，首先根据异或逻辑原理写出异或门真值表，见表 1-3。

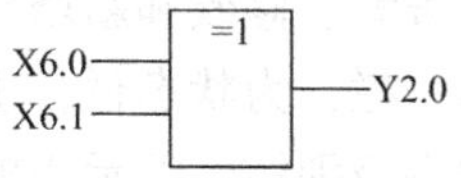

图 1-9　异或门逻辑

根据其真值表写出其逻辑表达式，为

$$Y2.0 = \overline{X6.0} \cdot X6.1 + X6.0 \cdot \overline{X6.1}$$

这是对两个变量实现异或操作的逻辑计算过程。其中，Y2.0 是输出变量，而 X6.0 和 X6.1 是输入变量，上划线“$\overline{\quad}$”表示“非”运算；“+”表示“或”运算；“·”表示“与”运算。

表 1-3　异或门真值表

输入信号		输出信号
X6.0	X6.1	Y2.0
0	0	0
0	1	1
1	0	1
1	1	0

现在，以这段逻辑表达式为例来说明在数控单元中编写梯形图程序的过程。首先对数控

车床进行送电操作，确认数控单元 FANUC 0i Mate－TD 的工作屏幕被点亮，并显示各种开机信息，待进入用户程序界面后，顺序按如下键：system→PMCLAD→级 2 程序→梯形图→操作→编辑→缩放，出现如图 1-10 所示的梯形图程序开发界面。

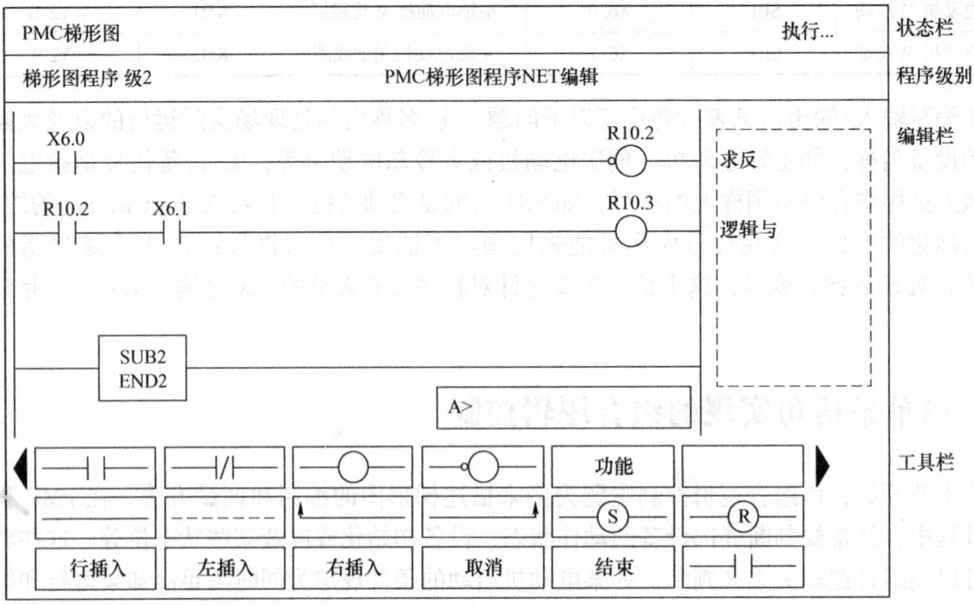

图 1-10　梯形图程序开发界面

这个开发界面是机床数控系统自带的，具有在线编辑、调试和运行程序功能，为广大用户查看、修改和新增梯形图程序提供了极大的方便。这个界面从上到下可以分为四个栏目，第一栏，为状态栏，主要向用户显示目前梯形图程序的工作状态是执行还是停止；第二栏是程序级别栏，显示当前编辑的是第一级还是第二级程序信息；第三栏是编辑栏，这部分所占的区域最大，其左边区域是用于编写梯形图符号的，图中已经编写了两行程序语句，其中 SUB2 END2 是第二级程序的结束语句，而 A＞是数据输入的提示符，如要输入 X6. 0 就可以在这个提示符下输入并按 INPUT 输入键；右边区域（用虚线框表示的）是程序注释部分，合适的程序注释有助于编程者以及阅读者对于代码的理解。

屏幕的底部是工具栏，显示的是编写梯形图所需要的符号，如常开节点、常闭节点或线圈等。除了这些基本符号以外，在“功能”栏内还有大量更为复杂的编程符号，如定时器、计数器以及各类数值运算符号等，两边的箭头是符号扩展键，实际工作时该屏幕只能显示一排工具符号。图 1-10 中显示了三排工具符号，但后面的两排是按扩展键后所显示的结果，这里也同时画在同一个画面里，以方便大家理解。第二排符号中有梯形图编辑过程中所需要的实线连接符号，虚线连接符号是用于删除的，两个反向箭头符号用于连接两行之间的封闭线，Ⓢ和Ⓡ语句是置位和复位语句。第三排显示的是各个方向的插入、取消和结束语句等。

由于图 1-10 所示的开发界面是梯形图程序编辑的重要环境，所以要通过各种程序的编制与调试过程来熟悉并掌握它的性能。现在根据两变量“异或”的逻辑运算过程编写如图 1-11 所示的梯形图程序。为了便于理解，在梯形图左边用 B1～B5 来标识电路模块，B 是英文 Block 的首字母，意思是模块，电路模块是指可以完成一个独立逻辑运算的电路。从形式上看，其信号输入数量是没有限制的，但是其输出只能是一组线圈变量。在梯形图右边写出相关的注释。程序中还引入了 R10.2、R10.3、R10.4 和 R10.5 等内部继电器，它们作为中间变量，作用是传递控制信号，从而实现输入变量 X 和输出变量 Y 之间更为复杂和丰富多彩的逻辑关系，而且可以看见中间的演算过程。最后一条语句 SUB2 END2 表示第二级程序结束。在实际调试程序时，这条语句一定要加上，否则程序无法编译和保存。

程序的注释。为了将来阅读程序时更方便，在梯形图的右侧空白部分还可以写上简要的注释。梯形图语言本身提供了这样的注释环境，我们应该尽可能利用这个环境，使程序代码的写作和阅读更为流畅。有些系统的梯形图注释只支持英文，为了方便读者阅读，本书中尽可能采用中文、逻辑运算符号等进行注释。

如图 1-11 所示，其实现了双端输入与单端输出的“异或”逻辑过程的梯形图编制过程，总共用了 5 个独立的电路模块。其中 B1 电路模块完成“非”逻辑运算；B2 电路模块完成“与”逻辑运算；B3 电路模块完成“非”逻辑运算；B4 电路模块完成“与”逻辑运算；B5 电路模块完成“或”逻辑运算。这样就完成了由 X6.0 和 X6.1 组成的信号输入，由 Y2.0 输出的“异或”逻辑运算。

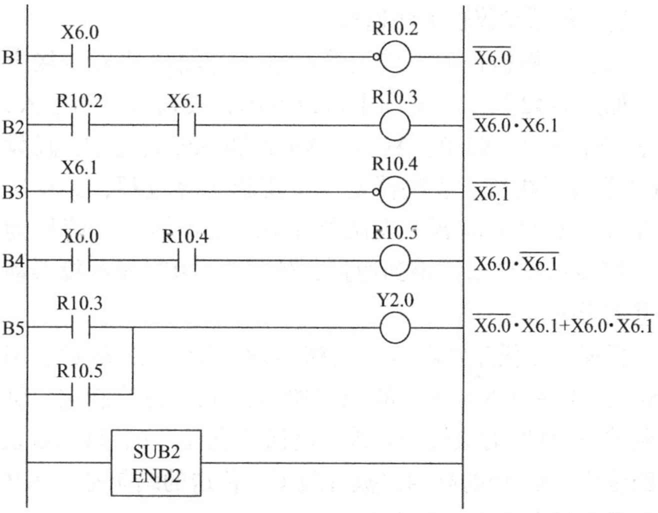

图 1-11　异或门逻辑的梯形图程序

从该例可以看出，一个两端输入、一端输出的异或逻辑运算以一些最基本的逻辑运算关系为基础。表 1-4 列出了常用逻辑门的名称、符号和逻辑表达式。如果将输入端 A 和 B 用梯形图中 X 的相关地址代替，Z 用 Y 的相关地址代替，就可以在 PMC 设备上完成相应的逻辑运算。这些常用的逻辑关系应该熟练掌握，以便在需要时应用。

表 1-4　常用逻辑门的名称、符号和逻辑表达式

名　称	符　号	逻辑表达式	名　称	符　号	逻辑表达式
与门	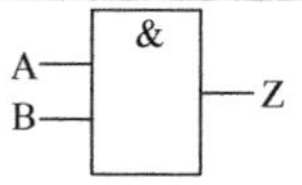	$Z=A\cdot B$	与或非门	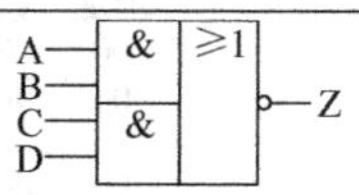	$Z=\overline{AB+CD}$
或门	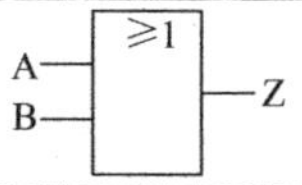	$Z=A+B$	或非门	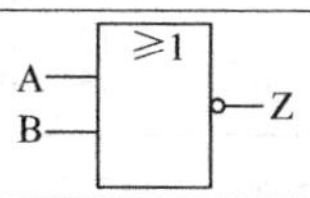	$Z=\overline{A+B}$
非门	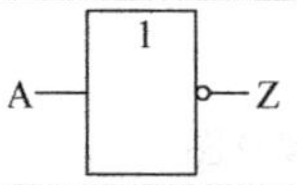	$Z=\overline{A}$	异或门	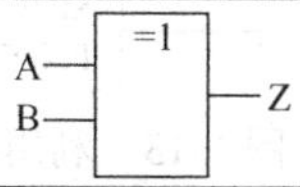	$Z=\overline{A}B+A\overline{B}$
与非门	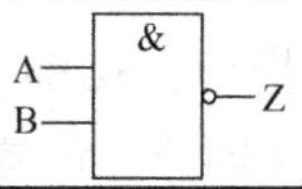	$Z=\overline{A\cdot B}$	同或门	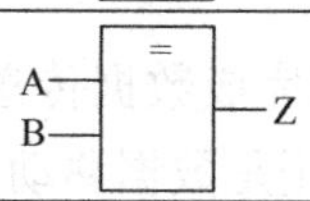	$Z=AB+\overline{A}\,\overline{B}$

1.6 以功能语句实现的组合逻辑控制

组合逻辑控制看似简单，但是如果输入信号数量更多，有时就会显得非常烦琐。为此，FANUC 系统的 PMC 中还提供了一些功能语句模块，这些模块比较适合以一个字节、两个字节或者四个字节等为单位的成组二进制运算，包括逻辑、算术或移位等运算，这样就大大简化了信号输入量比较大的程序的编写工作。

【例 1-2】 试编制一个四人投票器程序，正常情况下，有三人或三人以上投赞成票，则表决器输出逻辑 1，表示投票成功；有一个指定人物投了反对票，尽管其他三人都投赞成票，这个投票动议也无法通过。

【解】 根据任务，应先绘制输入与输出信号连接方式，如图 1-12 所示。从图中可以看出，投票者有四个人，其信号分别是 X6.0、X6.1、X6.2 和 X6.3，其中假设 X6.0 具有否决权，表决器是一个逻辑运算过程，是这次编程需要解决的问题，表决结果从 Y2.0 输出，信号为“1”则表示投票动议得到通过，信号为“0”表示投票动议遭到否决。

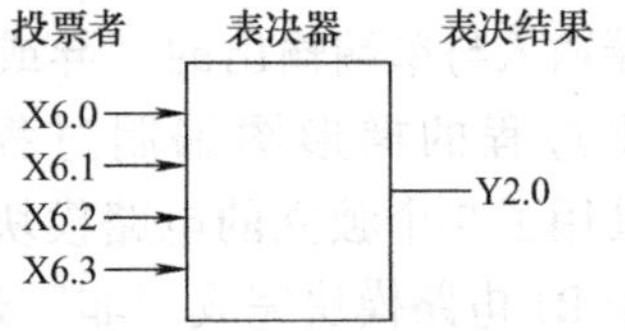

图 1-12 四人投票器的输入与输出信号连接方式

根据工作任务要求编写的梯形图如图 1-13 所示。B1 电路模块是一个数据传送语句，R9091.1 是一个恒“1”的控制符号，ACT 为控制端，SUB8 是一个带逻辑与的传送语句，控制端为“1”时该模块有效，高四位设置为 0，低四位设置为 1，表明只传送 X6 单元中的低四位值，X6 中的高四位被屏蔽了，传送的结果存入 R10 单元中待用。显然，这个投票表决器目前只允许四个人投票。

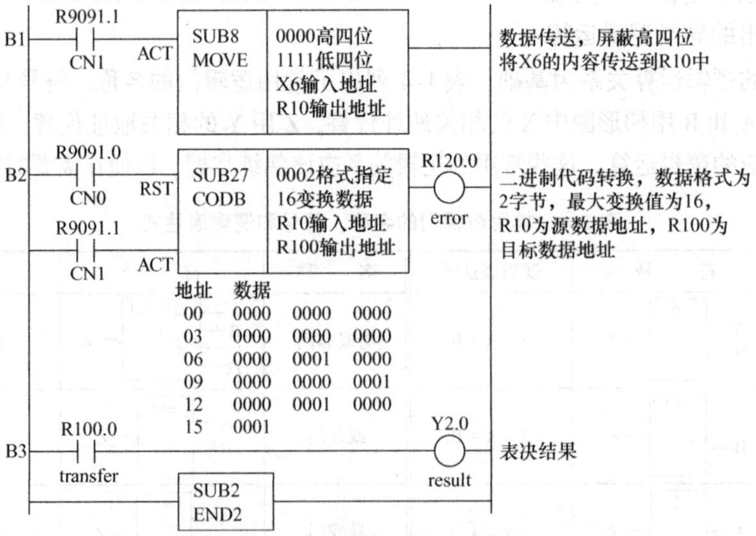

图 1-13 利用功能模块语句实现的四输入投票的梯形图

B1 电路模块可以完成数据传送功能，SUB8 是数据传送功能指令，SUB8 是功能号，功能名是 MOVE，其作用是数据移动，数据的作用位分成低四位和高四位，设置为“0”时表示对应位被屏蔽，设置为“1”时表示该位被保留，由于这里只允许四人参加投票，则高四位被屏蔽了，只保留了低四位参与运算。B2 电路模块是投票表决的计算部分，SUB27 是一个二进制代码转换模块，0002 表示可以转换两个字节的数据，16 表示最大变换值为 16，R10 是源数据地址，R100 是目标数据地址，地址和数据区是依据要求设定的。由于这是一个带否决权（X6.0）的四人投票表决器，从图 1-12 可以看出，即使 X6.1、X6.2 和 X6.3 三个人全都投赞成票，但是只要 X6.0 投反对票，则表决结果 Y2.0 输出依然为 0，也就是动议遭到了否决，其他情况依然满足只要三人及以上简单多数投赞成票属于通过的逻辑。R9091.0 是恒“0”的控制符号，其作用于复位端 RST，表明这个模块是不允许复位的，ACT 作用的是恒“1”的控制符号，表示该模块恒常有效。另外请注意，R120.0 是一个模块出错指示器，在正常情况下它并没有特殊的意义。

1.7　连锁控制

连锁是电气控制中最常见的线路连接方式。从设备的启动方式上来看，最典型的方式是采用自保持（连锁）功能。在 PMC 上可以实现多路直接启动控制，其数量仅受 I/O 点容量限制，是实现两地及以上控制的基础，更重要的是这种控制方式不但可以启动外部设备，还可以通过控制内部中间变量，是实现复杂顺序控制的重要基础。

【例 1-3】 试在 PMC 设备上实现如图 1-14 所示的控制功能。

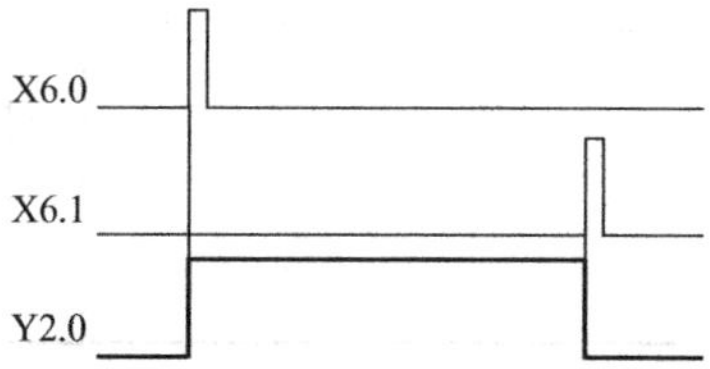

图 1-14　直接启动控制的信号时序图

【解】 图 1-14 所示为直接启动控制的信号时序图。其含义是：当按下启动按键 X6.0 时，输出设备 Y2.0 立即启动；当按下停止按键 X6.1 时，输出设备 Y2.0 立即停止。时序图是表达输入/输出信号控制要求的一种严格的方法，与一般文字描述相比，其在工作任务描述方面不会产生歧义，遵循严格的时间顺序关系。

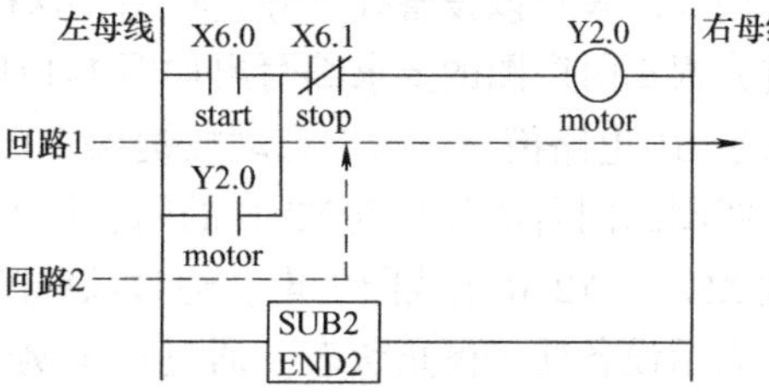

图 1-15　直接启动控制的梯形图

直接启动控制的梯形图如图 1-15 所示。这个梯形图的形式与电气原理图的表达是一致的，因此基本上可以按照电气原理图的思路去理解它。在 X6.0 按下瞬间，能流从左母线开始流经 X6.0 的常开节点、X6.1 的常闭节点、Y2.0 线圈并到达右母线，形成回路 1，线圈得电；在 X6.0 松开后，Y2.0 线圈的同名常开节点闭合，形成回路 2，这实际上是一条续流回路。虽然 X6.0 按键已经松开，但是通过续流回路可以保持 Y2.0 线圈继续得电；如果要使设备 Y2.0 停止，只要按下 X6.1，Y2.0 线圈就会瞬间失电，这就是连锁电路的主要工作原理。另一方面，该逻辑过程同样具有失电压保护的功能，也就是系统断电又恢复来电后，Y2.0 并不会自行启动，必须重新按启动按键 X6.0 才能启动 Y2.0 线圈。

另一个需要注意的是输入节点 X6.0 和 X6.1 的连接形式。显然，X6.0 在外部接常开节点；X6.1在梯形图中接常闭节点，但在外部接线中其仍接常开节点，表1-5列出了PMC外部接线方式与梯形图内部节点形式的比较。以表中左边的电气原理图为例，如果希望编制出来的梯形图与电气原理图一致，则梯形图中的常闭节点X6.1在PMC外部接线方式中采用常开节点接入法；反之，如果希望电气原理图中的按键（SB1、SB2）与PMC外部节点（X6.0、X6.1）的接线方式一致，则电气原理图中常闭的SB2在梯形图对应位置的X6.1是常开的。为了统一起见，建议一般情况下都将输入信号全部设置为常开信号，这样电气原理图与梯形图在形式上是一致的；如果一定要将输入信号设置为常闭节点，则梯形图中的相应符号要转变为常开节点。总之，对于常闭节点来说，梯形图符号与PMC外部接线方式是相反的，其本质可以从“能流”的走向去理解。

表1-5　PMC外部接线方式与梯形图内部节点形式的比较

电气原理图	PMC外部接线方式	梯形图
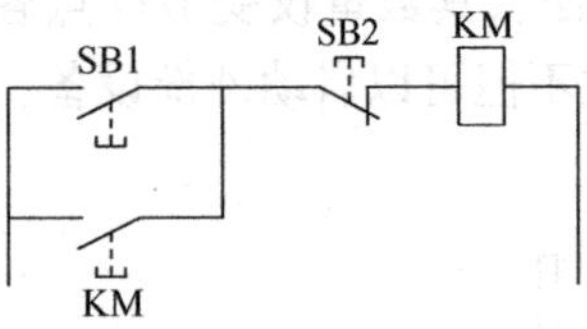	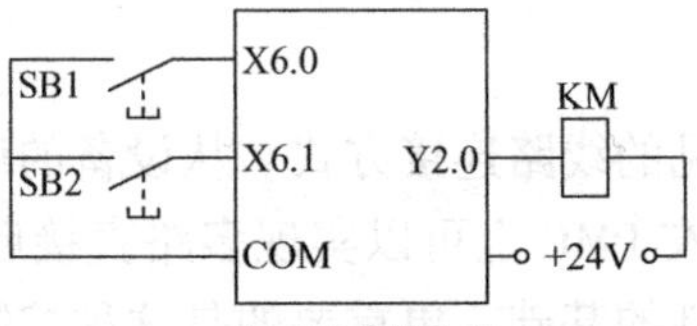 常开节点接入法	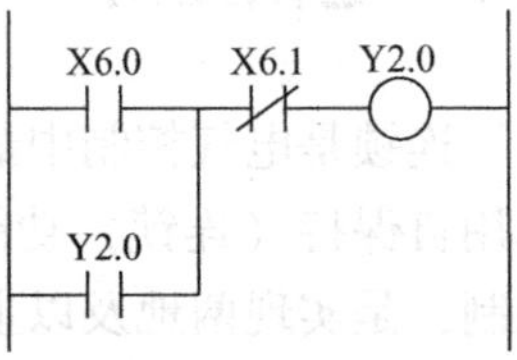
	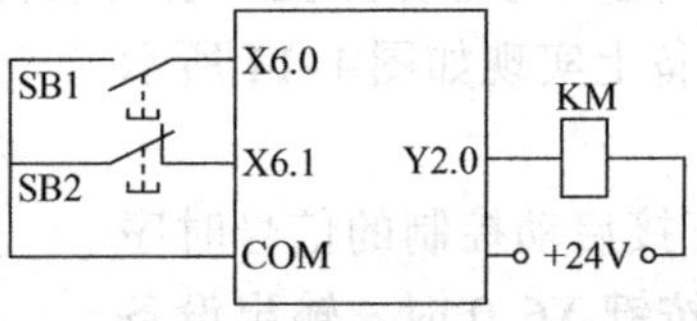 常闭节点接入法	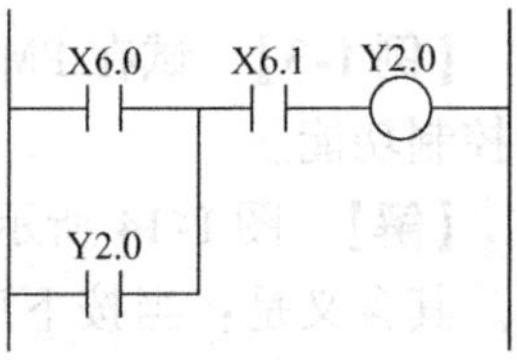

【例1-4】 试在PMC设备上编写一个实现电动机设备与指示灯控制的梯形图。

【解】 图1-16所示为设备与指示灯同步控制的信号时序图。在工厂的流水线设备控制中，人们不但要启动和停止设备，许多情况下还要安装配套指示灯，如用绿灯表示某设备在运行，用红灯表示该设备处于停止状态，这样便于操作人员从操作面板上观察设备的运行情况。首先根据时序图的要求编写出如图1-17所示的梯形图。

对于B1电路模块，按下启动按键X6.0，Y2.0主线圈得电并自锁；对于B2电路模块，通过主线圈的同名常开节点Y2.0的闭合使Y2.1运行指示灯亮；对于B3电路模块，按下停止按键X6.1，Y2.0主线圈失电，通过该线圈的同名常闭节点Y2.0的闭合使Y2.2停止指示灯亮，表示设备处于停止状态。通过这个例子可以看出，要控制的主线圈是Y2.0，其同名的辅助常开和常闭节点分别用于控制设备的运行指示灯和停止指示灯，这种做法在程序编写中是常见的，而且辅助节点的个数是没有限制的，这对编写更为复杂的程序，传递较多的中间变量是非常方便的。

在梯形图中，变量的表达通常有两种方式，其一是地址变量，它表示的是变量在控制器中的存储属性；其二是符号变量，其对应一个符号，或者说是助记符号，用这个符号可以表达该地址变量的含义。在图1-17中，X6.0是启动按键，在其下可以写上start，这个英文单词就说明了地址变量的具体含义，以后相继出现了stop、motor、green和red等，人们在阅读程序时就知道这些节点或线圈代表了停止、电动机、绿色和红色等含义。因此，梯形图就不仅仅是一段可以执行的程序，也是一篇接近自然语言的短文。在这样的环境下编辑、调试或者修改程序，比抽象的符号具有更生动的意义。

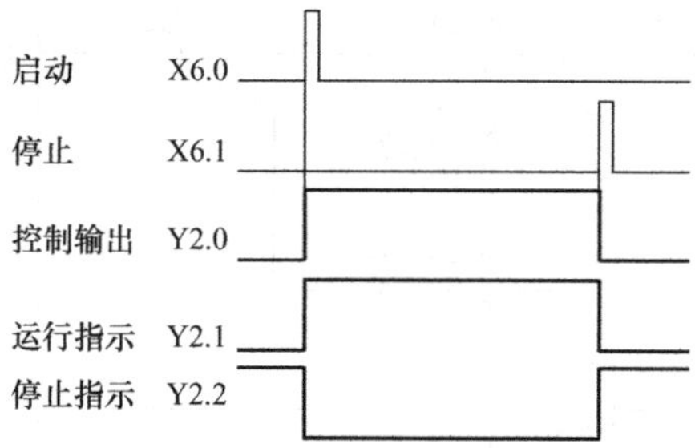

图 1-16　设备与指示灯同步控制的信号时序图

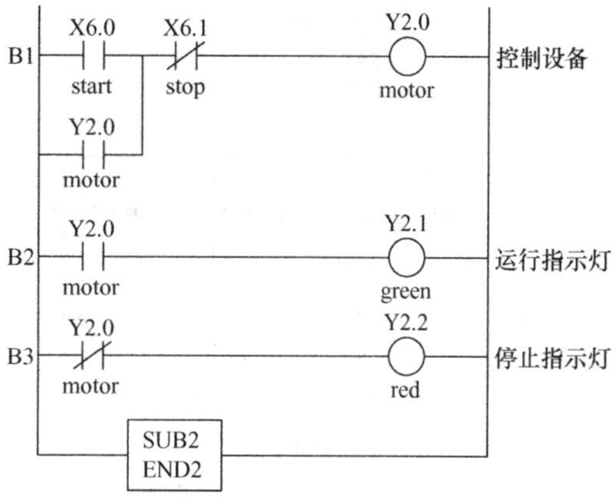

图 1-17　设备与指示灯同步控制的梯形图

【例 1-5】　试在 PMC 设备上实现如图 1-18 所示的电动机点动-长动控制。

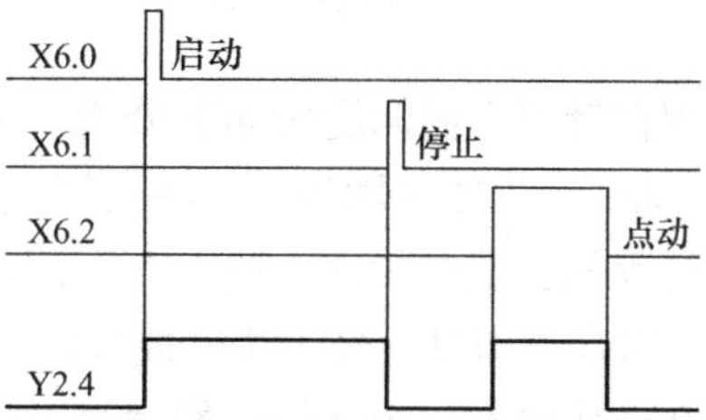

图 1-18　点动-长动控制时序图

【解】　图 1-18 所示为点动-长动控制时序图。在电动机直接启动-停止控制中，有一类控制需要点动和长动结合的控制方式，如在电动葫芦吊车中，通常用点动来微调设备的移动距离，用长动来进行长距离移动控制，其电气控制电路实现方法如图 1-19 所示。从能源供给来看，该操作回路可以看成是 380V 交流供电，当按下启动按键 SB3 时，能流顺序经过以下元件：L11 接线柱→FU1 熔断器→FR 热继电器→SB1 停止按键→SB3 启动按键→KM 接触器线圈→FU2 熔断器→L31 接线柱，当松开 SB3 后，接触器 KM 形成续流回路，此时属于长动的运行状态；当按下 SB1 停止按键时，KM 线圈失电，长动运行停止；当按下 SB2 按键时，SB2 有两组节点，其中 SB2_1 是常开节点，该节点使 KM 线圈得电，而 SB2_2 是常闭节点，该节点断开，使得 KM 常开节点⊖无法闭合，所以此时的续流回路无法实现，当松开 SB2 时，KM 线圈迅速失电，从而形成点动控制。因此，该电路巧妙地将长动和点动控制组合在了一个电路中。

由于 PMC 梯形图在形式上与电气控制图非常近似，如果把这个电气控制回路“等效”成 PMC 程序，如图 1-20 所示（这里将热继电器节点省略了），其他元件的位置与电气控制回路是一样的。如果执行这段程序，会发生什么情况呢？首先，长动方式下的启动和停止是正常的；其次，从图 1-20 中可以看出，点动按键由 X6. 2_1 和 X6. 2_2 组成，按下点动按键 X6. 2_1（与 X6. 2_2）时能够启动 Y2. 4，但是松开 X6. 2_1（与 X6. 2_2），Y2. 4 继续吸合，无法释放。通过对信号监控的情况来看，松开 X6. 2_1 时其常开节点断开，但其同名的常闭节点 X6. 2_2 并没有断开，而是与 Y2. 4 的常开节点形成了续流回路，这样 Y2. 4 线圈在点动

⊖ 接触器中应为触点，但鉴于结点，接点全统一为节点、因此本书中的触点也按节点。

时能得电，但是松开点动按键时却不能失电，这是为什么呢？

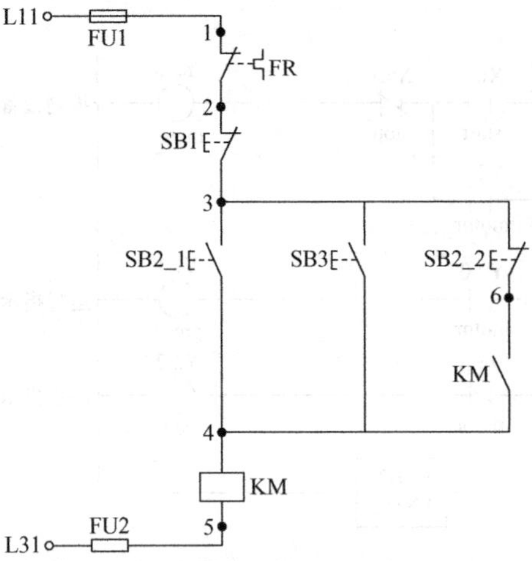

图 1-19　点动–长动控制的电气控制电路实现方法

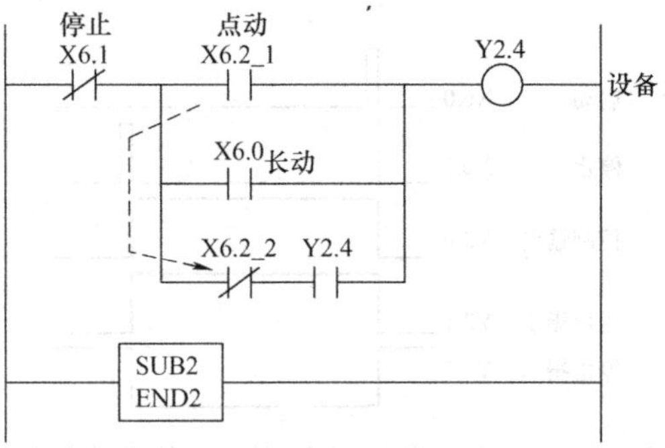

图 1-20　用 PMC 梯形图转换电气控制方式下的点动–长动控制

现在针对上面问题做如下分析：在电气控制情况下，当按下点动按键时，SB2_1 闭合，SB2_2 断开，KM 线圈得电；在松开点动按键的瞬间，由于开关的断开和闭合状态之间是有一段行程的，此时 SB2_1 刚断开，而 SB2_2 未完全闭合，这时 KM 线圈能够可靠失电，之后 SB2_2 闭合，但是已经无法形成续流回路了。由于硬件制作上的原因，SB2_1 和 SB2_2 两个节点在动作时有一个比较长的“过渡”时间。

在 PMC 程序控制下，当按下点动按键时，X6. 2_1 闭合，X6. 2_2 断开，Y2. 4 线圈得电；在松开点动按键的瞬间，X6. 2_1 断开，但是由于程序扫描非常快，此时 X6. 2_2 的节点马上闭合了，这时 Y2. 4 线圈能够继续得电并维持续流回路，尽管 X6. 2_1 完全断开，但是 Y2. 4 线圈已经形成自锁回路了。由于程序扫描快的原因，X6. 2_1 和 X6. 2_2 两个节点在动作时的“过渡”时间非常短。

这样，即使松开了 X6. 2_1 节点，而 X6. 2_2 节点迅速闭合了，Y2. 4 线圈已经快速吸合并通过 Y2. 4 的常开节点自锁了，这就使得在电气上可以很容易实现的功能在 PMC 上反而无法实现。由此可知，并非所有能在电气回路上实现的逻辑控制功能都一定能在梯形图中以同样的连接方式实现。

因此，如果要使这个功能在 PMC 梯形图上实现，主要应该在自锁回路上想办法。其基本思路是：当按下点动按键时，应设法消除自锁节点的影响。

根据控制要求重新编写梯形图程序，如图 1-21 所示。这是一个可以在 PMC 上正确执行的点动–长动控制程序，针对前述点动情况下出现的问题，引入了一个中间变量 R10. 0。其

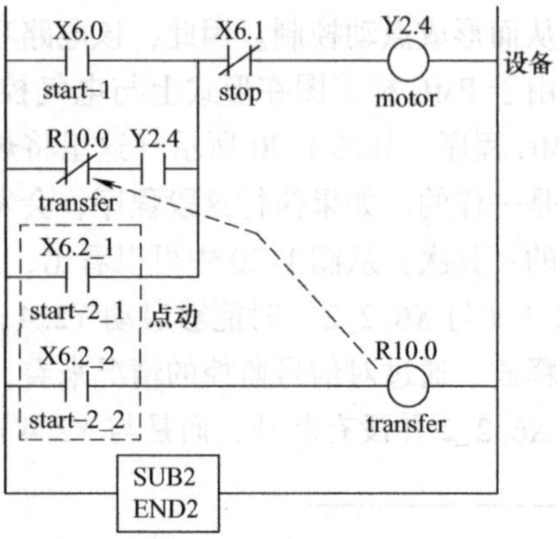

图 1-21　点动–长动的 PMC 实现方法

工作过程是：当按下 X6.2_1 时，Y2.4 线圈得电，由于 X6.2_2 同时被按下，R10.0 线圈迅速得电，R10.0 的常闭节点迅速断开，阻止了 Y2.4 的自保持；当松开 X6.2_1（随后 X6.2_2也松开）时，由于程序扫描的原因，Y2.4 线圈首先失电，Y2.4 常开节点断开，此时尽管 R10.0 常闭节点闭合，但是已经无法形成续流回路了，这样就实现了预期的点动控制。长动状态下的启动-停止功能也是同样的道理，这里不再赘述。

这个例子说明，一些在电气回路看似合理的控制逻辑在 PMC 中却未必能实现，其根本原因在于电气回路中的同名线圈和节点是“同时”作用的，这与其电磁机构的特性有关系，而 PMC 是基于“逐行扫描”方式工作的，因此会产生排列在后面的节点在动作上“滞后”前面同名节点的现象，而且扫描的速度很快，在后面的节点还没有扫描到时，前面的同名节点所产生的动作已经引起了相应的结果。

1.8　工程项目案例分析

1.8.1　投票表决器程序的编制

1. 项目概述

为了减少人工计票的工作量、差错率或者舞弊行为，提高投票表决的速度，在一些会议室通常装有投票表决器。当会议主持人要求大家投票表决时，与会人员可以按动桌面上的按钮，选择支持、反对或弃权等，其投票速度快，隐蔽性好，当场可以获得投票结果。本项目设有四个投票按钮，一个投票结果显示器，有三人及以上投赞成票则表决通过，表决通过时，指示器常亮；表决未通过时，指示器闪亮（闪亮周期为 1s），并考虑以下几种情况：

1）四个投票员以平等身份投票。

2）1 号投票员具有否决权。

3）2 号投票员具有否决权。

请按照此工作要求编写投票表决器程序。

2. 项目分析

根据项目概述提出的工作要求，需要对每一个环节进行分析，并将它们归纳到 PMC 的输入和输出系统中。本投票器允许四个人同时投票，这些信号属于输入信号，其名称可以表示为 1 号投票按钮、2 号投票按钮、3 号投票按钮和 4 号投票按钮，这些名称的定义是为了使程序编制人员与投票器使用人员之间进行信息沟通，它们所占用的输入节点分别是 X6.0、X6.1、X6.2 和 X6.3，这些符号是给程序编制人员使用的，可以在位号旁边加入注释符号，以使程序更易理解。

在这个项目中还设置了两个否决权的席位。尽管否决权的使用在一定程度上有悖民主的精神，但是在一些特殊的场合，合理的否决权也有其自身的理由，而且，在一次有效表决中，最多只允许一个人有否决权：1 号或 2 号投票员。即如果 1 号投票员具有否决权，尽管 2、3 和 4 号都投赞成票，只要 1 号投的是反对票，此项动议也遭到否决；2 号投票员也具有同样的地位。当然，也可以关闭否决权，这样四个人就是平等投票了。

关于投票结果的显示，这里采用的是指示灯。指示灯属于输出信号，所占用的位号是 Y2.0，表决动议得以通过，Y2.0 指示灯常亮；表决动议遭到否决，Y2.0 以 2s 为周期闪烁。

根据以上的项目分析，表 1-6 列出了投票表决器的输入与输出信号分配，为下一步的程序编写做准备。

表 1-6　投票表决器的输入与输出信号分配

输入信号			输出信号		
名称	注释符号	输入节点位号	名称	注释符号	输出节点位号
1 号投票按钮	Voter1	X6.0	投票结果指示灯	Result	Y2.0
2 号投票按钮	Voter2	X6.1			
3 号投票按钮	Voter3	X6.2			
4 号投票按钮	Voter4	X6.3			
1 号否决权启用	Reject1	X6.6			
2 号否决权启用	Reject2	X6.7			
关闭否决权	Close	X6.5			

3. 编写梯形图并调试

图 1-22 所示为四输入投票表决器的梯形图，这是本章第一个比较长的程序。为了使程序具有比较好的阅读性，代码中还添加了一些注释。共涉及两类注释，第一类只针对单独的变量，如 X6.0 ~ X6.3，其注释分别写成 Voter1 ~ Voter4，意思是 1 号投票者 ~ 4 号投票者，建议采用 8 个以内的 ASCII 字符；第二类是针对一个电路模块来写注释，建议采用英文来写，语句要精炼，要能够确切地概括该电路模块的整体含义，其注释行允许写入 30 个以内的 ASCII 字符。不同的变量应使用不同的注释，不允许重复。

图 1-22 中给出的程序将变量和对应注释已经写在一起，只要在计算机上把显示方式设置为地址/符号方式，这两者是可以同时看到的。但是，如果将这段程序输入到数控单元中去显示，则只能看到其中一种方式。也就是说，将显示方式设置为地址方式时只能看到变量单元，如 X6.6；如果设置为符号方式，则只能看到变量的注释符号，如 Reject1，Reject1 是 X6.6 的注释符号，由于数控机床上的屏幕面积比较小，因此信息的显示量也受到了限制。

在程序中还增加了 B1 ~ B4 以及虚线框的注释，这个注释是 PC 开发环境和数控单元中没有的，这里主要是为了说明程序模块的作用而添加上去的，其目的是进一步增加程序的可读性，便于理解。

现在以模块为单元对图 1-22 所示梯形图进行说明。B1、B2 确定投票者的否决权设置问题，如果按下 X6.6，则意味着 1 号投票者具有否决权，由于 B1、B2 模块是互锁的，这里插入了按钮互锁和继电器互锁，所以 2 号投票者自动失去否决权，反之亦然；如果按下 X6.5 则关闭否决权的设置，四个人以平等身份投票。

B3 模块是中间结果单元，因为投票的结果有两种：投票通过，则 R100.0 输出为 1；动议遭到否决，则 R100.0 输出为 0。B3_1 模块是四人投票表决器，这里采用的是枚举法，四个人中只要有三个人投赞成票则该模块整体输出逻辑 1 信号；B3_2 是一个四人以平等身份投票的逻辑允许单元，其中 R10.0 和 R10.1 是否决权的授权变量，如果未进行否决权的授权，这两个节点是通的，这样 B3_1 模块的表决信号可以顺利通过该节点到达 R100.0 线圈；B3_3 模块是 1 号投票者具有否决权的信号通道，也就是说，如果 1 号投票者被赋予否决权，则 R10.0 节点是接通的，而“否决”的关键在于与之串联的 X6.0 节点上，如果该节点由于

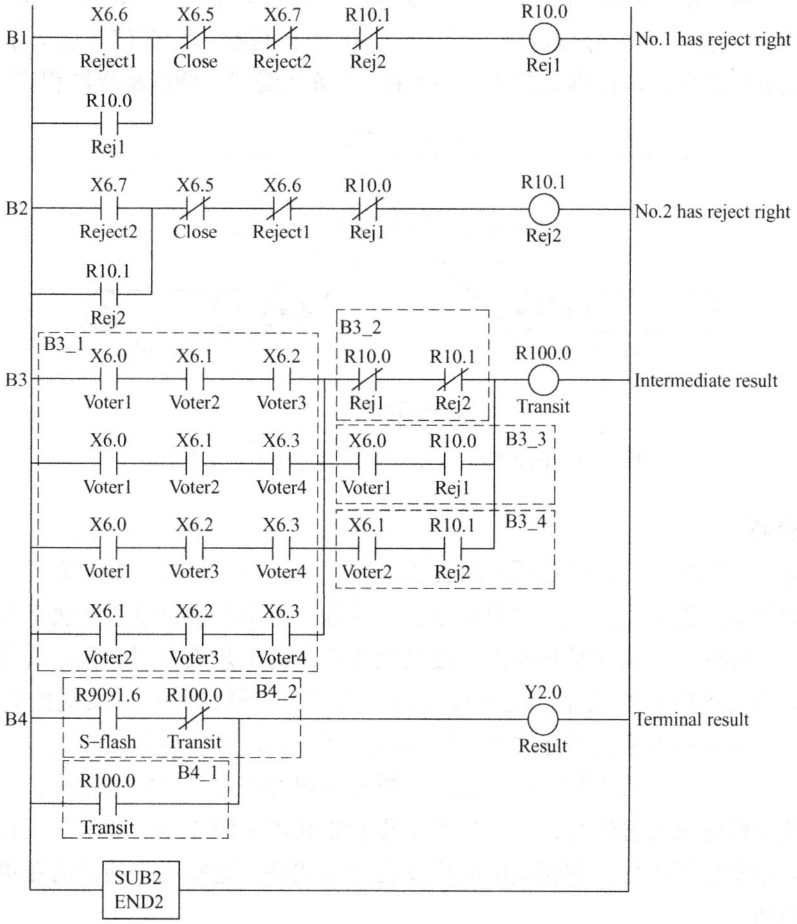

图 1-22　四输入投票表决器的梯形图

否决而打开，则 B3_1 模块中的其他三人都投赞成票，该逻辑信号也无法到达 R100. 0，这就形成了否决的条件，当然，如果该投票者投了赞成票，则也满足简单多数的原则；B3_4 模块的原理同前，只是否决权转移给了 2 号投票者。

B4 模块是表决最终结果的现实模块，如果投票通过，则 R100. 0 线圈得电。B4_1 模块中的 R100. 0 常开节点闭合，这样就可以使 Y2. 0 指示灯常亮，意思是投票通过了；如果动议遭到否决，则 R100. 0 线圈无电，B4_1 模块中 R100. 0 常闭节点是闭合的，通过 R9091. 6 发出系列秒脉冲信号使指示灯闪烁，表示投票没有通过。R9091. 6 是系统提供的周期为秒的脉冲信号发生器，可以直接引用。

1. 8. 2　四电动机连锁启动-停止控制

1. 项目概述

在现代生产流水线中，有些设备的启动和停止是需要按照特定的工艺流程顺序执行的，如果设备顺序搞错则会使生产线发生严重事故。图 1-23 所示为四条传送带组成的物料传送系统流程图，其工艺规定的设备动作流程是：启动顺序是 1 号传送带、2 号传送带、3 号传送带和4号传送带，前一设备的启动是后一设备运行的前提条件；停止顺序是4号传送带、3号传送带、2号传送带和1号传送带，后一设备的停止是前一设备停止的先决条件，设备的启动和停止顺序相反，请根据此要求，在PMC设备上编制并调试梯形图程序。

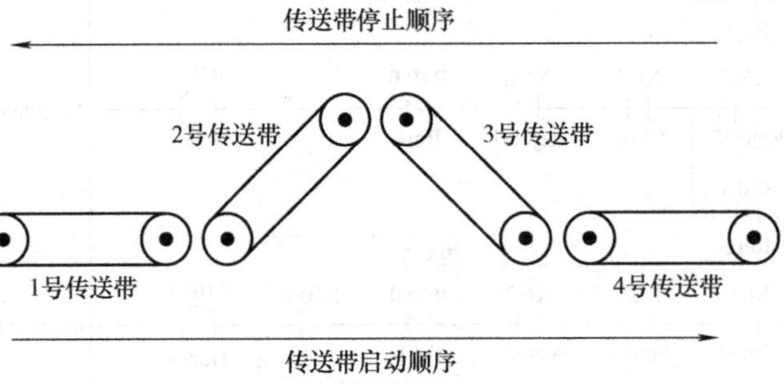

图1-23　四条传送带组成的物料传送系统流程图

2. 项目分析

该项目将项目概述和工艺流程图同时提供给用户，这是一种非常好的方式，因为实际的工艺设备种类繁多，流程工艺要求也很复杂，仅仅通过简单的项目概述无法呈现给程序编写者足够的信息，最好的方法就是技术部门提供设备动作的工艺流程图，程序编写者通过流程图来观察和分析设备的动作顺序，统计设备的启动点、信号检测点以及受控的电动机数目等。如果设备的动作有严格的时序关系，则最好绘制一张设备的启动与停止时序图，这张图应该是需求方提供的工艺流程的重要补充，它更多体现的是项目实施的方法，而且在实际工作中，这些图样都应该妥善保存，可以作为工程验收和竣工的依据。如果在工程施工中设备的工艺动作顺序发生了改变，则相应的时序图也要做调整，这些属于项目的变更，相关资料也需要及时归档。

图1-24所示为四台电动机顺序启动–逆序停止信号时序图，表1-7列出了四台电动机连锁启动–停止输入与输出信号分配。在分配时，要注意尽可能使输入/输出信号的顺序与时序

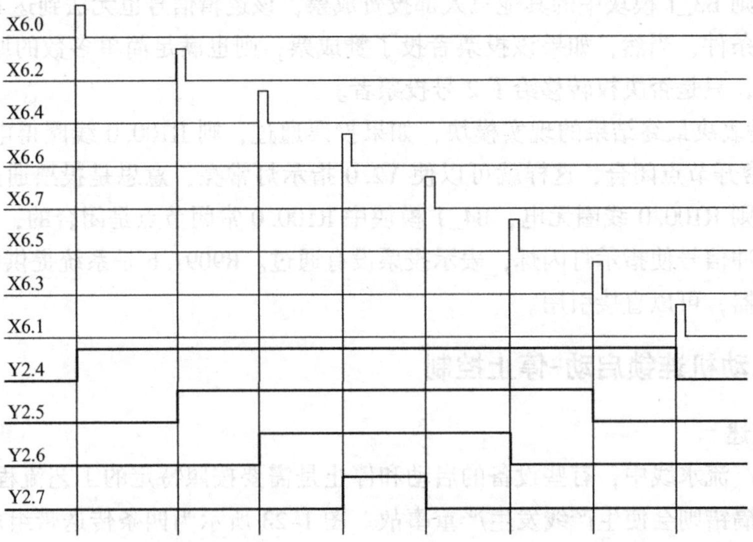

图1-24　四台电动机顺序启动–逆序停止信号时序图

图一致，这样检查和调试程序时会很方便，形式也很工整。

表 1-7　四台电动机连锁启动-停止输入与输出信号分配

输入信号			输出信号		
名称	注释符号	输入节点位号	名称	注释符号	输出节点位号
1 号传动带启动	Start1	X6.0	1 号传动带电动机	Motor1	Y2.4
1 号传动带停止	Stop1	X6.1			
2 号传动带启动	Start2	X6.2	2 号传动带电动机	Motor2	Y2.5
2 号传动带停止	Stop2	X6.3			
3 号传动带启动	Start3	X6.4	3 号传动带电动机	Motor3	Y2.6
3 号传动带停止	Stop3	X6.5			
4 号传动带启动	Start4	X6.6	4 号传动带电动机	Motor4	Y2.7
4 号传动带停止	Stop4	X6.7			

3. 编制梯形图并调试

图 1-25 所示为四台电动机顺序启动-逆序停止的梯形图。该梯形图由 B1、B2、B3 和 B4 共四个模块组成，每个模块的作用都是控制电动机的启动和停止。由于电动机的启动方向和停止方向刚好相反，所以尽管每个模块在形式上非常类似，但是却分别串入了条件控制节点。当按下 X6.0 启动按钮时，Y2.4 线圈得电并自锁，其同名的常开节点就作为下一级电动机 Y2.5 的启动条件，以此类推，因此启动顺序是沿着图中虚线 ST12、ST23 和 ST34 方向进行的；在进行停止操作时，首先应按下 X6.7，使 Y2.7 线圈失电，B3 模块中的同名常开节点打开，为按下 X6.5 停止按钮做好了准备，显然，这是一个方向停止过程，由于连锁关系，停止操作也不允许越级操作，停止过程遵循图中虚线 SP43、SP32 和 SP21 的顺序进行。

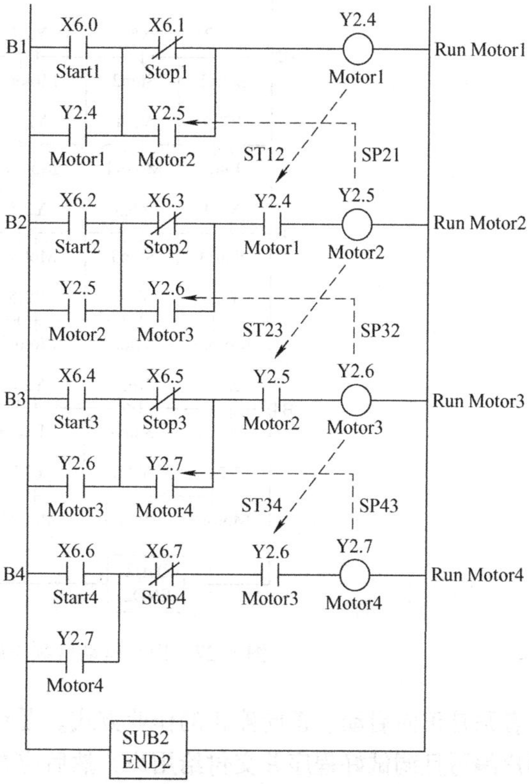

图 1-25　四台电动机顺序启动-逆序停止的梯形图

4. 问题的进一步讨论

尽管我们按照时序图的要求编写并调试好了梯形图，但是由于工艺现场要求的复杂性，现场有时会提出另一种电动机的启动和停止方案，如将启动和停止的顺序按图 1-26 所示的要求编写程序。从图中可知，电动机的启动方向和停止方向是同一个方向，也就是先启动的先停止。图 1-27 是根据新的时序图要求编写的梯形图，请读者自行分析其原理。

在许多工业现场，设备的动作流程经常由于工艺的要求而改变。本案例中，前者是一个正向启动、反向停止的作业方式；

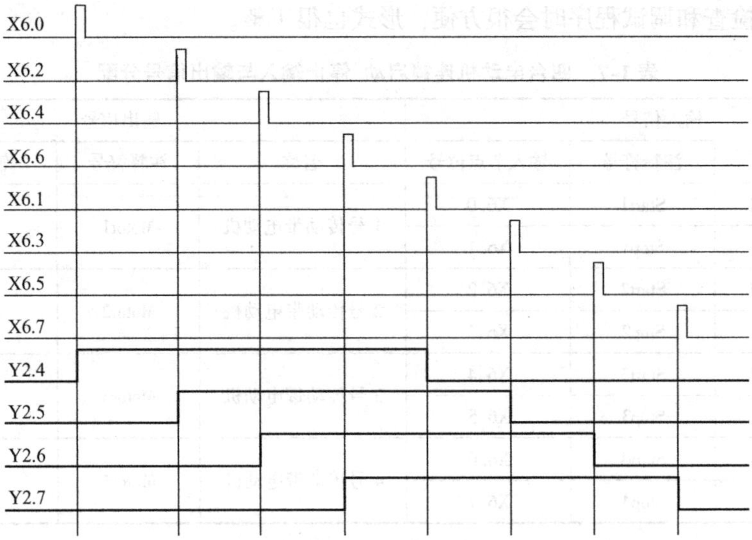

图 1-26　四台电动机的另一种顺序启动-停止时序图

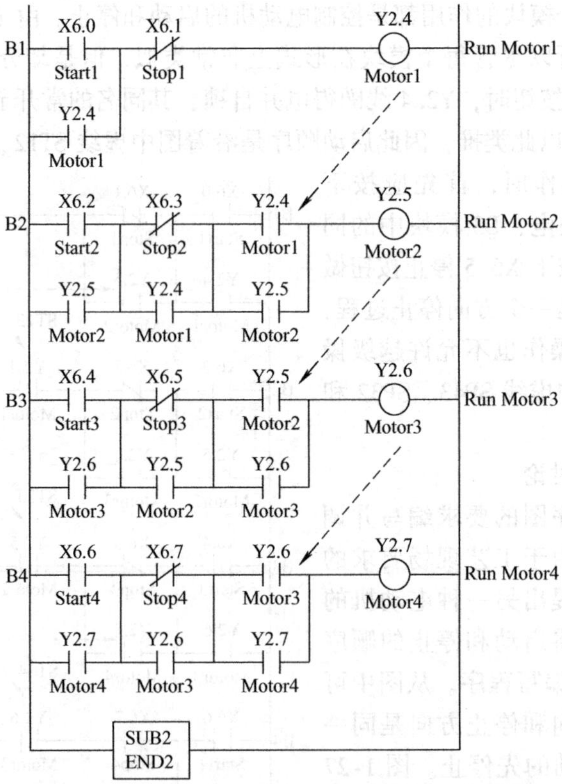

图 1-27　四台电动机顺序启动-顺序停止的梯形图

后者则是正向启动、正向停止的作业方式。遇到这种情况，虽然可以根据当前的工作流程为用户编写且调试好程序并交付给用户，然后应客户要求再修改成另一种动作方式。对于专业人员来说，编写这样的程序并不难，但是，因为重新编写的程序还需要花时间进行调试，所以因工艺流程改变而重新编写程序会大大延误生产过程。比较好的方式是将两个看似不同的程序一起编写在同一个控制器内，通过编写一个外部转换开关来确定到底使用哪个方案。例如设置一个 X5.0 开关（图 1-28），当该开关断开时，执行第一种方案；当该开关闭合时，执行第二种方案。所以，将所有可能的流程方案写在一个程序中是比较好的方式，这样可以以最快的方式来改变工艺流程。

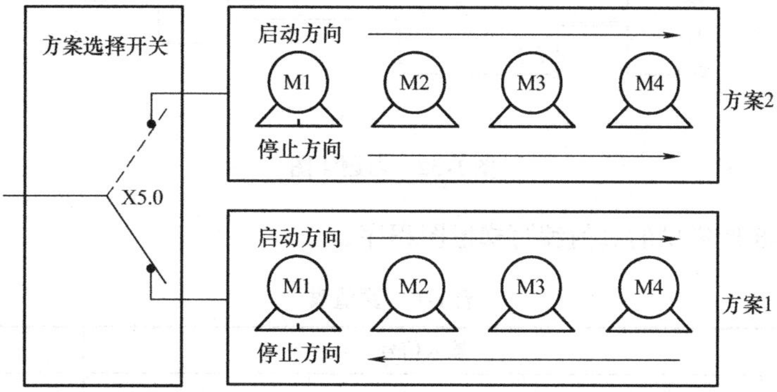

图 1-28　四台电动机顺序启动–停止的方案

5. 功能的改变或扩展

实际的启动和停止顺序会有多种要求，这只是其中一种要求，如果将控制顺序改写为如图 1-28 所示，请读者自行编写相应的梯形图程序并上机进行调试。

习　　题

1. 根据图 1-29 所示的逻辑要求编写梯形图程序。
2. 根据图 1-30 所示的逻辑要求编写梯形图程序。

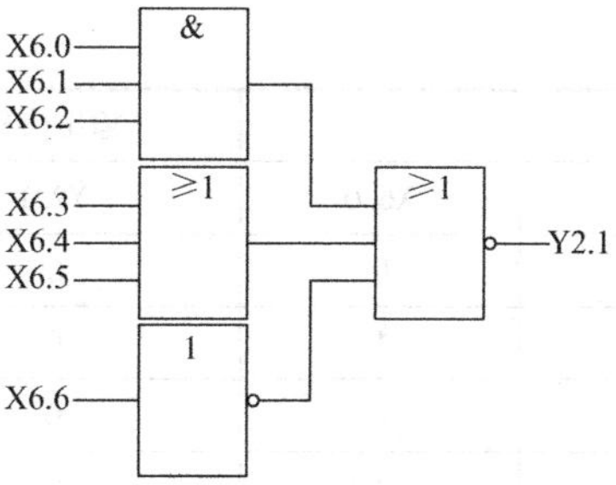

图 1-29　习题 1 图

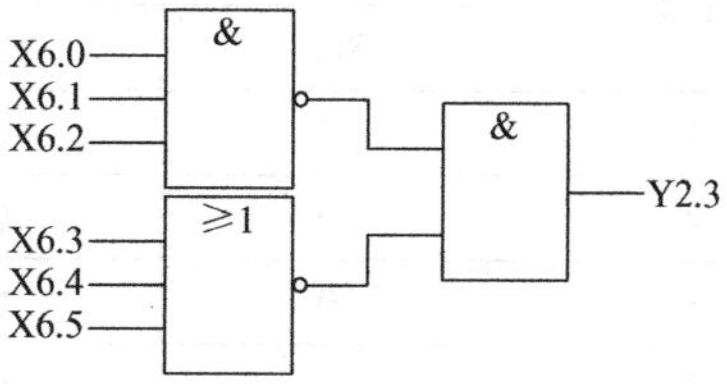

图 1-30　习题 2 图

3. 根据图 1-31 所示的逻辑要求编写梯形图程序。

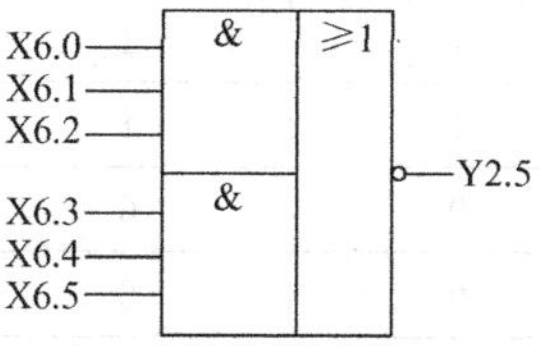

图 1-31　习题 3 图

4. 根据图 1-32 所示的逻辑要求编写梯形图程序。

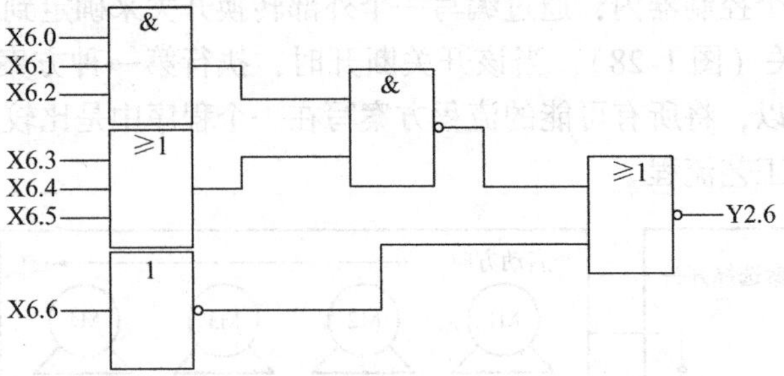

图 1-32　习题 4 图

5. 根据表 1-8 所提供的真值编写梯形图程序。

表 1-8　真值表

序号	输入信号			输出信号
	X6. 2	X6. 1	X6. 0	Y2. 0
1	0	0	0	0
2	0	0	1	0
3	0	1	0	0
4	0	1	1	1
5	1	0	0	0
6	1	0	1	1
7	1	1	0	1
8	1	1	1	1

6. 根据表 1-9 所提供的真值编写梯形图程序。其中 X6. 0 具有否决权。

表 1-9　真值表

序号	输入信号				输出信号
	X6. 3	X6. 2	X6. 1	X6. 0	Y2. 1
1	0	0	0	0	0
2	0	0	0	1	0
3	0	0	1	0	0
4	0	0	1	1	0
5	0	1	0	0	0
6	0	1	0	1	0
7	0	1	1	0	0
8	0	1	1	1	1
9	1	0	0	0	0
10	1	0	0	1	0

（续）

序号	输入信号				输出信号
	X6.3	X6.2	X6.1	X6.0	Y2.1
11	1	0	1	0	0
12	1	0	1	1	1
13	1	1	0	0	0
14	1	1	0	1	1
15	1	1	1	0	0
16	1	1	1	1	1

7. 根据图1-33所示的逻辑要求编写梯形图程序，其中“⊕”是异或逻辑，“⊙”是同或逻辑。提示：先根据逻辑定义写出输入和输出真值表，然后编写梯形图程序。

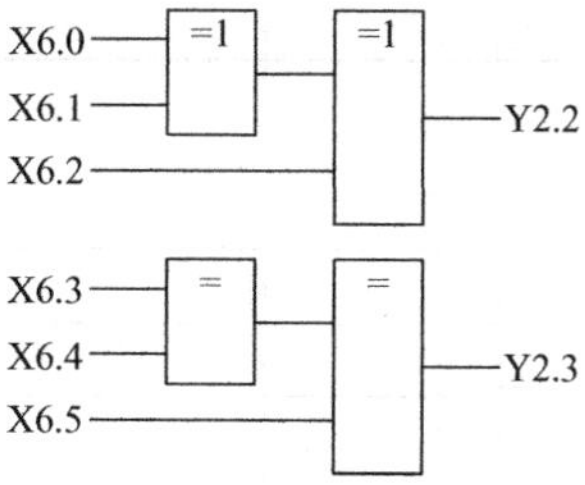

图1-33　习题7图

8. 根据图1-34所示的逻辑要求编写梯形图程序，并填写表1-10中的输出信号值。

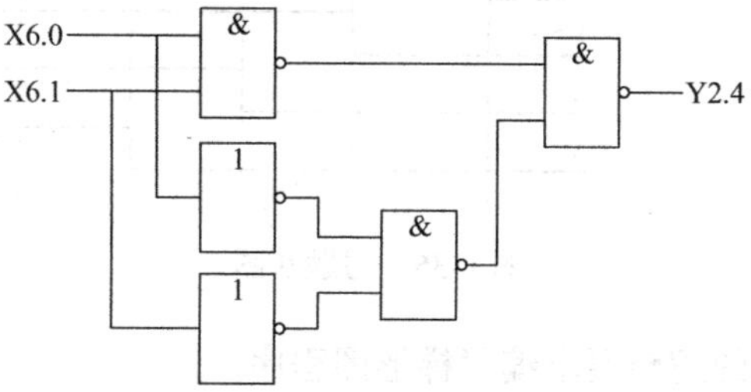

图1-34　习题8图

表1-10　真值表

序号	输入信号		输出信号
	X6.1	X6.0	Y2.4
1	0	0	
2	0	1	
3	1	0	
4	1	1	

9. 根据图 1-35 所示的逻辑要求编写梯形图程序。提示：建议采用合适的中间变量进行过渡。

按钮安排

启动1	启动2	启动3	启动4
停止1	停止2	停止3	停止4

X5.0=0　方式1

X5.1=1　方式2

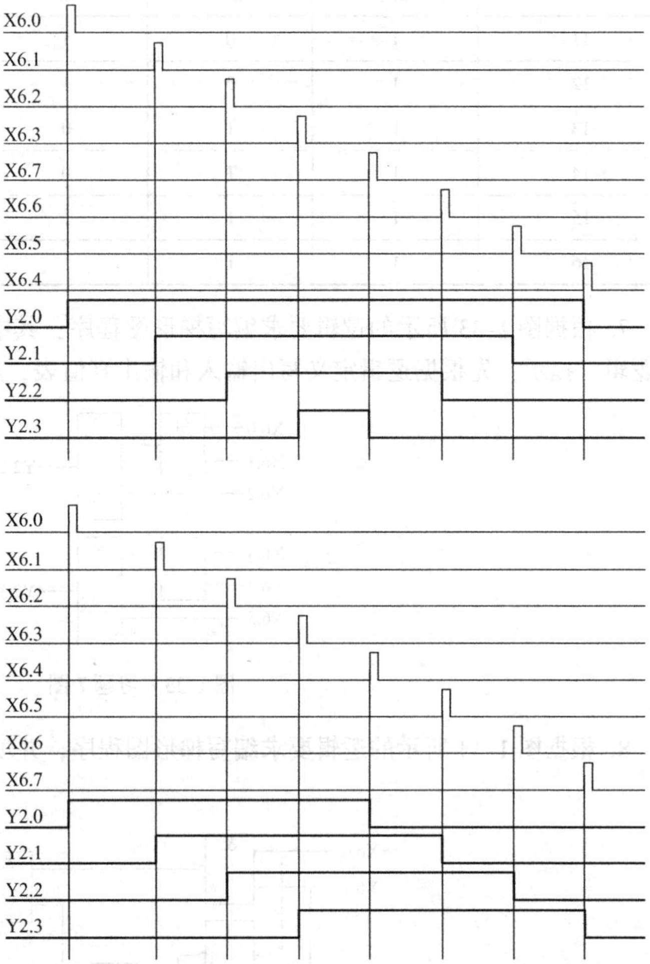

图 1-35　习题 9 图

10. 根据图 1-36 所示的逻辑要求编写梯形图程序。

11. 如图 1-37 所示的 T 形走廊，在三通道相交处有一盏灯，在进入走廊通道的 A、B、C 三地各有一个脚踏开关，要求三个开关都能独立控制灯的点亮和熄灭。对控制开关有如下的约束：任意闭合一个开关，灯被点亮；任意闭合两个开关，灯被熄灭；三个开关全部闭合，灯被点亮；三个开关同时断开，灯被熄灭。输入信号为 X6.0～X6.2，输出信号为 Y2.0，试写出合理的输入与输出信号之间的逻辑关系，并编写和调试出正确的梯形

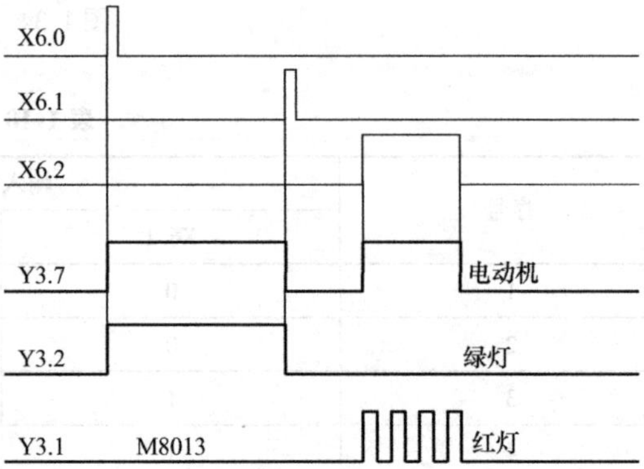

图 1-36　习题 10 图

图程序。提示：第一种情况，将脚踏开关设想成每踩踏一次就自动转换一次逻辑状态，如由断开转换成闭合或由闭合转换成断开，如此循环；第二种情况，脚踏开关自动转换信号由梯形图软件完成，该种情况需要对简单开关编写出一个脉冲转换程序段。

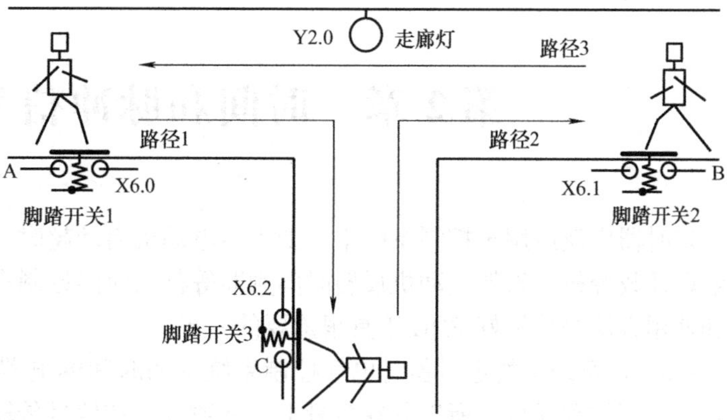

图1-37　习题11图

12. 为了实现两个二进制数相加并求出其和的组合逻辑，该逻辑可以处理来自低位的进位，并输出本位加法进位，其输入/输出逻辑关系见表1-11，其中 A_i 和 B_i 表示两个二进制输入端，C_{in} 为来自低位的进位输入端，S_i 为求和结果单元，C_o 为进位输出端，括号内为PMC的输入和输出指定信号，试根据这些信息编写该梯形图程序。

表1-11　全加器输入/输出逻辑关系

输入			输出	
C_{in}（X6.2）	A_i（X6.1）	B_i（X6.0）	S_i（Y2.0）	C_o（Y2.1）
0	0	0	0	0
0	0	1	1	0
0	1	0	1	0
0	1	1	0	1
1	0	0	1	0
1	0	1	0	1
1	1	0	0	1
1	1	1	1	1

13. 试根据表1-12所列的输入/输出逻辑关系编写梯形图程序。

表1-12　3-8译码器的输入/输出逻辑关系

输入			输出							
X6.2	X6.1	X6.0	Y2.7	Y2.6	Y2.5	Y2.4	Y2.3	Y2.2	Y2.1	Y2.0
0	0	0	1	0	0	0	0	0	0	0
0	0	1	0	1	0	0	0	0	0	0
0	1	0	0	0	1	0	0	0	0	0
0	1	1	0	0	0	1	0	0	0	0
1	0	0	0	0	0	0	1	0	0	0
1	0	1	0	0	0	0	0	1	0	0
1	1	0	0	0	0	0	0	0	1	0
1	1	1	0	0	0	0	0	0	0	1

第 2 章　时间和脉冲信号测量

定时器广泛应用于控制系统中，如大型电动机启动超时判断、工件在流水线上行走时间判断以及数控机床刀架电动机反转时间判断等都与时间控制有关，因此熟练掌握定时器的特性和使用方法是使用好 PMC 工具很重要的一步。

FANUC 系统中的定时器与电气控制系统中的时间继电器有类似之处，同时，由于定时器是一个可编程元件，所以其在数量上、参数设置和信号传输方面比硬件方式的时间继电器具有更大的优势。

2.1　定时器的分类

为了适应机械运动对于时间刻画的多重要求，FANUC 系统提供了四种定时器，在 PMC 梯形图程序编写过程中，根据工作任务的要求可选用不同的定时器。其中，功能号和关键字是唯一可识别的，其目的是程序的调用；触发方式分为上升沿和下降沿；时间设置方式分为程序写入和通过数控单元进行外部写入。程序写入适合固定时间的写入，一旦写入时间值，不允许一般客户（授权者除外）修改；外部写入适合可变时间的写入，如某些设备的动作时间需要根据现场情况才能确定，显然这样的时间值需要进行若干次调整才能确定下来，为了避免用户在更改时间参数时无意中破坏原厂 PMC 的代码，因此在不打开原有 PMC 程序的条件下，只要在数控单元外部修改指定单元的定时器参数就可以。对于数据访问方式来说，以程序方式写入的都是常数值，最小分辨率是 1ms；通过外部方式写入的，分辨率有 1ms、8ms、1min 甚至 1h 等，使用方式非常灵活。表 2-1 所列为定时器分类，本章将以 SUB24 和 SUB3 为例对定时器的使用进行举例讲解，分析在一些特定环境下使用合适的定时器来编写控制程序的方法。

表 2-1　定时器分类

序号	功能号	关键字	触发方式	时间设置方式	数据访问方式
1	SUB24	TMRB	上升沿	程序写入	常数写入
2	SUB77	TMRBF	下降沿	程序写入	常数写入
3	SUB3	TMR	上升沿	外部写入	T 地址写入
4	SUB54	TMRC	上升沿	外部写入	D－R 地址写入

2.1.1　固定式定时器

固定式定时器模块及特性如图 2-1 所示，对 SUB24 定时器的描述如下：

ACT：定时器控制端，ACT＝0 时，为复位定时器；ACT＝1 时，为启动定时器。

SUB24：功能号，便于在编辑文件时根据该功能号进行调用。

TMRB：关键字，说明其是固定式定时器。

定时器号：整数值，对不同型号的 PMC，其数值范围不同，FANUC 0i Mate－D 的数值范围是1～100，该数值在编程时不允许重复，建议使用自动分配功能，这样不会发生重复编号错误。

设定时间：整数值，范围为1～32767000，单位为 ms。

W1：设定时间到的输出信号，实际使用时可以用一个内部继电器 R 来输出节点，或者直接输出到 Y 型设备中。

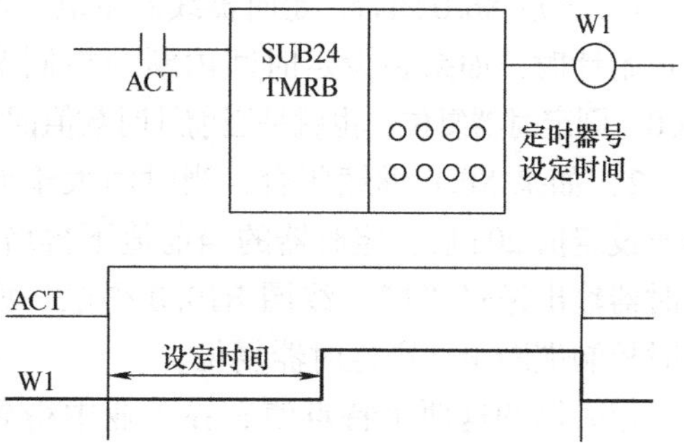

图 2-1　固定式定时器模块及特性

【例 2-1】　按下按键 X6.0，持续 20s 后使设备 Y2.4 产生输出，松开 X6.0，设备 Y2.4 立即停止。

图 2-2 所示为根据控制要求所绘制的时序图，图 2-3 所示为根据时序图编写的梯形图程序。从梯形图程序中可以看出，其使用了中间变量 R10.0 来传递信号，这对于定时器数量多、输入/输出信号复杂的情形是比较好的用法，在这个例子中也可以直接将定时器“时间到”信号输出到 Y2.4 线圈中去。

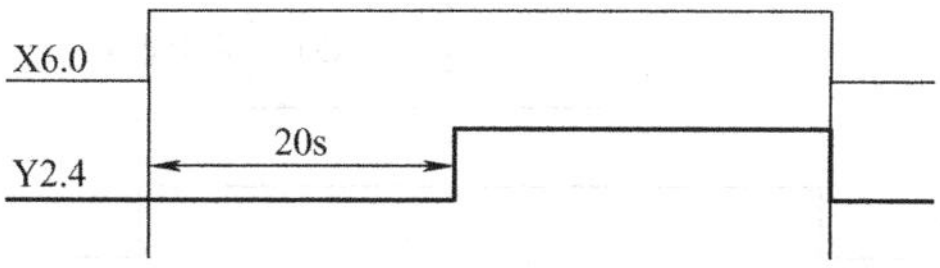

图 2-2　控制要求时序图

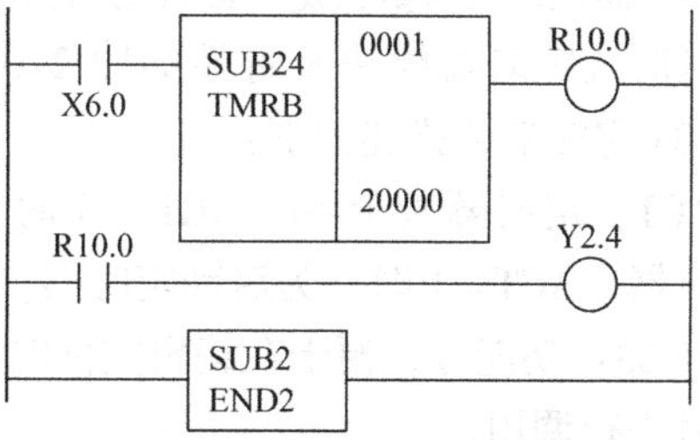

图 2-3　梯形图程序

在数控系统单元中运行该程序，从屏幕上可以观察到定时器的工作状况：X6.0 节点闭合 20s 后，SUB24 模块会输出“时间到”信号到 R10.0 线圈，通过数控单元中的“性能设定”功能，可以看到定时器时间的跳动过程。图 2-4 所示为在屏幕上对定时器工作过程的监控情况，图 2-4a 表示按下 X6.0 过程中，定时器显示当前的计时时间为 8.532s，由于没有到达 20s 的设定值，故 R10.0 线圈没有得电；此时，时间会继续往前走，当到达 20s 时，R10.0 线圈得电，通过其同名常开节点的闭合，使 Y2.4 设备输出，如图 2-4b 所示。图 2-4 中阴影部分表示节点或线圈已经接通。

针对以上观察到的现象，可以用时序图来精确地表达这种定时器的工作特性，如图 2-5 所示。

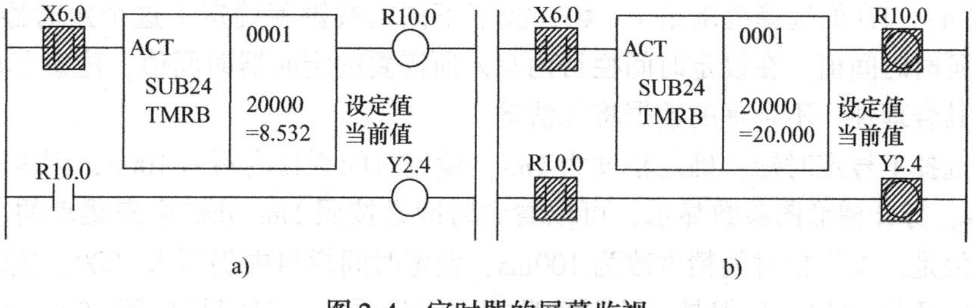

图 2-4　定时器的屏幕监视

1）节点 X6.0 闭合，定时器线圈得电，定时器开始计时，如果在设定时间内断开控制节点 X6.0，则定时器复位，也就是当前计时数值回零。

2）如果 X6.0 继续闭合，当时间大于或者等于设定值 20s 后，定时器的当前值不再增加，定时器输出逻辑“1”，线圈 R10.0 得电。如果此时控制端断电，则定时器复位。

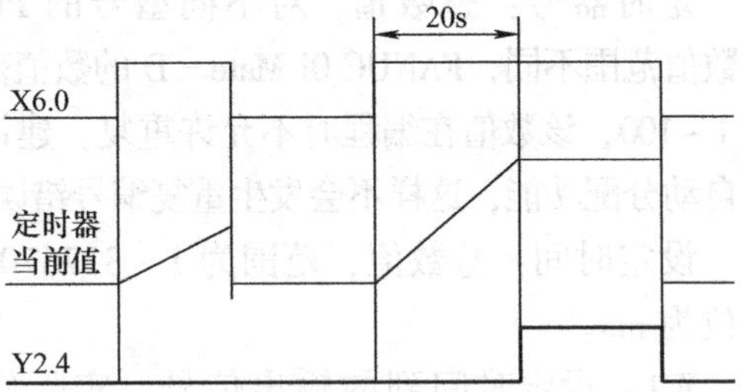

图 2-5　固定式定时器特性曲线

定时器的这两个特点使其在工业中得到了广泛应用。

2.1.2　延时式定时器

固定式定时器的延时时间值是写在 PMC 程序中的，在数控机床进行加工作业的过程中，不允许一般工作人员来修改时间值。而在某些场合下，有些时间参数应该允许用户进行现场修改，而且这种改动应不影响源程序的安全，因此 FANUC 系统提供了一种允许在 PMC 程序之外进行时间值修改的定时器，这就是所谓的延时式定时器，其最大的特点是修改时间时不必打开 PMC 程序界面，而只需在参数设定界面针对所需要的定时器修改参数，这样可以保证程序的安全。

延时式定时器模块及特性如图 2-6 所示，对 SUB3 定时器的描述如下：

ACT：定时器控制端，ACT = 0 时，为复位定时器；ACT = 1 时，为启动定时器。

SUB3：功能号，便于在编辑文件时根据该功能号进行调用。

TMR：关键字，说明其是延时式定时器。

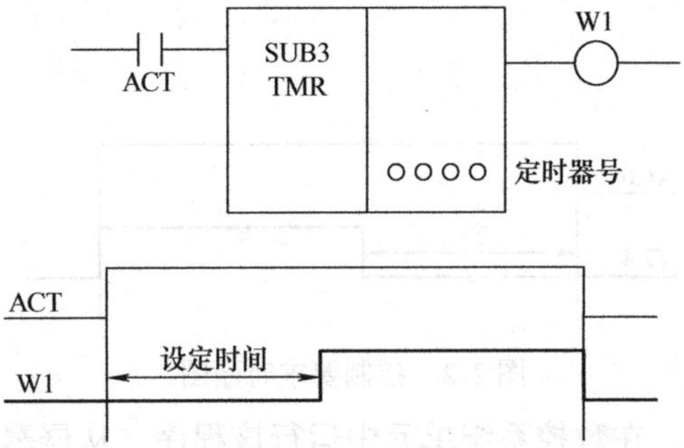

图 2-6　延时式定时器模块及特性

定时器号：整数值，对不同型号的 PMC，其数值范围不同，FANUC 0i Mate－TD 的数值范围是 1～40，该数值在编程时不允许重复，建议使用自动分配功能，这样不会发生重复编号错误。

从使用角度，时间的设定要考虑两个因素。其一是精度，实际就是最小分辨率的设置，其设定参考值是 1ms、10ms、100ms、1s 和 1min 等。此外，对于 1～8 号定时器还有一个缺省分辨率是 48ms，9～40 号定时器还有一个缺省分辨率是 8ms。其设定方法是：system→PMCCNT→定时→操作→精度，屏幕下方会出现：1ms、10ms、100ms、1s、1min 和初始化共六个按键，其中初始化按键要按下扩展键才可以看到，移动箭头可以选择定时器号，FANUC 0i Mate－TD 的选择范围是 1～40，按下不同的按键就确定了这个定时器的精度值。其二是写入延时时间值，在设定时间栏目内写入所需要的定时器时间值，注意其单位是 ms，同时要注意其合理性，不合理的数据将无法输入。

例如，选择 1 号定时器，确定精度为 1ms，设定时间栏目内写入 1000，则表示该定时器延时 1000ms，打开梯形图参数显示，可以看到时间是按照 1ms 分辨率来跳动的，这似乎很容易理解。但是，如果把时间精度改为 100ms，设定时间栏目内仍写入 1000，这时的延时时间是多少呢？还是 1000ms！但是，从屏幕监视上可以看到，时间是按照 100ms 分辨率来跳动的。同样道理，如果把时间精度改为 1min，在设定时间栏目内试图写入 1000 时，你会发现该栏目内数值仍然为 0，因为此时的最小分辨率已经是 1min 了，合理的写入应该是 60000（ms）的整倍数，余数将被自动舍去。8ms 和 48ms 的定时器也有同样规律的用法。

W1：设定时间到的输出信号，实际使用时可以用一个继电器 R 来输出节点，或者直接输出到 Y 型设备中。

【例 2-2】 按下按键 X6. 0，持续 15s 后使设备 Y2. 4 产生输出，松开 X6. 0，设备 Y2. 4 立即停止。

初看起来，该工作任务与【例 2-1】非常相似，只是设定的时间值不同而已，但是，图 2-7 所示的控制要求时序图使用的是延时式定时器，其功能号与【例 2-1】是不同的。根据控制要求时序图编写的梯形图程序如图 2-8 所示。在程序中无法看出定时器的设定时间值，待程序编写完成后，应随即设定其定时精度和时间值。通过屏幕操作，在定时器参数设置中找到 1 号定时器，当然有很多种设定时间的方法，这里以精度选择为 100ms、设定时间写为 15000ms 为例，其设置步骤如图 2-9 所示，其他情形依此类推。

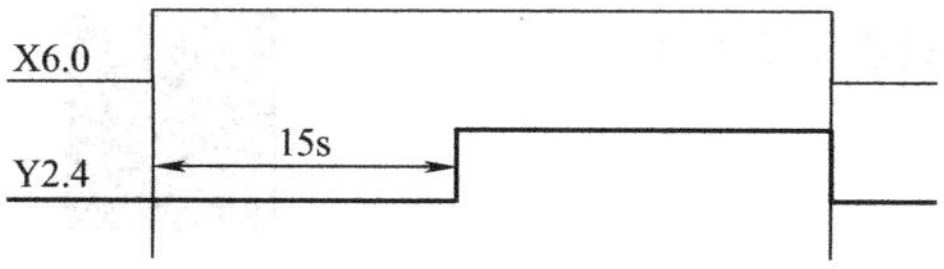

图 2-7　控制要求时序图

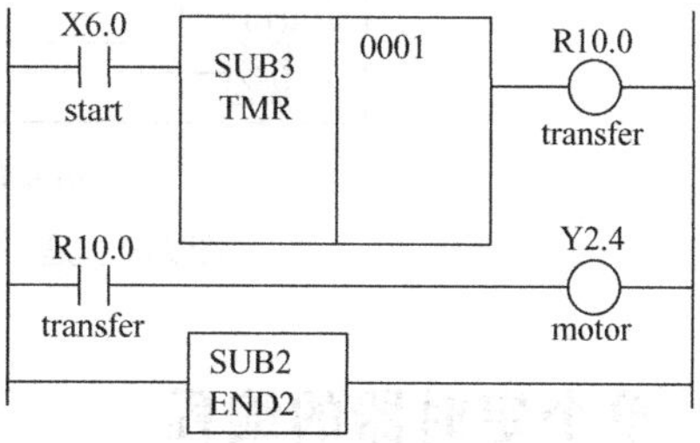

图 2-8　延时式定时器的梯形图

通过图 2-9 所示的四个步骤，可以清晰地看到延时式定时器的设定和编程方法。这是一种典型的将程序和数据实行分离的工程方法，用户可以根据设备厂家提供的定时器编号信息修改所需定时的时间，但是并不需要打开机器中的程序，这样有效地保护了程序的安全。

PMC维护　执行...

PMC参数(定时器)　(页1/5)

定时器号	地址	设定时间	精度
1	T0000	15000	100
2	T0002	10000	48
•		•	
•		•	

a) 设定定时器精度为100ms，设定时间为15000ms

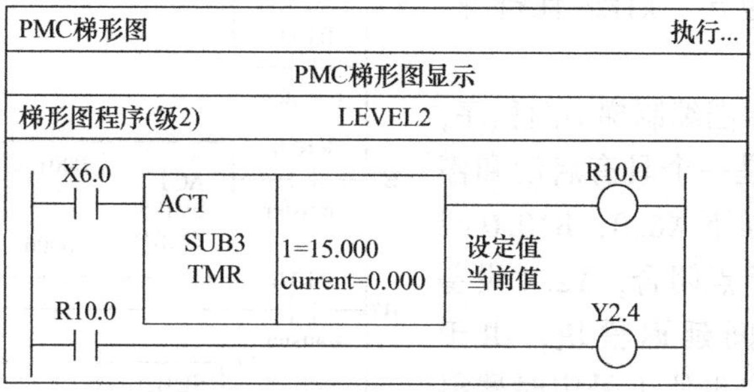

b) 观察定时器运行之前的界面

图 2-9　延时式定时器的设置步骤

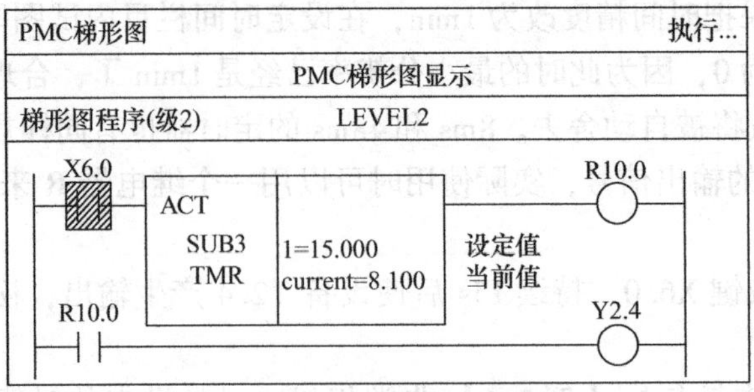

c) 观察定时器运行中的情形

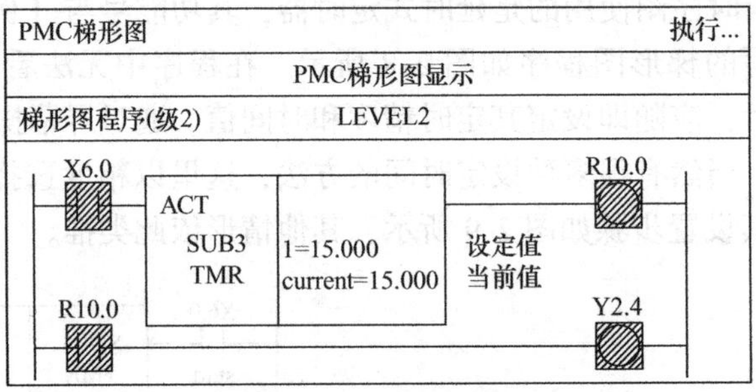

d) 观察定时器延迟时间到的情形

图 2-9　延时式定时器的设置步骤（续）

单个定时器的编程

2.2　单个定时器的编程

定时器应用广泛，使用灵活。定时器的启动或停止在许多情况下依赖于时序图的控制要求，时序图中曲线的微妙变化可以使程序编制的方法更丰富、灵活。下面通过一些典型例子来进一步理解定时器的使用规律。

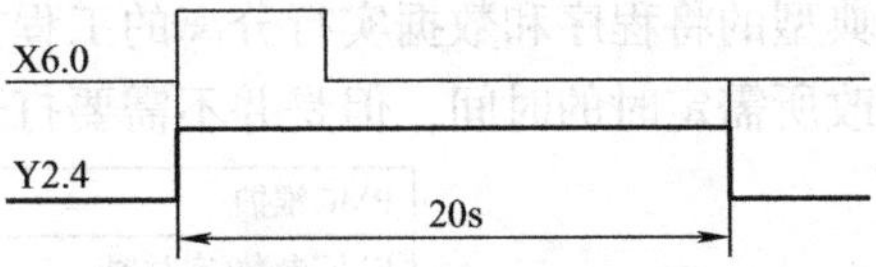

图 2-10　控制任务时序图

【例 2-3】　根据图 2-10 所示的控制任务时序图编写梯形图程序。

【解】　从图 2-10 中可知，按下启动按键 X6.0 后设备 Y2.4 瞬时启动，延迟 20s 后设备停止。而且 X6.0 是一个“按下-抬起”的动作，因此启动过程应包含“启动-保持-停止”的典型环节。

根据控制任务时序图编制梯形图程序，如图 2-11 所示。B1 是一个具有启动和停止功能的控制模块，按下 X6.0，R10.0 线圈得电，其同名常开节点闭合，Y2.4 设备瞬间动作；B2 是时间延迟模块，由于 R10.0 常开节点的闭合也使 1 号定时器得电并开始延时，20s 时间到后，R10.1 线

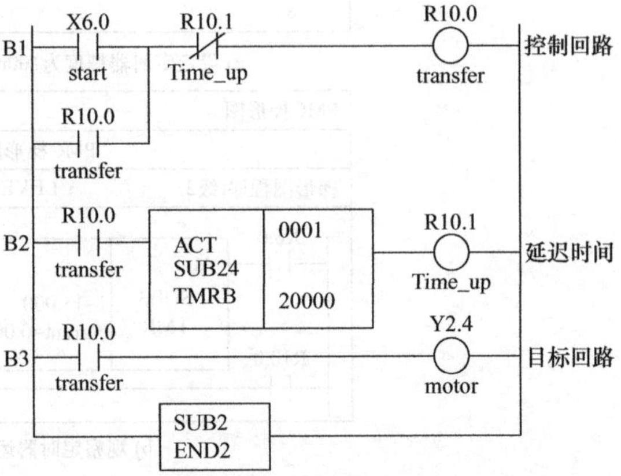

图 2-11　瞬时启动、延时停止的梯形图实现

圈得电，一方面使 B1 模块的同名常闭节点打开，R10.0 线圈失电，同时使 B3 模块的 R10.0 常开节点断开，Y2.4 设备停止运行。同样，R10.0 常开节点断开，也使 1 号定时器失电，定时器复位，以等待下一次启动。

在原有基础上，对控制要求做适当修改，如图 2-12 所示。比较图 2-10 和图 2-12 可知，前者的延迟时间与按键 X6.0 何时松开没有关系，而后者是只有当按键 X6.0 松开后才可以启动 20s 的定时器。根据图 2-12 编写的梯形图程序如图 2-13 所示。该程序使用了 X6.0 的一对共轭节点，以达到“按下”不启动延时，而“抬起”时启动延时的控制要求。

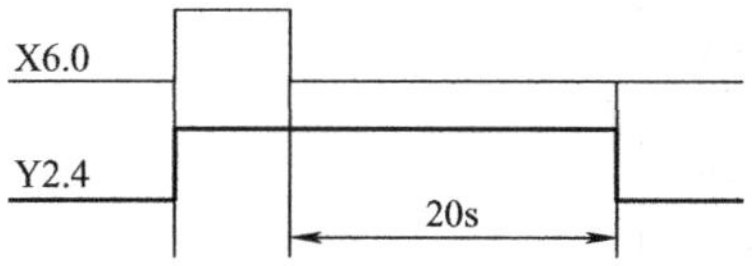

图 2-12　控制任务时序图

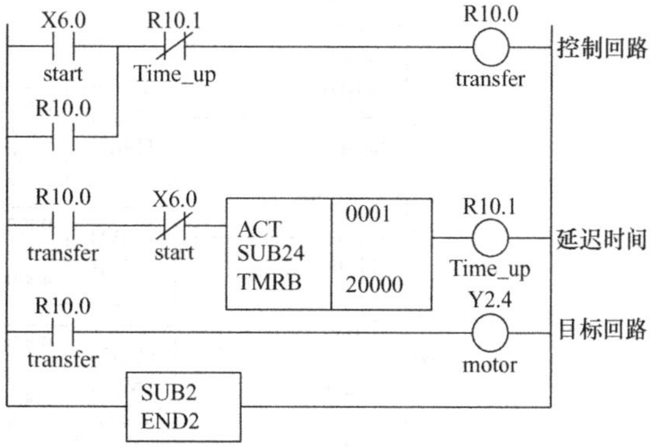

图 2-13　瞬时启动、延时停止的梯形图的另一种实现方法

2.3　若干个定时器的编程

在实际工作中，可能会同时使用两个或两个以上的定时器。一方面，可以采用多个定时器实现多个时间的相加；另一方面，可能还会有时间计算上的“重叠”要求，这种情况比单纯的时间相加要复杂一些，如图 2-14 所示为具有时间“重叠”特征的时序控制图。分析图 2-14 可知，按下 X6.0，设备 Y2.5 瞬间启动，延时 3s 之后，设备 Y2.4 启动，两设备共同运行 4s 后，设备 Y2.5 停止，以后设备 Y2.4 再单独运行 3s 后停止。显然，中间这个阶段具有时间的“重叠”性特点。

根据图 2-14 编写程序时首先要考虑使用几个定时器。如果以某设备总的运行时间为依据，则 Y2.5 由 T1 和 T2 时间段组成，设备延迟时间为 7s；Y2.4 由 T2 和 T3 时间段组成，设备延迟时间也是 7s，因此这个程序可以采用两个 7s 的定时器，就这个时序图的要求而言，其定时器选择方案似乎没有问题。但从另一方面考虑，如果设想这个工艺控制流程发生变化并引起时间的重新修正，如仅仅修改 T2 时间段，将其由 4s 改为 8s，此时需要在两个定时器中同时修改定时器的设定值，还要考虑计算问题，这对于程序维护来说是不合理的，所以在这个时序图比较明确的情况下，采用三个定时器比较合理。

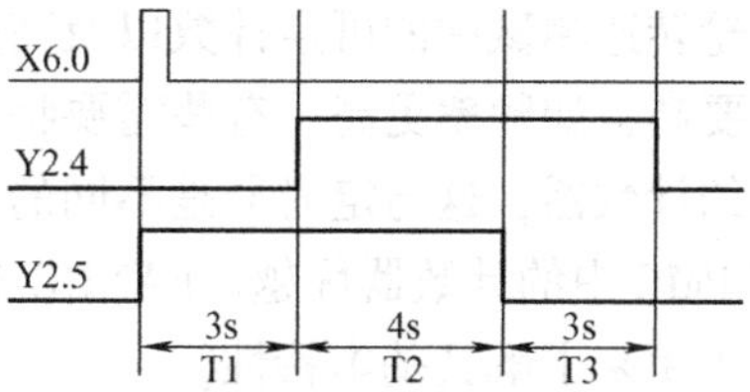

图 2-14　具有时间“重叠”特征的时序控制图

图 2-15 所示为具有时间“重叠”特征时序控制的梯形图。其中 B1 是功能启动和停

止模块；B2～B4 分别代表 T1～T3 时间段；B5 和 B6 是设备执行模块。这里在梯形图的右母线进行注释时，采用的是简略中文，而该数控系统目前只能采用英文注释，而且字符的个数是有限制的。尽管如此，这些有限的字符空间还是可以写出独特的注释的，而且写出的注释要符合英文表达习惯，注意前后关键字的统一，这对于编写大型程序是非常有帮助的。

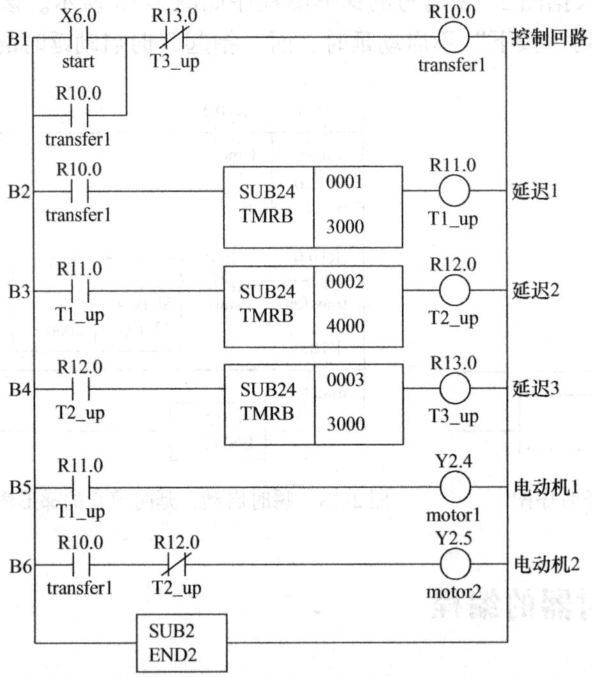

图 2-15　具有时间“重叠”特征的时序控制梯形图

2.4　固定式计数器

固定式计数器

计数器是一种广泛应用于控制系统中的重要元件，其应用包括：流水线上工件的计数、车轮转速测试中的可逆计数以及高速计数等，特别是高速计数比实际流水线上工件计数的要求要高，如频率更高，有些需要特殊接口处理等。在传统的电气行业中，一般不使用硬件形式的计数器，这与定时器是不同的，但在仪表行业中有独立式的硬件计数器，可其性能远不如 PMC 中的计数器优越。FANUC 数控系统中有多种类型的计数器，这里首先从固定式计数器入手来了解其基本特性。

固定式计数器模块如图 2-16 所示，对 SUB56 计数器的描述如下：

CN0：计数器的初始值设定，0 表示从 0 开始计数，1 表示从 1 开始计数。

UPDOWN：可逆计数方向设定，0 为加计数，1 为减计数。

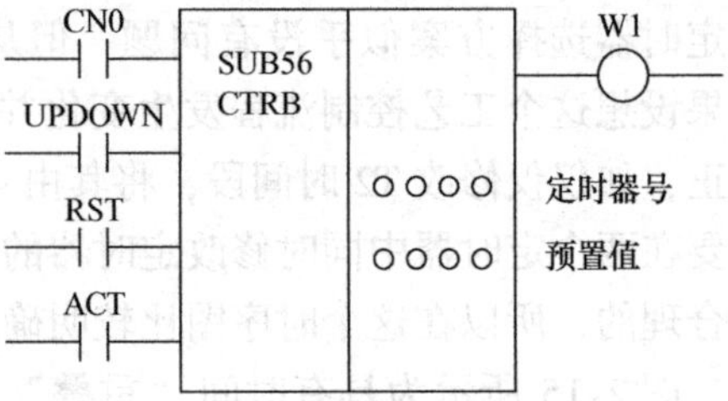

图 2-16　固定式计数器模块

RST：计数器复位端。加计数时，复位成 CN0 设定的初始值；减计数时，复位成计数器的预设值。

ACT：计数器信号输入端，当收到上升沿信号时进行加 1 计数，并更新计数值。

计数器号：使用第几号计数器。不同数控系统的计数器个数是不同的，FANUC 0i Mate－TD的计数器个数为 1～20 个。

预置值：使计数器产生控制动作的数值，数值形式为二进制数，数值范围是 0～32767。

下面通过两个例子来说明固定式计数器的使用方法，并理解它的相关特性。

【例 2-4】 通过 X6.2 进行计数，到达关键值 8 时设备 Y2.4 产生输出，通过 X6.1 使计数器复位，控制任务时序图如图 2-17 所示。

【解】 根据控制任务所要求的时序关系编制梯形图程序，如图 2-18 所示。CN0 端接的是 R9091.0，表示计数器从 0 开始计数；UPD（UPDOWN）端也是接 R9091.0，表示正方向计数，X6.2 接入计数器输入端，通过外部钮子开关的“合上–断开”动作可以产生计数脉冲，当到达计数器关键值 8 时，在 Y2.4 设备上会得到一个输出信号。注意：当计数脉冲大于关键值 8 以后，当前计数值会从 0 开始重新计数；在计数关键值之内，接通 X6.1 可以使其复位。另外，图 2-18 中的“1”表示 1 号计数器，“8”表示预置值。

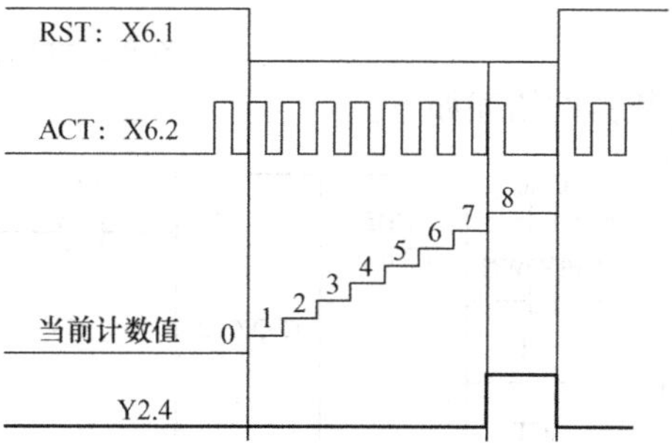

图 2-17　控制任务时序图

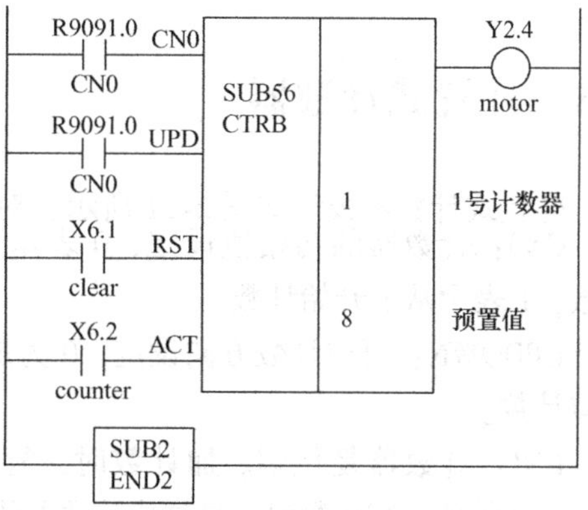

图 2-18　固定式计数器的梯形图程序

固定式计数器除了能够接收来自钮子开关、接近开关以及流水线工件计数开关的信号外，还可以接收宽度非常窄的脉冲并正确计数。也就是说，它具有高速计数器的特性。

【例 2-5】 根据图 2-19 所示的窄脉冲序列编写梯形图程序。

【解】 窄脉冲的产生方法有许多种，常见的可以通过信号发生器来产生，也可以通过按键扫描方式得到宽度非常窄的脉冲序列。窄脉冲计数器的梯形图程序如图 2-20 所示。

在该梯形图中，B1 和 B2 模块中均有 X6.0 语句，当按下该按键时，它们同时闭合，由于语句的执行是按照扫描方式进行的，在扫描到第一行语句时，R10.0 线圈迅速得电，而在扫描到第二行语句时，由于 R10.1 线圈和常闭节点的作用，R10.0 线圈又迅速失电，而得电–失电所持续的时间仅仅是系统从第一行扫描到第二行的时间，这个时间间隔是非常短的。R10.0 的常开节点接入计数器输入端 ACT，而在这样窄的时间宽度内，计数器依然能够正常计数而不产生丢失，因此该计数器具有非常好的工作特性。

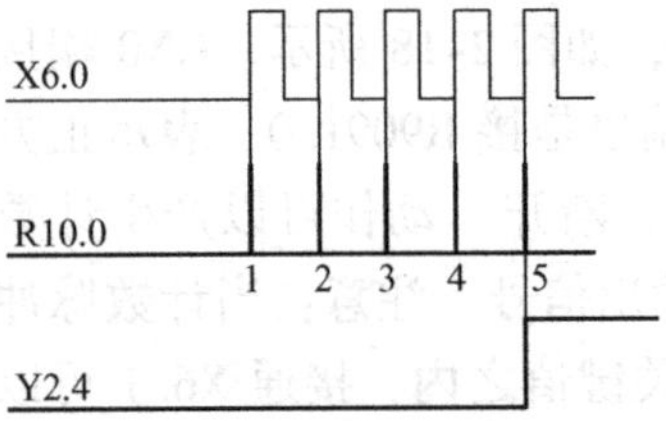

图 2-19　窄脉冲序列

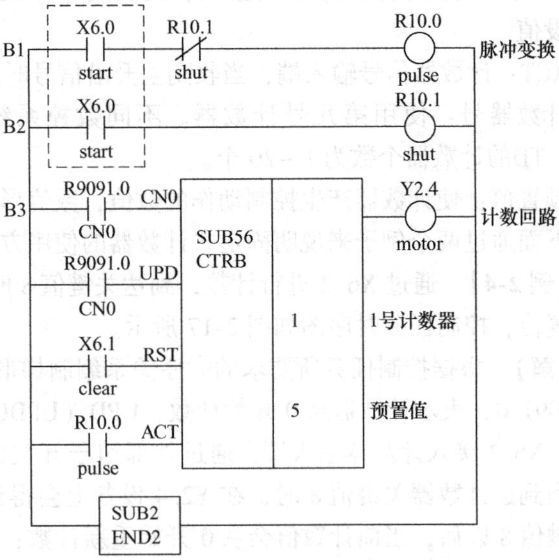

图 2-20　窄脉冲计数器的梯形图程序

外置式计数器

2.5　外置式计数器

外置式计数器模块如图 2-21 所示，对 SUB5 计数器的描述如下：

CN0：计数器的初始值设定，0 表示从 0 开始计数，1 表示从 1 开始计数。

UPDOWN：可逆计数方向设定，0 为加计数，1 为减计数。

RST：计数器复位端。加计数时，复位成 CN0 设定的初始值；减计数时，复位成计数器的预置值。

ACT：计数器信号输入端，当收到上升沿信号时进行加 1 计数，并更新计数值。

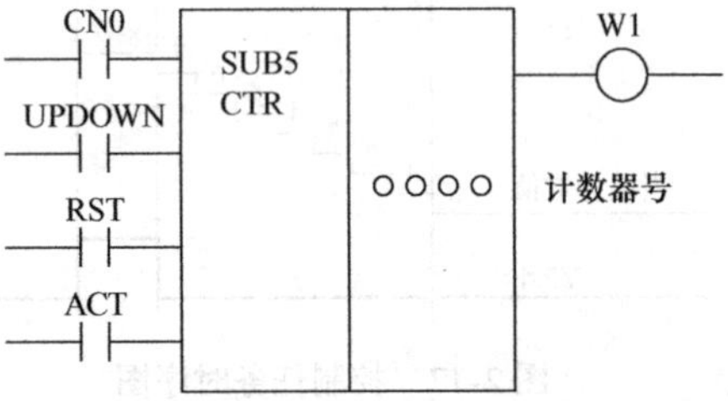

图 2-21　外置式计数器模块

计数器号：使用第几号计数器。不同数控系统的计数器个数是不同的，FANUC 0i Mate－TD 的计数器个数为 1～20 个。

注意：计数器关键值需要在 PMC 界面的计数器栏目中显示并设定，这与固定式计数器完全不同。固定式计数器所使用的序号和关键值都在程序中的同一个模块中设定，而外置式计数器在程序中仅可以确定计数器序号，也就是说，计数器序号与关键值是分离的。这样设置的目的是在修改参数时不用打开程序文本，以保护程序的安全。

下面通过一个例子来说明外置式计数器的使用方法。

【例 2-6】　控制任务时序图如图 2-17 所示，试用外置式计数器编制该梯形图程序。

【解】　根据控制任务编制梯形图程序，如图 2-22 所示。该梯形图与固定式计数器的梯形图相比，其功能号由 SUB56 变为 SUB5，功能名称由 CTRB 变成 CTR，计数器号为 19，且程序中看不到计数器预置值。

由于外置式计数器功能的特殊性，这里还要说明计数预置值的设置方法。通过屏幕操作命令，进入到 PMC 维护界面中的参数设置栏，将光标移动到第 19 号计数器，用键盘命令将预置值写成 8，而分配地址为 C0072 ~ C0075，共占用 4 个字节，其最大计数值是 $2^{32}-1$，这个数值很大，当前已经接收到的计数值为 5，由于未到达预置值，故计数器还未输出。图 2-23 所示为外置式计数器参数设定界面。其他不同序号的计数器设置方法与此相同。

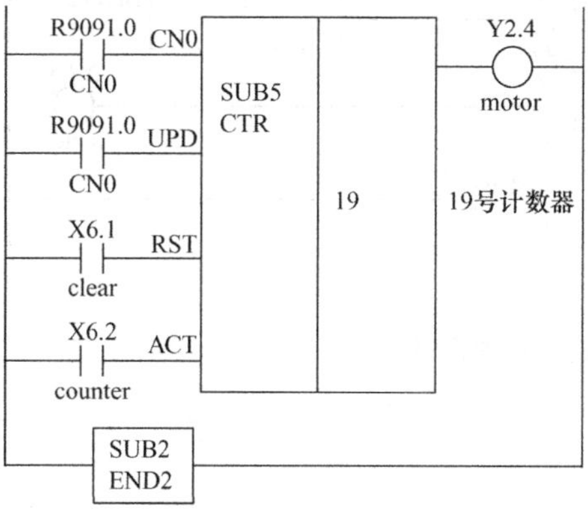

图 2-22　外置式计数器的梯形图程序

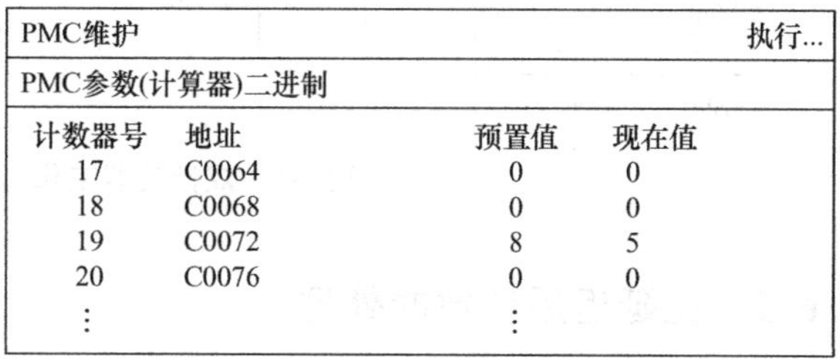

PMC维护
执行...
PMC参数(计算器)二进制
计数器号　地址　预置值　现在值
17　C0064　0　0
18　C0068　0　0
19　C0072　8　5
20　C0076　0　0
⋮　⋮

图 2-23　外置式计数器参数设定界面

2.6　典型处理方法

定时器、计数器和脉冲信号处理在数控机床 PMC 梯形图程序编写中的应用非常广泛。在机床维修和升级改造中，将不可避免地要重新编写原有的梯形图程序，所以，下面对机床梯形图编写过程中的一些典型处理方法进行讨论。

2.6.1　双计数器之间的关系与处理

单个计数器的使用并不复杂，但是两个及两个以上的计数器共同使用时，计数器之间具有进位关系，在编制程序时要考虑周到。下面通过一个例子来说明两个计数器同时使用的方法。

根据图 2-24 所示的双计数器工作时序图编制梯形图程序。X6.0 是启动按键，启动后的任何时刻，从 X6.2 端输入计数脉冲，内部计数器 CTR1 开始计数，每计数 5 个，另一个计数器 CTR2 累计 1 个，当 CTR2 累计值为 3 时，Y2.5 产生输出，按下 X6.1 按键，Y2.5 停止输出。图 2-25 是实现该功能的梯形图程序。

其中，B1 是功能启动模块；B2 是五进制计数器模块，在 RST 端，X6.1 是启动并强制复位端，R10.1 是计数预置值到达复位端，这两者都是复位条件，满足“或”的条件；B3 是三进制计数器模块，R10.2 是计数值到达时的逻辑输出端；B4 是输出执行模块，条件满足时 Y2.5 输出信号。

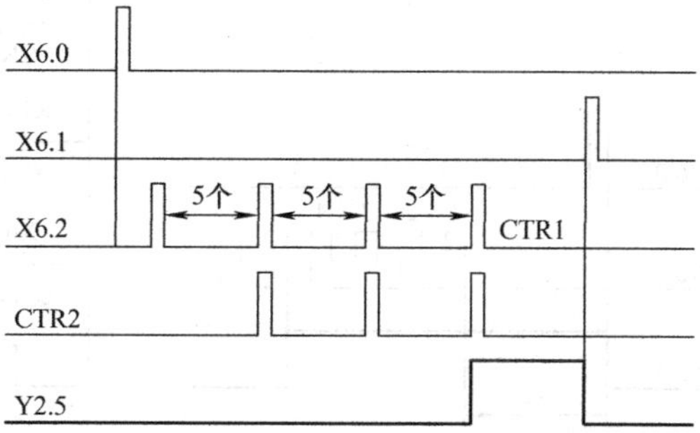

图 2-24　双计数器工作时序图

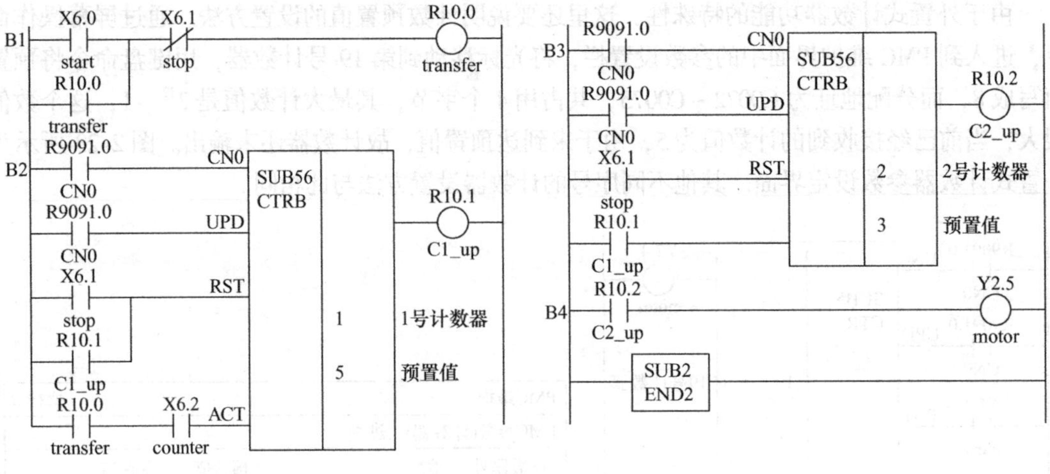

图 2-25　双计数器工作时序的梯形图程序

2.6.2　先延迟后计数的处理

在一些流水线控制中，通常会将设备运行时间和工件计数混合使用，以满足后续工序的要求。图 2-26 所示为定时器和计数器混合时序图，按下启动按键，设备瞬时启动，延迟 7s，然后测量计数器值为 5，计数满足后关闭设备。

图 2-27 所示为定时器和计数器混合时序的梯形图程序。其中，B1 是功能启动和停止模块；B2 是延迟 7s 模块；B3 是计数器模块。这里的计数器输入端采用外部开关信号。其复位信号来自 R100.1，也就是预置值到达后即复位计数器。

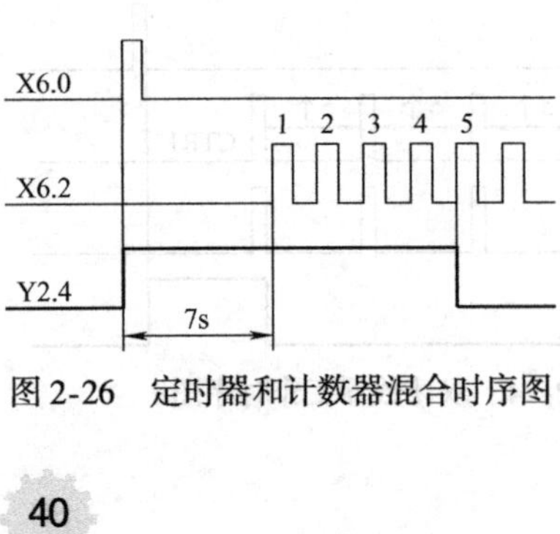

图 2-26　定时器和计数器混合时序图

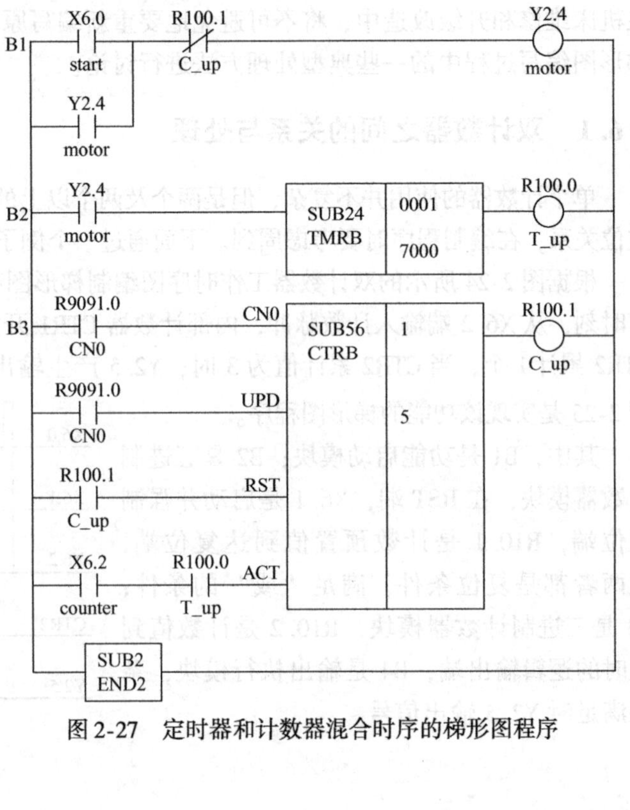

图 2-27　定时器和计数器混合时序的梯形图程序

2.6.3　自动脉冲的读取与截断

计数器除了能够接收系统外部的脉冲信号外，还可以接收宽度很小的脉冲信号。这种信号的产生方法有许多种，这里采用单个定时器产生窄脉冲来说明。窄脉冲时序图如图 2-28 所示，图 2-29 所示为窄脉冲控制的梯形图程序。其中，B1 是功能启动和停止模块；B2 是窄脉冲发生器，其工作原理如下：在 B1 模块有效的情况下，R10.0 常闭节点首先处于闭合状态，1 号定时器启动延时，2s 之后，R10.0 线圈瞬间输出一个高电平，同时 R10.0 节点迅速断开，此时定时器失电复位，R10.0 线圈的输出也立即变为零电平，R10.0 常闭节点再次闭合，形成下一轮的延时。在这个周而复始的变化过程中，输出高电平的时间是非常短暂的，相邻两个脉冲之间的时间为 2s；B3 是计数器模块，ACT 是计数器输入端，接收的是 R10.0 的信号；B4 是设备启动与停止模块，当计数器到达设定值时，R10.1 节点闭合，设备 Y2.4 线圈闭合，这样就满足了启动要求。当按下 X6.1 时，Y2.4 线圈失电，同时，X6.1 也使计数器清零，以便下一次执行这个程序。

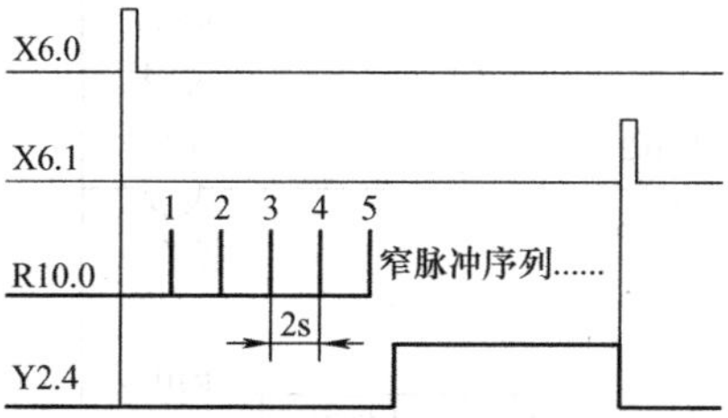

图 2-28　窄脉冲时序图

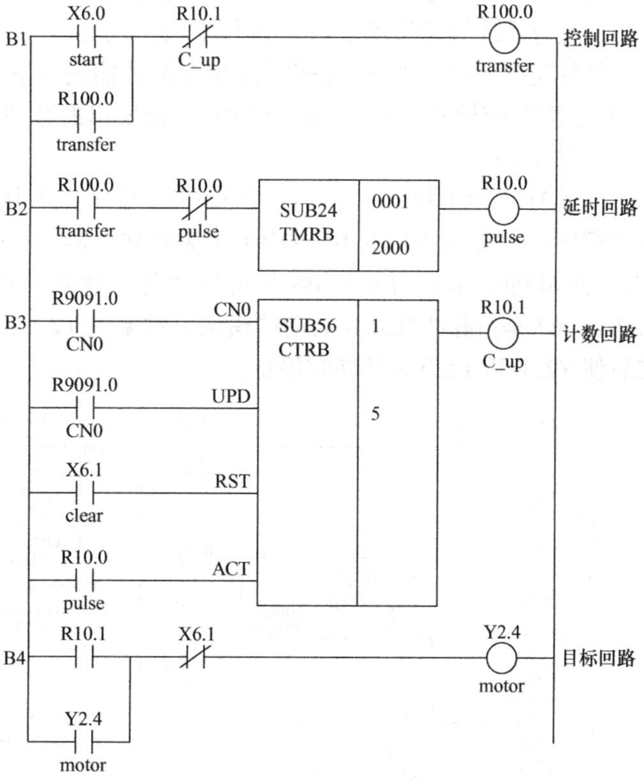

图 2-29　窄脉冲控制的梯形图程序

在 B3 模块中，当计数器的当前值到达设定值 5 时，其 R10.1 线圈得电，使 B1 模块中的 R10.1 常闭节点断开，此时 B1 模块处于停止状态，B2 模块中的 R100.0 常开节点断开，使振荡器停止，R10.0 线圈也不再输出周期变化的脉冲信号，这个过程就是脉冲的截断。脉冲的截断使得计数器模块不再接收多余的脉冲，有效地防止了计数器的误动作。计数器数值的截断有许多种方法，这里只是提供了一种解决问题的方法，读者可以考虑其他更好的方法来解决多余脉冲的截断问题。

2.6.4　混合时序的一种实现方法

在工业流程中，各种设备的启动或停止顺序都受流程图的制约。流程图通常以时序图的方式提供给梯形图的编程者，用户单位也依据时序图来确认或验收工作程序是否符合工艺要求。

图2-30所示为一种典型的混合时序流程。按下X6.0启动按键，设备Y2.0瞬时启动，而该设备的停止受时序两个条件T1和X6.1状况的约束。由图2-30可知，有三种可能的情况：其一，在10s内收到由X6.1发出的5个脉冲，这两个条件同时满足后，Y2.1启动5s后并停止，此后，Y2.0也停止运行；其二，在10s内，X6.1并没有发出规定的脉冲信号，这时后续的动作不会继续执行下去，也就出现了等待现象，只有“与”逻辑完全满足后才能进入下一个环节；其三，在10s开始之前，X6.1已经发出计数脉冲，显然，在10s之前发出的脉冲应该是无效的，这一点应该在程序中通过条件加以制约。

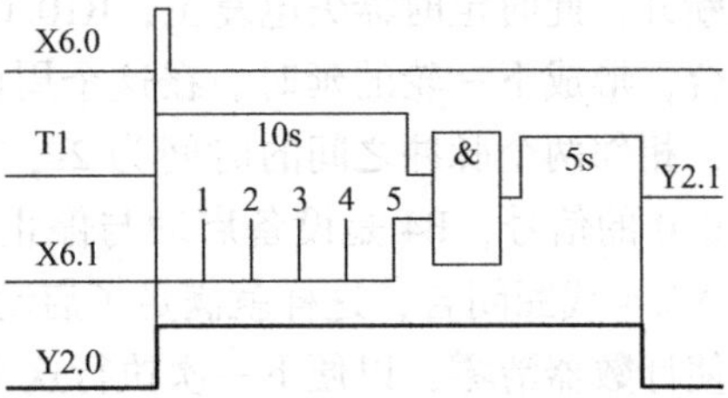

图2-30　一种典型的混合时序流程

图2-31所示为根据时序图编写的梯形图程序。其中，B1是启动与停止模块；B2是10s延时模块；B3是在规定的10s内的计数器模块；B4是规定时间内并且计数器设定值到达的“与”逻辑判断模块；B5和B6是逻辑“与”满足后的短脉冲形成模块，脉冲发出点为R20.0；B7是由脉冲R20.0启动的模块，对象为Y2.1；B8是一个5s延时模块，时间到达之后使Y2.1和Y2.0设备同时停止。

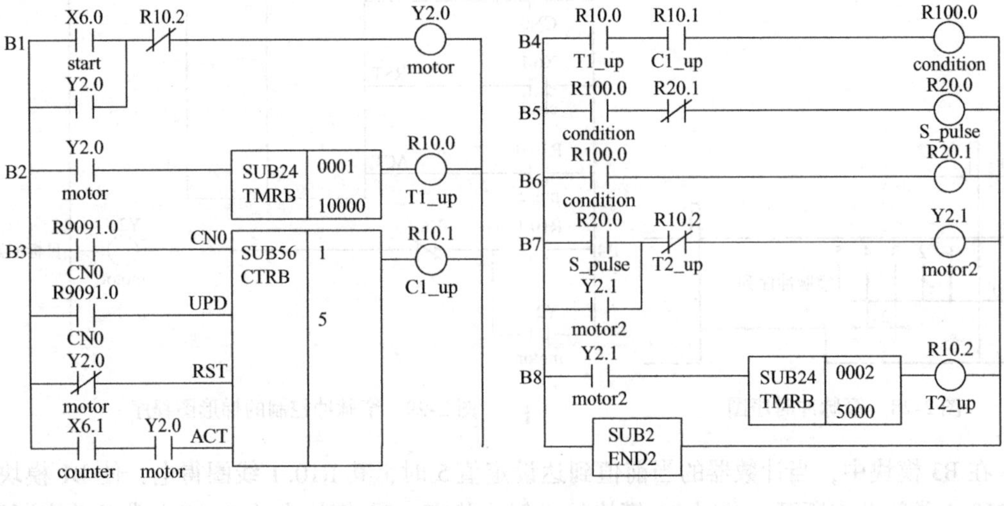

图2-31　混合时序流程的梯形图程序

图2-31所示的梯形图程序还存在一些不足。其一，时序图的原始含义是在10s内接收5个脉冲，如果超过时间，脉冲应当被视为无效，这可作为“异常出口”处理；其二，该程

序没有对可能多余的脉冲进行“截断”处理。显然，如果将以上两点加以完善，该程序会变得很复杂，目前将该程序处理成图 2-31 所示，主要还是从程序的主干功能来考虑，在实际的工作中应该尽可能考虑完善。关于“异常出口”问题将在下一章专门讲述。

总体而言，这段程序写得比较长，但比较容易理解，该程序也还有优化的空间，如可以将 B4 和 B5 模块去掉，同时修改一些传递变量，这样可以缩短程序。有时程序过于简短会增加阅读的难度，因此需要进行综合考虑。

2.6.5 周期控制

在一些机械装置运行过程中，通常需要周期性地加入润滑油以减少运行中的摩擦阻力，其润滑电动机的启动和停止的时间间隔可以根据要求进行改变，然后通过程序来实现这一工作。图 2-32 所示为周期性润滑控制信号时序图，从其中的时序关系来看，按下 X6.0 启动按键后，Y2.3 的输出呈现周期性的变化：5s 时间内是低电平，1s 时间内是高电平。以后呈现周期性的变化，按下 X6.1 按键后动作停止。

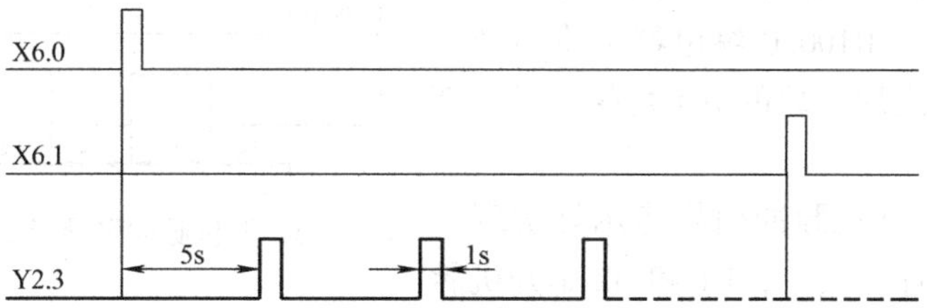

图 2-32 周期性润滑控制信号时序图

根据以上控制要求编写梯形图程序，如图 2-33 所示。从梯形图可以看出，其采用了两个定时器，分别用于表示 5s 和 1s 的时间值，两个定时器的输出分别通过中间变量 R10.1 和 R10.2 进行信号传递，以构成两定时器的交叉使用。在特殊情况下，如果把定时器的设定值都改成相同值，则润滑输出的启动和停止时间是等长的，在实际使用中可以根据情况对这两个值进行任意设定，以满足实际工艺的要求。

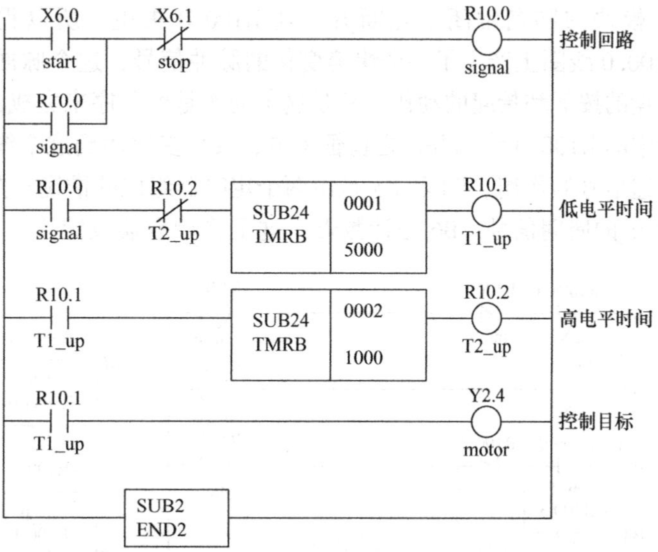

图 2-33 周期性润滑控制的梯形图程序

图 2-32 的控制特点是按下启动按键后延时 5s 才启动润滑控制，现在将工作任务改成启动瞬间立即启动润滑控制，以后的周期控制同前。周期性润滑控制的改进方案如图 2-34 所示，尽管整体的程序结构基本不变，但是具体的控制节点情况会发生相应的变化，请读者自行完成程序编写。

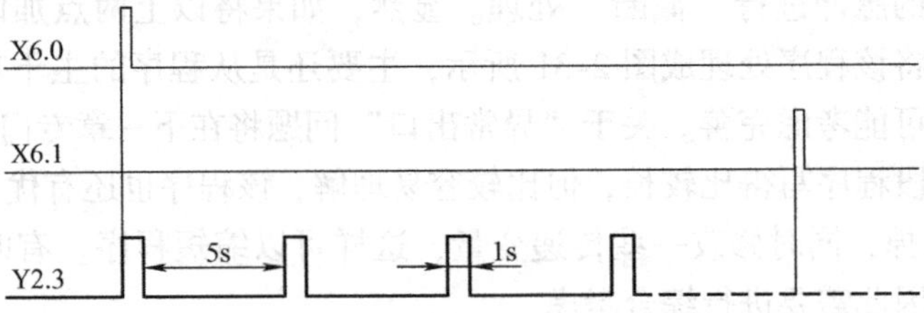

图 2-34　周期性润滑控制的改进方案

2.6.6　开机脉冲的引用

数控机床从冷态开始加电后，PMC 程序首先执行一段例行程序，这段例行程序通常用于对外部端口进行测试或者启动一些信号灯闪烁程序，表明机器已经正式启动了，而引导这段程序执行的信号称为开机脉冲信号，也是一段经典的程序。

图 2-35 所示为开机脉冲引导指示灯三次闪烁时序图。开机后在 R100.0 继电器上将出现一个非常短的脉冲，之后，绿色指示灯执行了周期为 2s 的闪烁操作。

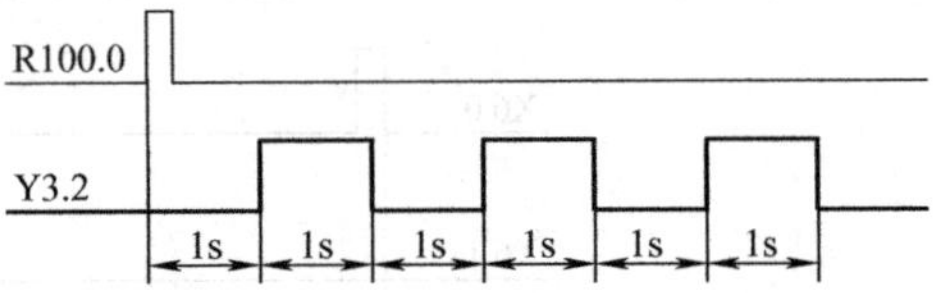

图 2-35　开机脉冲引导指示灯三次闪烁时序图

图 2-36 所示为开机脉冲引导指示灯实现三次闪烁的梯形图程序。其中，B1 和 B2 是开机脉冲的经典表达形式，R9091.1 是系统提供的一个常“1”信号节点，开机后，程序首先扫描 B1 模块，致使 R100.0 瞬间产生高电平，接着，程序扫描 B2 模块，R100.1 线圈得电，使得 B1 模块的同名常闭节点断开，则 R100.0 失电，所以程序从 B1 到 B2 模块的扫描就在 R100.0 线圈上产生了一个快速变化的脉冲信号，这个脉冲信号有些类似于人们用手去进行键盘的按下和抬起的动作，只是这个动作是由程序来完成的，用这个信号可以去启动 B3 模块中的 R100.3 线圈并使之稳恒得电，其后多次用到这个线圈的同名常开节点，它实际上起传递信号的作用。B4 和 B5 是由两个定时器组成的推挽式振荡器，在 R50.0 线圈上输出周期为 2s 的周期信号；B6 是计数器，这里将计数器设定为 4，这样可以保证指示灯闪烁三次，

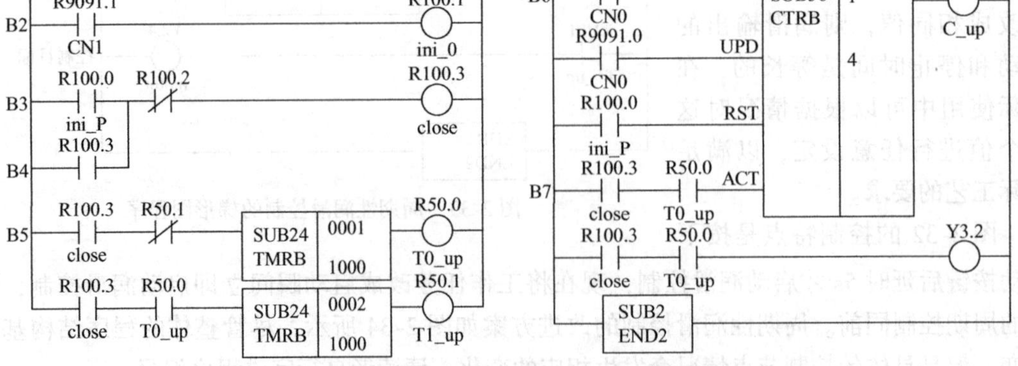

图 2-36　开机脉冲引导指示灯实现三次闪烁的梯形图程序

第4次是执行一个停止指示灯输出的控制信号，这个信号由R100.2线圈输出，从而使B3模块中的R100.3失电；B7是在启动信号R100.3有效的情况下指示灯的执行回路。

该程序段在开机情况下只执行一次，如果想在系统有电的情况下执行这段程序，则需要在程序中插入一些语句，如可以用X6.0按键来启动这个程序段，这段程序由读者自行完成。

2.6.7 一键启动和停止

在一般工业设备中，一台电动机的运行通常是由两个按键来完成的，即一个启动按键和一个停止按键。在数控机床面板上，由于按键比较多，如果都用两键式排列，则按键数量会非常庞大，所以数控机床通常采用一个按键来起到两个作用：启动和停止。图2-37所示为一键启动与停止的时序图，当按下X6.0时，Y2.0设备启动；当再一次按下X6.0时，Y2.0设备停止。

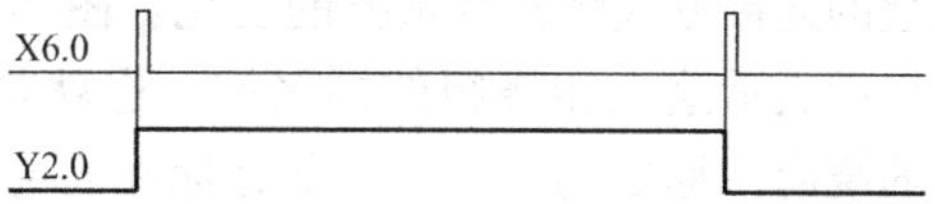

图2-37 一键启动与停止的时序图

图2-38所示为一键启动与停止的梯形图程序。当按下X6.0按键时，程序指针首先扫描B1模块并使R100.0线圈得电，当程序指针扫描到B2模块时，R100.1线圈得电，使B1模块中的同名常闭节点断开，这样就使R100.0失电，程序指针扫描完这两行之后，R100.0线圈上就会有一个快速变化的脉冲，这个脉冲信号就由它的同名常开节点R100.0在B3模块中形成L1启动回路，使得R100.2得电，R100.2得电后，使得L2回路中的同名常开节点闭合，此时R100.0的常闭节点也处于闭合状态，从而形成L2的连锁回路，因此R100.2也可以看成是一个起连锁作用的元件。此时Y2.0设备启动；如果要使该设备停止，则可以再次按下X6.0，L2回路中的R100.0节点瞬间断开，Y2.0和R100.2也相应断开。这就是该程序的基本原理，这段经典程序在现代数控机床程序中应用非常广泛。

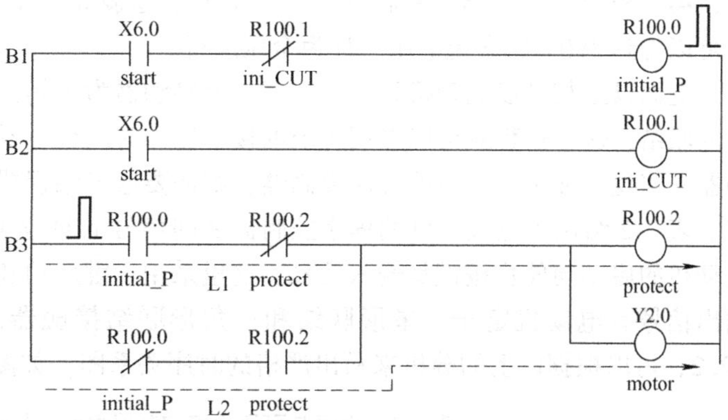

图2-38 一键启动与停止的梯形图程序

2.7 工程项目案例分析

2.7.1 电动机的Y/△启动控制

在电气控制技术中，当电动机的容量大于7.5kW时，如果采用直接启动，会对当地电网产生很大的冲击，因此这些容量超过一定等级的电动机通常要根据情况采用降压启动，比较典型的方式有星形-三角形、转子串电阻或者定子串电抗等启动方式。现在以星形-三角形启动方式为例做介绍。

图2-39所示为三相异步电动机的连接方式，其电源电压是交流380V，前端的熔断器和断路器已经略去，这里假设L1、L2和L3已经带电，第一种情况，当定子接触器KMS和电动机尾部接触器KM丫均接通时，电动机处于星形运行方式，每相绕组（U－U′，V－V′，W－W′）得到的电压是交流220V，称之为轻载启动；如果此时仍然保持KMS接触器接通，但是断开KM丫接触器，然后合上KM△接触器，电动机三相绕组的连接方式将发生重要的变化：图2-39中标注有＊号的表示这三相绕组的同名端，也就是它们具有相同的绕向，称之为“头”，没有标注符号的一端称为“尾”，这里要采用“头–尾”相接的方式对绕组进行重新连接，第一相的“头”与第二相的“尾”相连，第二相的“头”与第三相的“尾”相连，第三相的“头”与第一相的“尾”相连，这就是所谓的三角形联结方式，这时每相绕组可以得到380V的交流电压，称为全压运行。

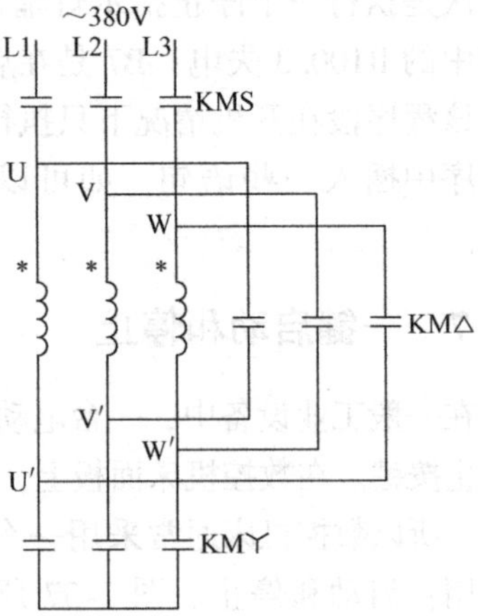

图2-39　三相异步电动机的连接方式

上面以三相异步电动机为对象，以三个接触器为工具，实现了电动机从星形到三角形方式的联结，这个过程既可以采用传统的接触器和时间继电器来实现，也可以采用可编程序控制器来实现。如果采用可编程序控制器，则需要通过编程器中的微型继电器控制接触器的动作。表2-2给出了电气与可编程序控制器之间信号的对应关系，对于可编程序控制器来说，电动机的启动与停止按键是输入信号，这里采用一键启动和停止的控制方式，位号是X6.0；输出信号有电动机定子、星形联结和三角形联结接触器，其位号分别为Y2.0、Y2.1和Y2.2，可以根据以上的分析来写出严格的时序关系图，如图2-40所示。

表2-2　电气与可编程序控制器之间信号的对应关系

输入信号			输出信号		
名称	设备代号	输入节点编号	名称	设备代号	输出节点编号
电动机启动与停止	SB1	X6.0	电动机定子接触器	KMS	Y2.0
			星形联结接触器	KM丫	Y2.1
			三角形联结接触器	KM△	Y2.2

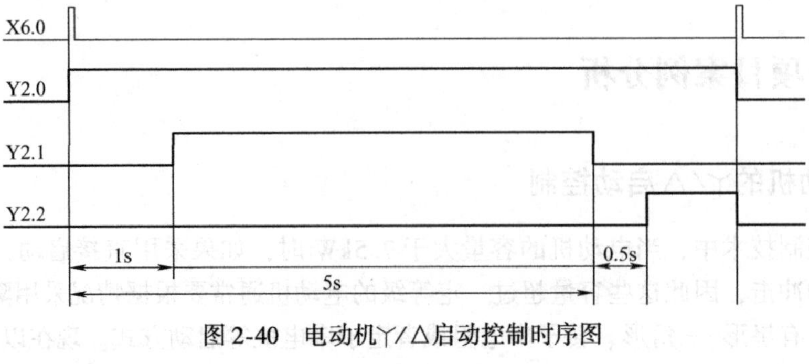

图2-40　电动机丫/△启动控制时序图

当按下 X6.0 按键时，定子 Y2.0 迅速得电，1s 之后，星形联结回路也得电，这时电动机采用星形方式运转，每相绕组得到 220V 的交流电压。此时虽然电动机已经启动，但由于绕组电压比较低，所以其带负载能力比较低，经过 5s 之后，星形联结的 Y2.1 设备停止输出，然后再延时 0.5s，代表三角形联结的 Y2.2 设备接通，此时电动机绕组上的电压是 380V，也就是电动机处于全压运行状态。

图 2-41 所示为电动机Y/△启动控制的梯形图程序。B1 和 B2 模块用于实现按键扫描，当按下 X6.0 时，程序指针首先扫描 B1 模块使 R100.0 得电，接着，程序指针扫描 B2 模块并使 R100.1 线圈得电，这使得 B1 模块中的 R100.1 常闭节点断开，R100.0 由刚才的得电状态变成失电，于是在该线圈上产生了一个变化的脉冲信号，该信号使得 B3 模块中的 R100.0 瞬间闭合并断开，这实际上是一个启动信号，该信号首先使 Y2.0 线圈得电，使电动机的定子通上三相交流电，R100.2 线圈也得电，在 B3 模块中，它起到一个连锁作用，而在 B4 模块中，它又起着信号传递作用，也就是使 1 号定时器产生 5s 的延时，同时使 B5 模块中的 2 号定时器产生 1s 的延时，1s 之后，B7 模块中的 R9.1 节点闭合，其后的 R9.5（时间未到）和 Y2.2（三角形未启动）均处于闭合状态，Y2.1 线圈得电，电动机处于星形联结状态，实现降压启动；随着时间的推移，B4 模块中的 1 号定时器的 5s 延时到了，R9.5 线圈得电，这使得 B7 模块中的 R9.5 常闭节点断开，此时星形联结断开，同时，B6 模块中的 3 号定时器启动，延时 0.5s 后 R9.7 线圈得电，这使得 B8 模块中的 R9.7 节点闭合，由于之前的星形联结已经断开，所以 Y2.1 常闭节点恢复闭合，使得 Y2.2 线圈闭合，电动机处于三角形运行中。丁字绕组中得到的是 380V 交流电，电动机全压运行。

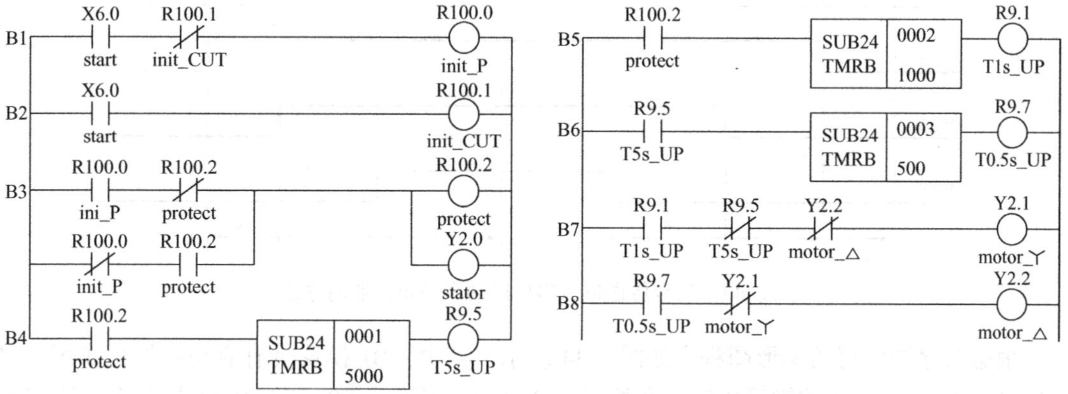

图 2-41　电动机Y/△启动控制的梯形图程序

在启动由星形转换成三角形的过程中，之所以要先断开星形，目的是使后面的三角形运行与之前的运行方式有一个明显的断开点，避免造成三相电路之间的匝间短路，这里采用了 0.5s 的延时。在这个时间内，电动机以惯性方式运行。

2.7.2　三电动机连续启动/停止控制

多台电动机的启动与停止控制在工业流水线运行中具有重要意义。图 2-42 所示为三台传送带运输机工艺布置图，其主要应用背景是长距离地运送货物，其控制特点包括两个方面：其一是按照一定的顺序启动和停止，如启动顺序为 1 号、2 号和 3 号，停止顺序为3号、2号和1号，或者相反，这个是根据货物运输方向来设定的；其二是延迟时间的设定，由于这些电动机的容量都比较大，尽管已经设定了启动和停止的顺序，但还是希望每台电动机能够按照设定的时间规律逐台启动和逐台停止，以减少同时启动给电网带来的冲击。

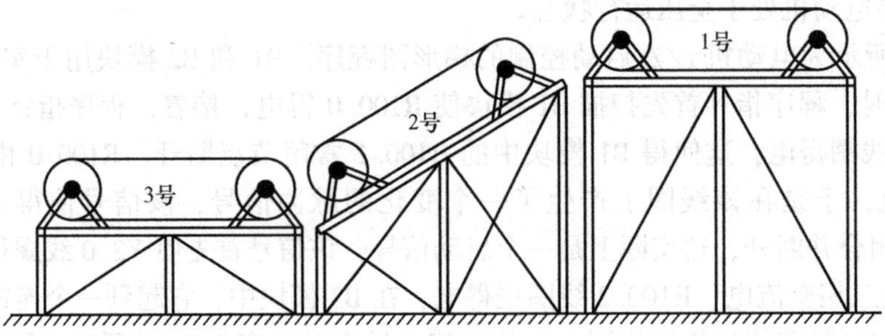

图2-42　三台传送带运输机工艺布置图

根据工艺要求编写传送带运输机动作时序图。如果将货物从左边运送到右边，则比较合理的启动顺序是1号、2号和3号，停止顺序是3号、2号和1号，其启动的延迟时间分别确定为3s、4s和5s，其停止的延迟时间分别为5s、4s和3s，根据该工艺要求绘制三台传送带运输机启动和停止控制时序图，如图2-43所示。

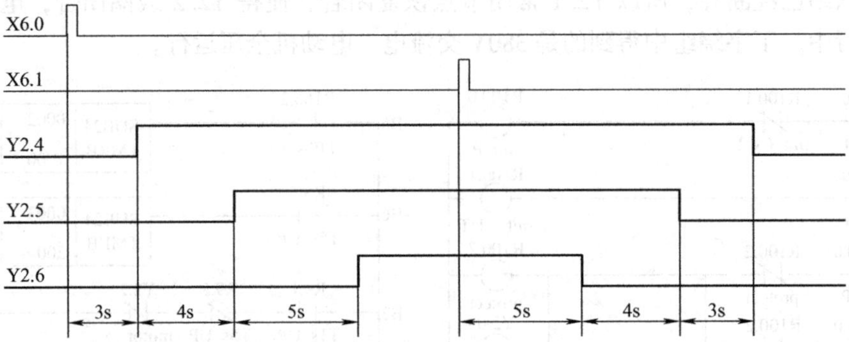

图2-43　三台传送带运输机启动和停止控制时序图

根据时序图编写的梯形图程序如图2-44所示。其中，B1模块具有启动和停止作用，启动按键是X6.0，停止按键是由定时器控制R11.4来完成的；B2、B3和B4是三个依次启动设备延迟的时间继电器，其延迟时间值需根据时序图确定；B5、B6和B7是设备驱动模块，R10.1、R10.2和R10.3是启动三台电动机的控制节点，R11.2、R11.3和R11.4是停止三台电动机的控制节点；B8是手动停止运行模块，其按键是X6.1，按下该按键后将执行电动机的顺序停止动作；B9、B10和B11是三个依次停止设备延迟的时间继电器，当最后一个时间继电器作用完毕，其继电器R11.4将使B1和B8模块关闭，以等待下一个轮次的控制。

梯形图程序的编写方法具有多样性。这里只是提出了一种梯形图的编写方法，读者可以根据自已的思路写出不同形式的梯形图程序，但要注意这些程序在执行过程中应该满足时序图的控制要求。另一方面，传送带运输机的启动和停止顺序也可以满足其他要求，如图2-45是另一种时序图的表达方式，只要对原来梯形图中的关键部分加以修改就可以实现这个功能。

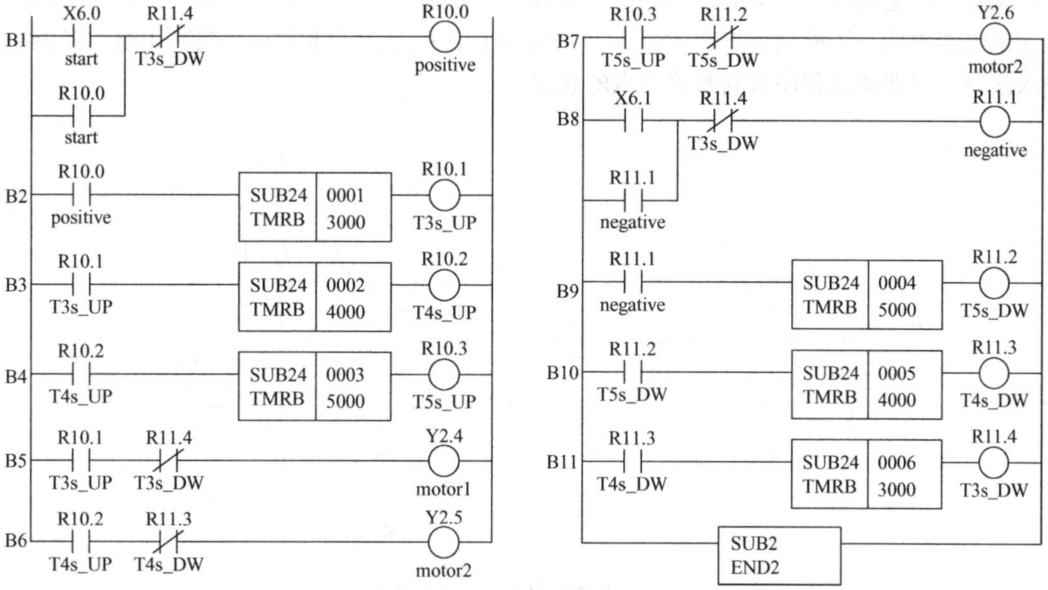

图 2-44　三台传送带运输机顺序控制的梯形图程序

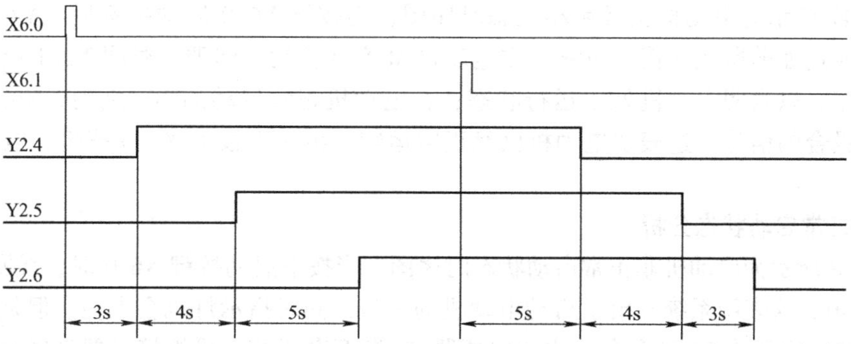

图 2-45　三台传送带运输机启动和停止的另一种时序图

2.7.3　电动机启动与测试

电动机启动成功之后，通常以主接触器吸合、定子线圈上达到规定的电压值并且转子以规定的速度做旋转运动为标志，但并不是每次按下启动按键后电动机都能启动成功，有时主接触器已经吸合，但电动机并没有旋转，这时最好的方法是立即按下停止按键，并开始进行检查。如果不按下停止按键就开始检修，电动机可能会意外得电而转动，从而给人身和设备带来安全隐患。为了避免这种情况的发生，可以设置一个启动状况信号检测回路。

图 2-46 所示为电动机启动状态检测原理图，其主要由三个部分组成，左边是 PMC 控制器，其作用是接收启动命令以及对外部发出控制指令；中间是微型继电器 REL 接口部分，主要是将 PMC 的逻辑控制关系转换成外部电气设备可以执行的信号；右边是电气主回路，其供电为交流 380V，QS 为电源开关，FU 为熔断器，起短路保护作用，KM 为主接触器，FR 为热继电器，实现过载保护功能，被控制对象是一台异步电动机 M。为了检测电动机的

旋转情况，在电动机的主轴上以同轴方式安装了一个速度继电器KS，当电动机正常运转时，速度继电器中的一个检测节点就会闭合，否则该节点断开。将该节点连接到PMC控制器的输入接口，以便通过程序来判断该节点的状态。

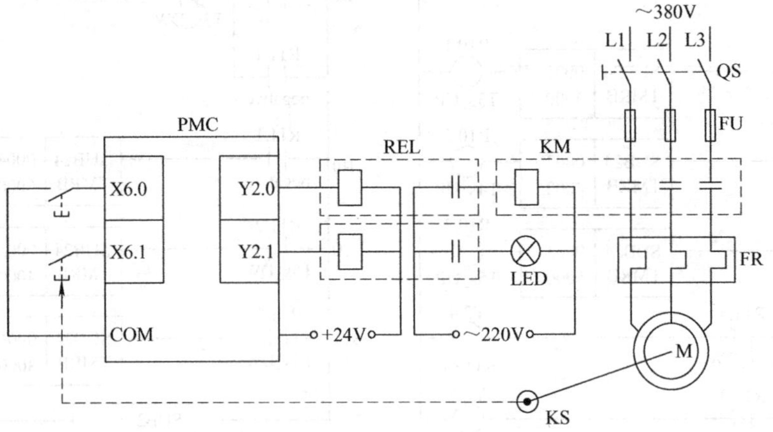

图2-46　电动机启动状态检测原理图

1. 正常启动状态分析

图2-47所示为电动机正常启动状态时序图，当按下X6.0启动按键后，Y2.0线圈瞬间吸合，通过如前所述的接口电路，主电动机M实现转动，同理，线圈Y2.1吸合会使工作指示灯亮，以表明电动机处于运行状态；在电动机正常启动的10s之内，X6.1收到速度继电器吸合的信号，这表明电动机已经正常运转。再一次按下X6.0按键，电动机停止运行。

2. 非正常启动状态分析

图2-48所示为电动机非正常启动状态时序图，当按下启动按键X6.0时，线圈Y2.0和Y2.1都得电，这表明系统发出了启动电动机的信号，同时指示灯也会点亮。但是，由于某种原因，如电源开关QS没有合上或者熔断器FU断开若干相，尽管接触器已经吸合，电动机定子没有额定电压也无法转动，在系统等待10s之后，由于速度继电器未发出电动机运行信号，PMC指挥信号指示灯发出三次闪烁信号，通知现场人员电动机存在故障，之后将控制线圈Y2.0关闭，主接触器也释放，由工作人员检查故障并进行修复。

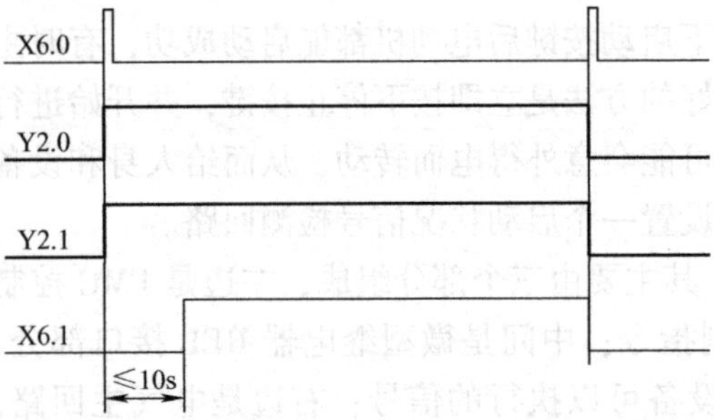

图2-47　电动机正常启动状态时序图

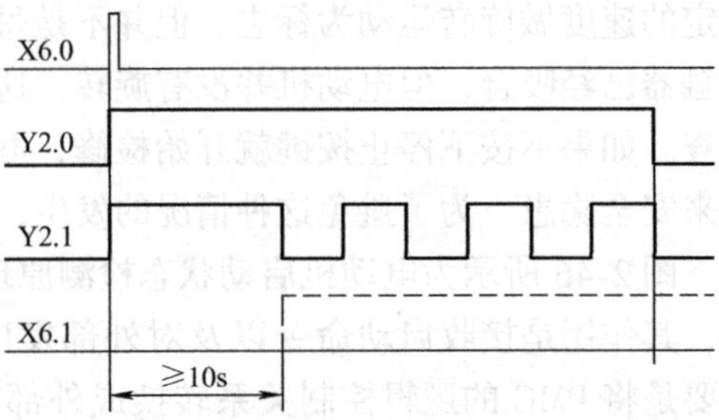

图2-48　电动机非正常启动状态时序图

电动机的启动状态判断在实际工作中具有非常重要的意义，尤其是对系统中重要动力设备的电动机更是如此。例如，在液压系统中，不但要关注主液压泵的启动方式，还要注意主液压泵是否已经开启，如果已经发出启动指令，但是液压马达没有启动，则应迅速关闭启动状态，以免因液压泵意外启动而造成人员和设备事故。除了采用速度继电器进行判断以外，还可以采用其他合适的继电器来判断电动机的运行状态。例如，在液压系统中，可以在液压泵出口处安装一个压力继电器，以此来判断液压马达的运行状态，也可以在主电路中采用电流互感器与电流继电器来判断液压马达的运行状态。

3. 程序结构的分析

图 2-49 所示为电动机启动状态检测梯形图程序。其中，B1 ~ B3 是设备的一键启动和停止模块；B4 和 B5 是电动机运行状态检测模块，其检测点是 X6. 1，如果电动机在正常情况下启动并且获得速度继电器的运行确认点，则定时器不会运行，一旦该定时器启动成功，说明电动机反馈信号未获取；B6、B7 和 B8 是定时器时间到的启动模块；B9 是指示灯控制模块，其分为两种情况，正常运行时是常亮状态，故障情况下是闪烁状态，且只闪烁三次后就结束；B10 是故障状态下指示灯计数器设置模块，其计数输入端由 R11. 2 和 R9091. 6 两个继电器组成，用于故障情况下的计数，计数器值到达后，通过 R11. 3 使计算器清零，并使 B3 中的 Y2. 0 失电。

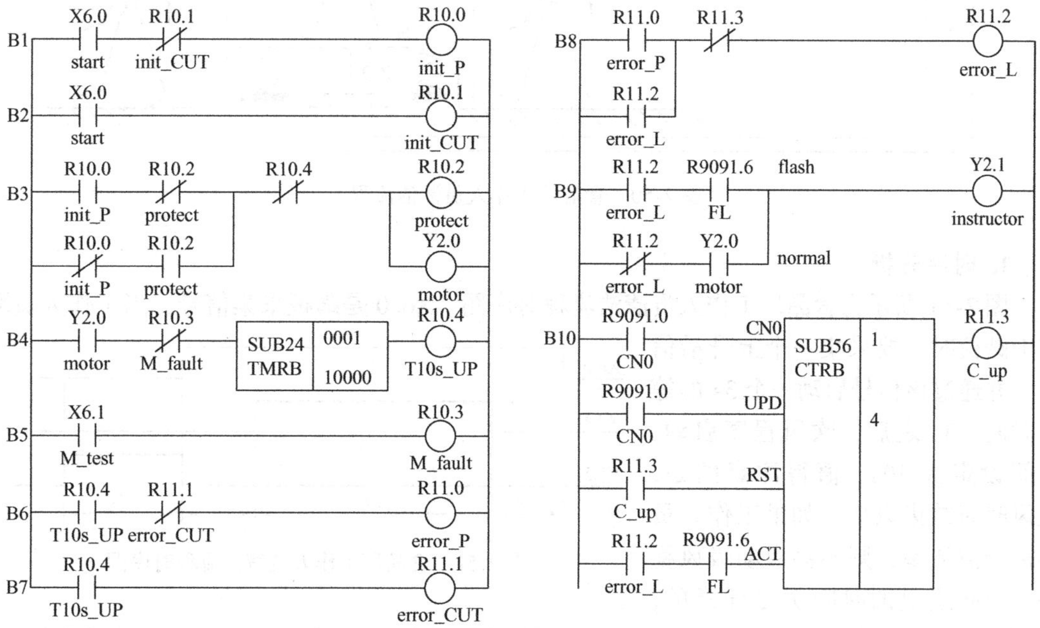

图 2-49　电动机启动状态检测梯形图程序

2. 7. 4　食品厂工作人员清洁流程

食品厂工作人员的个人卫生状况严重影响着食品生产的安全和消费人群的身体健康，因此，在工作人员进入生产车间之前都要经过非常严格的清洁和消毒，这里以工作人员进入车间之前的最基本的一个流程——鼓风清洁为例进行说明。图 2-50 所示为食品厂工作人员清洁流程。工作人员从左边进入清洁室，如果前面有人，则需等待。进入清洁室后，首先踩在一个特殊的踏板上，踏板的下面安装有一套反力弹簧和微动开关，微动开关在人体重力的作用下闭合，该开关的信号被送入可编程序控制器 X6.0 端口，通过适当的延时，控制器首先启动吹风电动机 Y2.4 的强力吹风程序，试图将工作人员身上的灰尘吹下来，其时间是有限制的，如可以设定为 10s。在工作人员离开踏板的一瞬间，控制器立即启动强力吸风程序，试图将刚才吹落的灰尘吸出清洁室，其吸风时间也是可以设定的，如可以设定为 5s。至此，一名工作人员的鼓风清洁流程就做完了，下一名工作人员的流程以此类推。

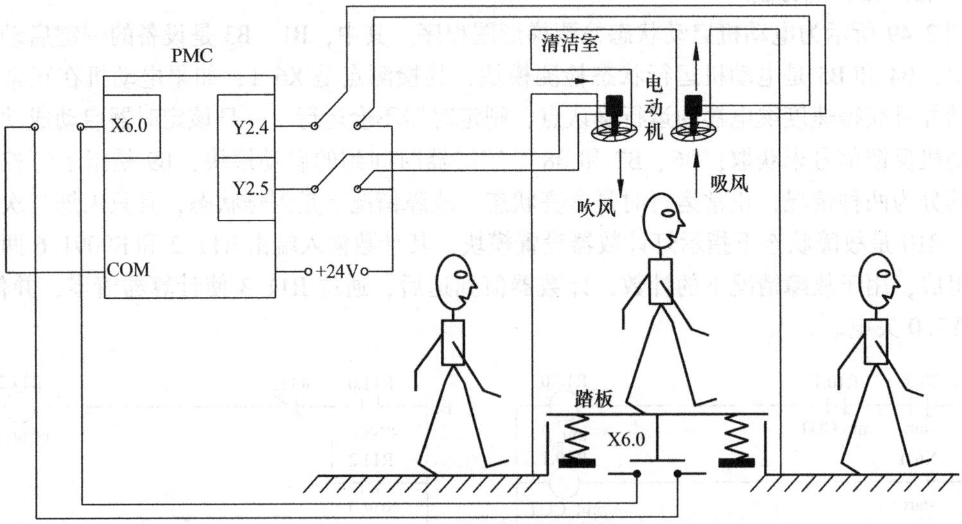

图 2-50 食品厂工作人员清洁流程

1. 时序分析

图 2-51 所示为食品厂工作人员清洁流程时序图。X6.0 是踏板采集信号，当工作人员刚踩上踏板时，要采集一个上升沿信号，并通过该信号启动一个 3s 的等待时间，3s 之后，吹风程序启动，时间设定为 10s。值得注意的是，吹风时间结束以后，如果工作人员不离开清洁室，则不会启动吸风程序，因此这里的时间 T 是任意的，其目的是允许工作人员在离开清洁室之前整理衣冠，而每个人所需要的时间可能是不同的，所以这个时间是自由的。在工作人员离开踏板的一瞬间，X6.0 采集到了下降沿信号，程序启动吸风动作，这个时间持续 5s。总之，这里的时间设定可以根据现场情况进行必要的调整。

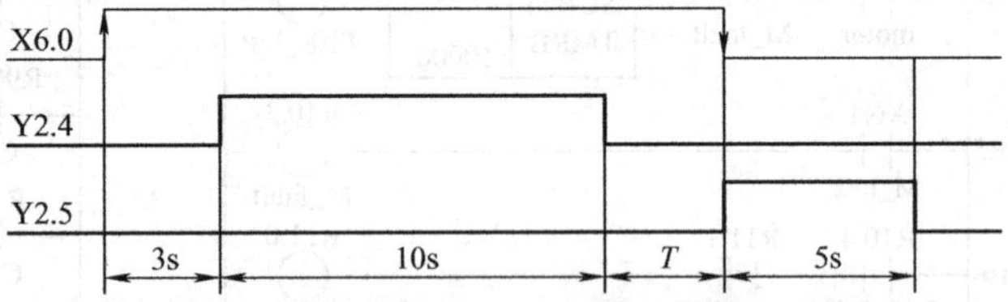

图 2-51 食品厂工作人员清洁流程时序图

2. 程序结构的分析

图 2-52 所示为食品厂工作人员清洁流程梯形图程序。B1 是踏板开关检测模块；B2、B3 和 B4 是踏板受力后上升沿脉冲启动模块，同时也启动了吹风输出，见 B11 模块；B5 和 B6 是吹风延迟 10s 模块；B7 和 B8 是离开踏板检测模块，这里检测的是下降沿信号；B9 是吸风驱动模块；B10 是吸风延迟 5s 模块；B11 和 B12 是吹风和吸风执行模块。

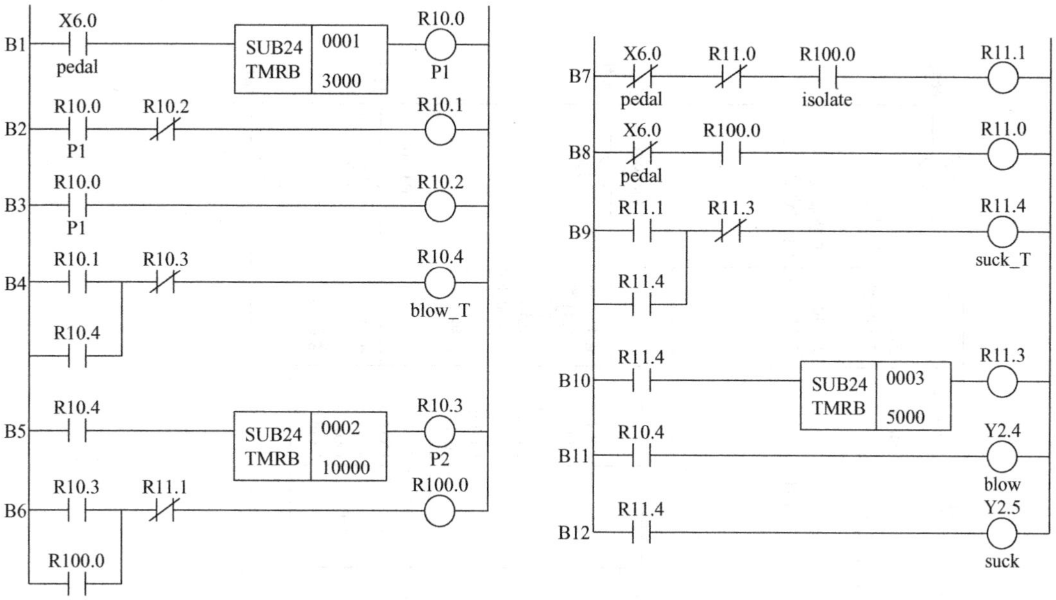

图 2-52　食品厂工作人员清洁流程梯形图程序

2.7.5　活动密码设置

当人们谈及银行账户、个人邮箱或者需要登录个人信息的场合时，首先想到的是固定密码的记忆和输入，为了避免遗忘密码给输入信息带来麻烦，有些人的密码设置得比较简单，因此也常有密码被窃取而造成损失的报道。实际上，固定密码无论如何设置，总是可以通过精心设计的试探算法最终解密的，这就是固定密码的缺陷。所以，可以编制一种基于算法判别的活动密码程序，这种密码的输入不是固定的，因此通过试探软件解密的困难就大大增加了。

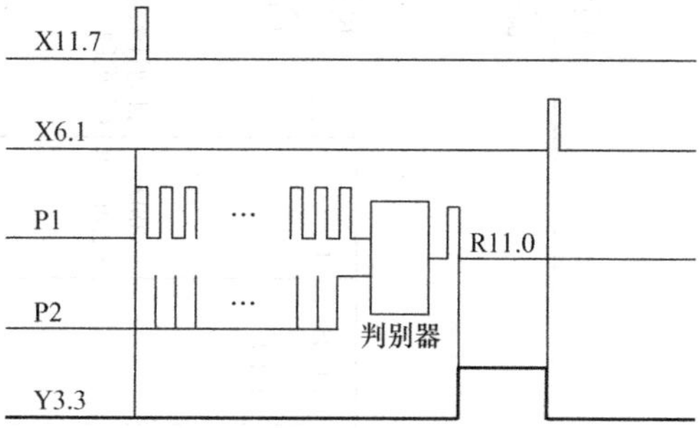

图 2-53　活动密码设置时序图

图 2-53 所示为活动密码设置时序图，其中 X11. 7 是启动解密程序的按键；P1 是由机器自动产生的随机数，这个随机数的活动范围或者规律可以自由设置，这里为了说明原理的方便，采用了 1 ~ 50 之间的计数器规律产生随机数；P2 是人工输入密码的入口，其输入数据为 0 ~ 100。将机器产生的随机数和人工输入的数据同时输入到判别器进行甄别，这个判别器的算法也可以根据需要进行设计，在人工输入数据时是要根据机器目前已经跳出的数据为参考，只有两者的数据之和为 100 时才发出解密成功的脉冲，通过这个脉冲去启动红色信号指示灯。显然，由于不同时间的随机数是不同的，因此输入的密码数字也不是固定的，因此，不知道判别算法原理的人是无法解密的。为了进一步提高解密的难度，判别表达式也可以不做成固定的，如根据日期变化自动转换预存的判别表达式，以达到更好的密码保护效果。

图 2-54 所示为活动密码设置的梯形图程序。B1 模块是具有控制作用的程序段，X11. 7 是启动解密程序的按键，X6. 1 是停止解密或者解密成功后关闭解密程序的按键，R10. 0 是

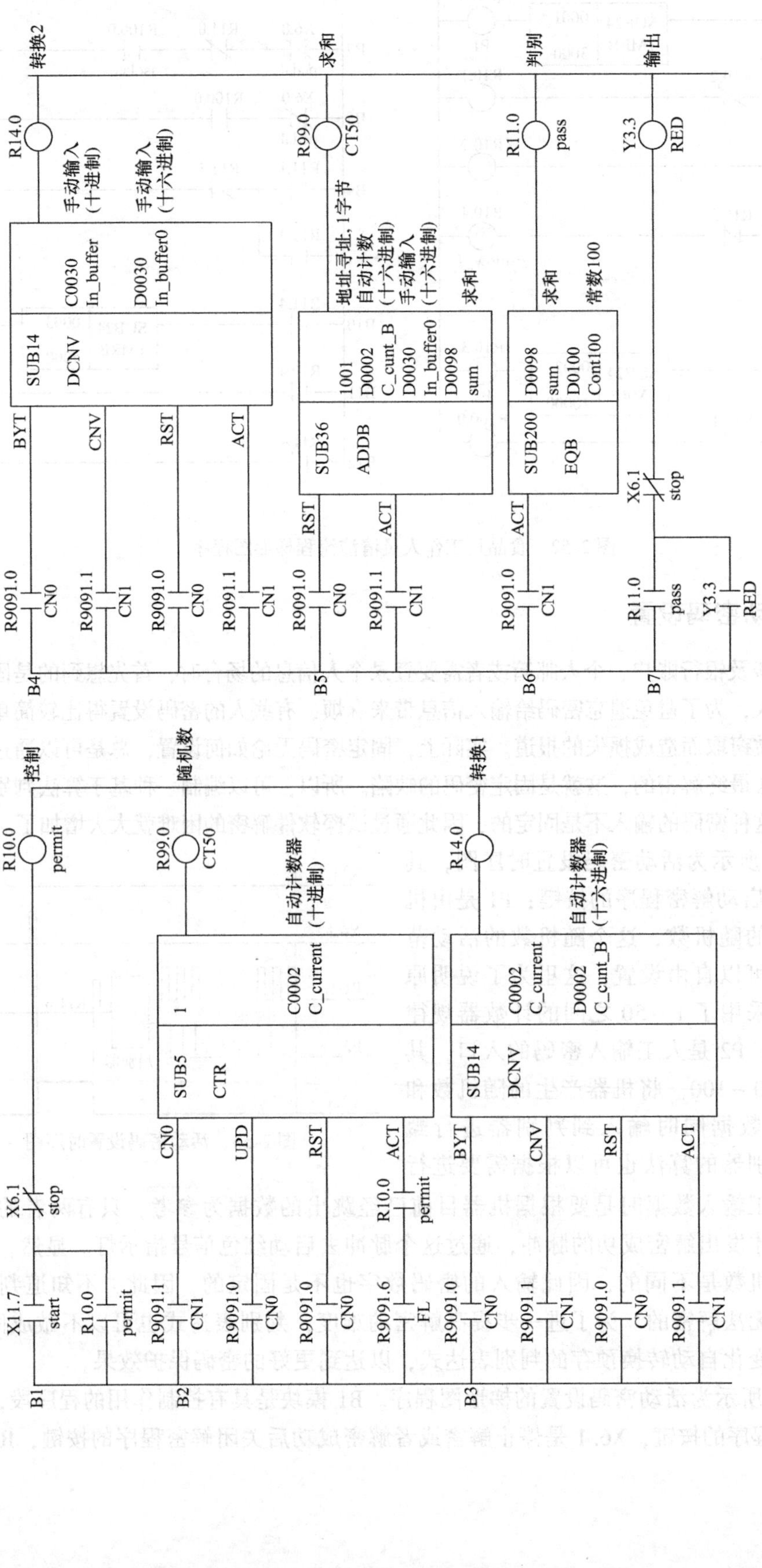

图2-54 活动密码设置的梯形图程序

解密允许启动信号，该信号可以启动 B2 的随机数产生模块，SUB5 是外置式计数器，其设置状态为从 1 开始计数，方向设置为加法计数，整个过程不复位，计数脉冲由系统提供的秒脉冲发生器 R9091.6 作为触发信号，该信号是来自该数控系统自己定义的专门信号。该计数器的设定值存放在 C000 单元，目前设定值为 50，而当前值存放在 C0002 单元，其数值范围是 1 ~ 50，以十进制数形式存放。B3 模块将当前随机数由十进制转换成十六进制，其功能号是 SUB14，BYT 现在设置为逻辑“0”，表示待转换的数据长度为 1 字节；CNV 设置为逻辑“1”，表示将十进制数转换成十六进制数；RST 设置为逻辑“0”，表示恒不复位；ACT 设置为逻辑“1”，表示该模块恒进行这样的数据转换，被转换的数据存放在 C0002 单元，转换完的数据存放在 D0002 单元，转换后的数据是十六进制；同理，B4 模块将人工输入的十进制数据转换成十六进制，并存放在 D0030 单元中。

B5 模块将两个十六进制数进行求和计算，其功能代码是 SUB36，其 RST 设置为逻辑“0”，表示恒不复位；ACT 设置为逻辑“1”，表示加法运算恒有效。代码 1001 中，前面的“1”表示运算采用地址寻址方式设定，后面的“1”表示参加计算的数值的字长为 1 字节，被加数存放在 D0002 单元中，加数存放在 D0030 单元中，计算的结果存放在 D0098 单元中，图 2-54 中还标示了相应的符号变量，以方便阅读。B6 是对求和的结果进行判别的模块，其功能号为 SUB200，是对两个十六进制数进行相等判断的模块，其 ACT 设置为逻辑“1”，表示该模块恒有效，D0098 为被比较数据，D0100 为另一个比较数据，如果两者完全相等，则 R11.0 输出逻辑“1”信号。B7 为结果输出模块，R11.0 是来自上一模块的触发信号，在该信号有效的一瞬间，红色信号灯 Y3.3 被点亮，表示密码通过，按下 X6.1 解除信号灯，为下一次解密做好准备，同时，随机计数器停止计数，以防止计数器由于不断计数而产生误动作。

习 题

1. 根据图 2-55 所示的时序图编制一个瞬时启动和延时停止的梯形图程序。
2. 根据图 2-56 所示的时序图编制一个具有两个控制对象的梯形图程序。

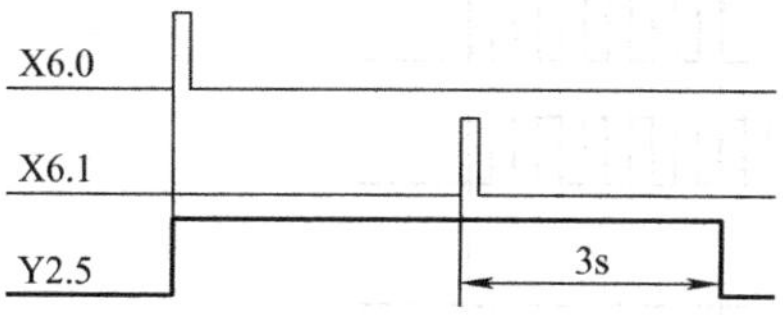

图 2-55 习题 1 图

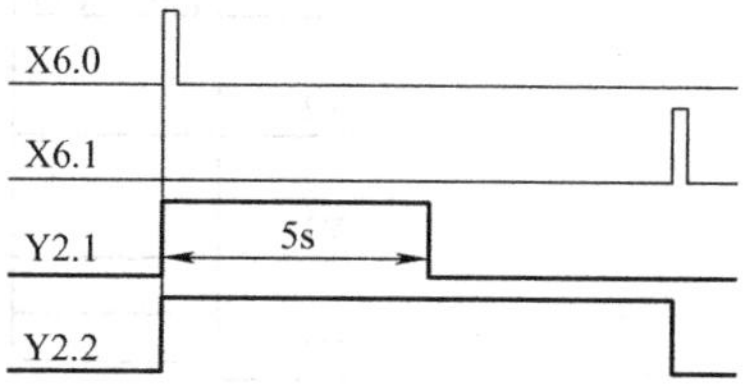

图 2-56 习题 2 图

3. 根据图 2-57 所示的时序图编制一个具有互锁作用的梯形图程序。
4. 根据图 2-58 所示的时序图编制一个具有多个位置控制信号的梯形图程序。

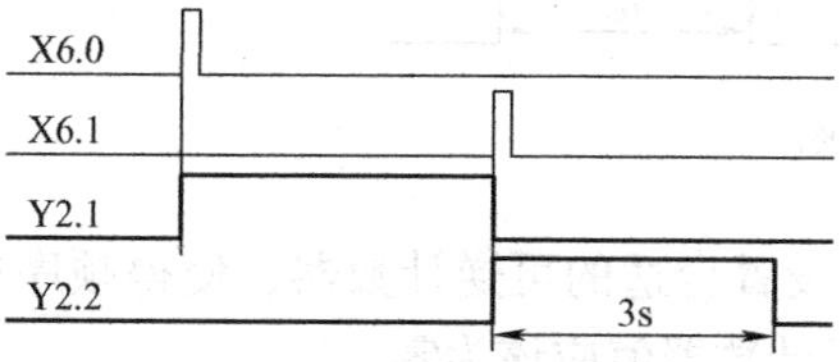

图 2-57 习题 3 图

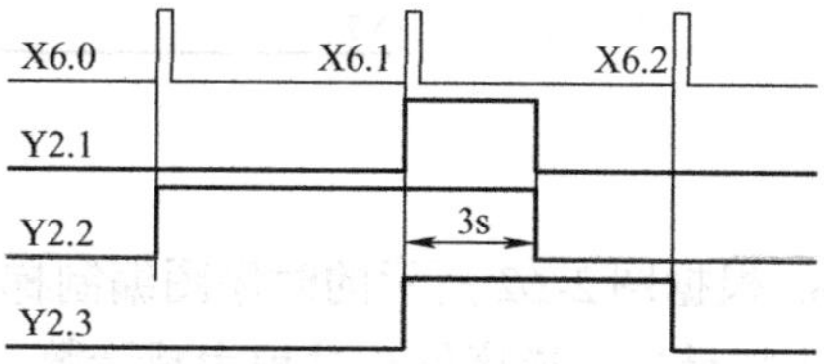

图 2-58 习题 4 图

5. 根据图 2-59 所示的时序图编制一个具有多种控制时间延迟要求的梯形图程序。

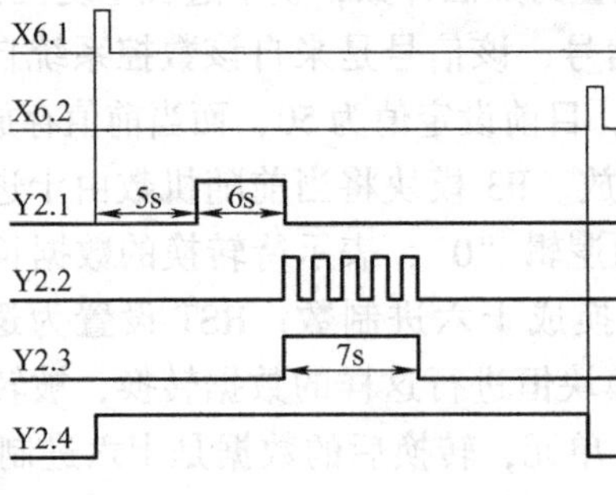

图 2-59　习题 5 图

6. 根据图 2-60 所示的时序图编制一个具有时间“重叠”特征的梯形图程序。

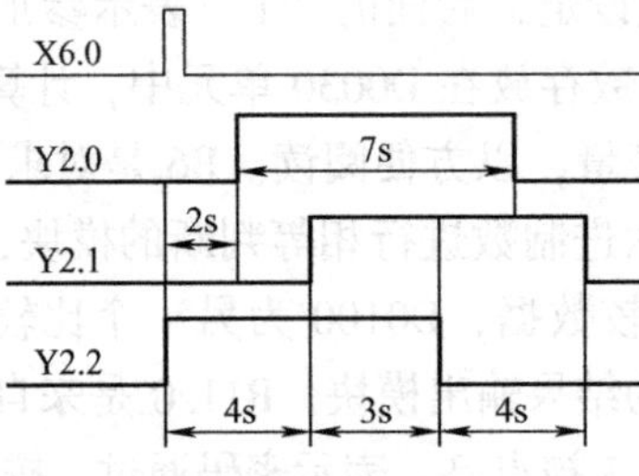

图 2-60　习题 6 图

7. 根据图 2-61 所示的时序图编制梯形图程序。请注意每个时间段持续的先后次序，而且每个时间段的持续时间与脉冲持续时间相同。

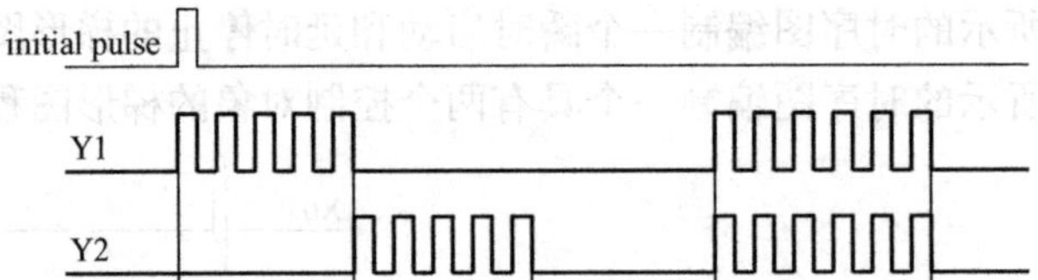

图 2-61　习题 7 图

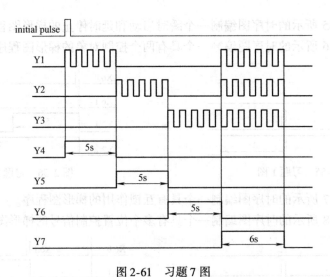

8. 根据图 2-62 所示的时序图编制梯形图程序，设置合适的可逆计数器，使得顺序启动过程为加计数，逆序停止过程为减计数，完全停止后计数器值应该为零。

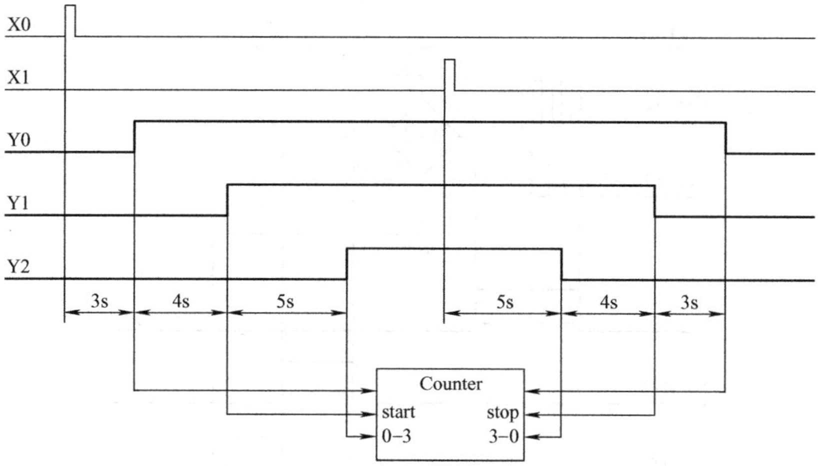

图 2-62　习题 8 图

9. 根据图 2-63 所示的时序图编制梯形图程序，注意与图 2-61 的区别。请注意每个时间段的持续时间与脉冲持续时间是不相同的。

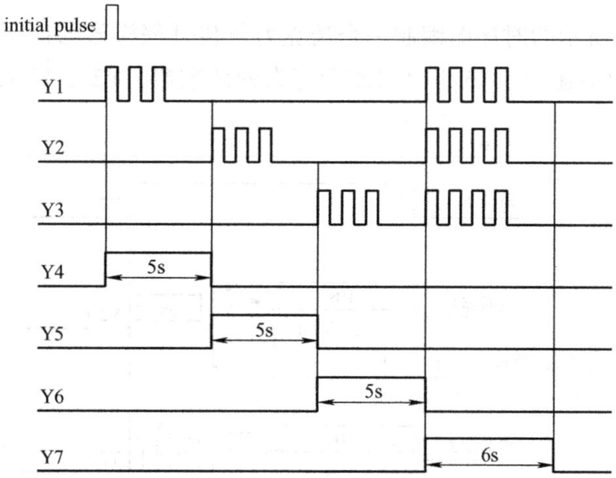

图 2-63　习题 9 图

10. 根据图 2-64 所示的时序图编制一个定时器与计数器混合的梯形图程序。

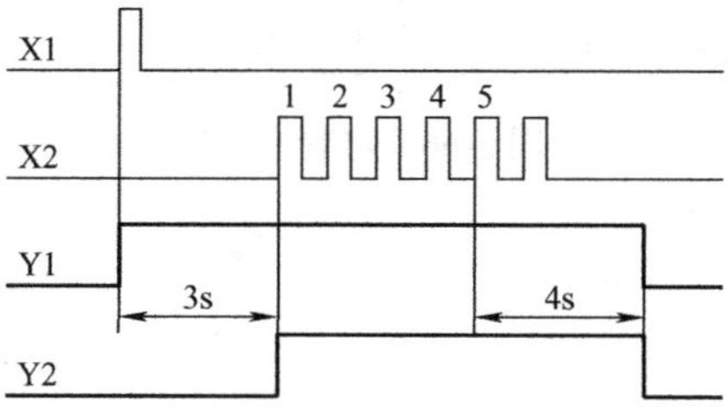

图 2-64　习题 10 图

11. 根据图 2-65 所示的时序图编制一个数值比较梯形图程序。

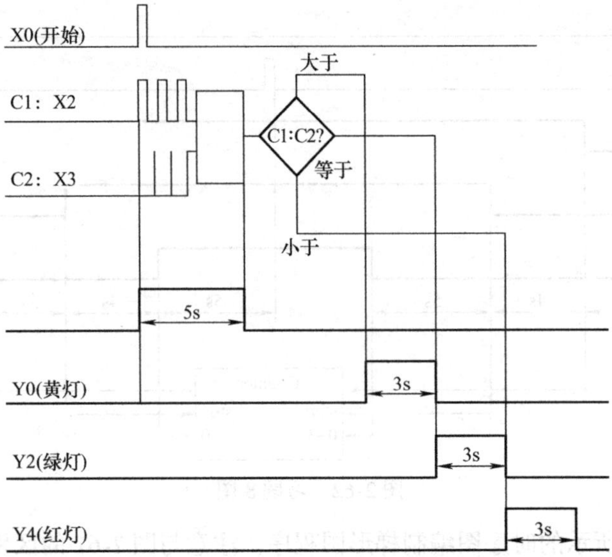

图 2-65　习题 11 图

12. 根据图 2-66 所示的时序图编制一个巧克力包装过程梯形图程序。其中 X6.0 是启动按键，Y2.0 是巧克力运输带，X6.1 是检测巧克力的计数器，Y2.1 和 Y2.2 是信号灯。

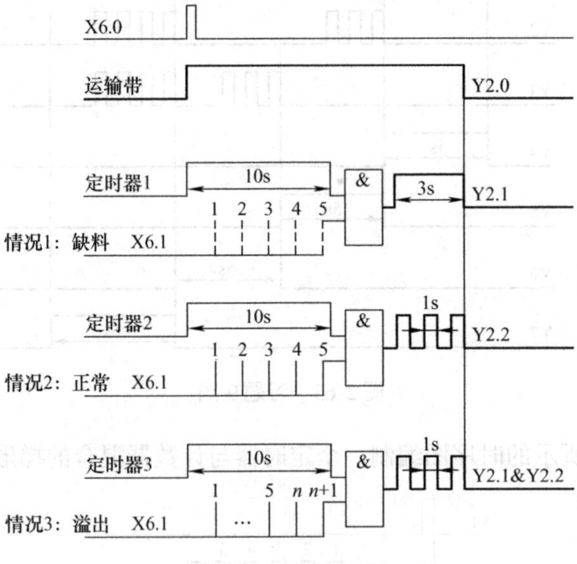

图 2-66　习题 12 图

第 3 章　程序控制结构

结构是不同类别或相同类别的不同层次的事物按程度多少的顺序所进行的有机排列。结构具有普遍性，在物质世界和意识形态中具有广泛应用，如建筑物结构、工艺装置结构、数据结构乃至一个人的知识结构等。合理的结构可以呈现事物的特征性、稳定性和规律性，便于人们理性地分析和解决问题。

一个功能完整的数控机床的 PMC 梯形图程序也具有一定的结构形式。当需要阅读这些程序的代码、调整某部分的功能或者重新编写其中的一部分程序时，首先要很好地理解程序的结构。阅读一个结构合理、功能完整和注释详尽的源程序代码会有一种美的享受，同时也会激发创作的冲动，如在合适的位置上插入所需要的程序代码而不必担心整个程序结构的完整性，但要确保所编写程序的正确性。有时，当需要检修机床而阅读程序代码时，可以迅速地查找到某部分代码，通过键盘操作命令，使某部分设备运转，观察 PMC 代码中各变量的变化情况，从而判断所需检修设备的工作状况。

一台数控机床的程序无论有多么复杂，总是由顺序、重复、选择、并行以及状态转换等结构组成。

3.1　顺序结构

顺序，是指事件发生的先后次序，是以位置、时间和计数器数值为条件而呈现的事件的先后关系。在 PMC 梯形图程序编写过程中，顺序过程是一种最基本的程序结构，大量存在于工业流水线、机电一体化设备与数控机床程序中。当需要描述某设备的运动过程是由动作 1、动作 2、动作 3……按照位置、时间或计数等条件约束而进行的时，则这个过程可以采用顺序结构来描述。

3.1.1　顺序结构的描述方法

对于顺序结构来说，应针对该特定的顺序过程先进行一系列尽可能详尽的文字描述，这些描述可以是原始技术资料中提出的技术要求，也可以是与现场工程技术人员共同起草并确认的技术文件。该描述要准确，并绘制一个对应的工艺流程图。图 3-1 所示为小车在正三角形轨道上运行的示意图。

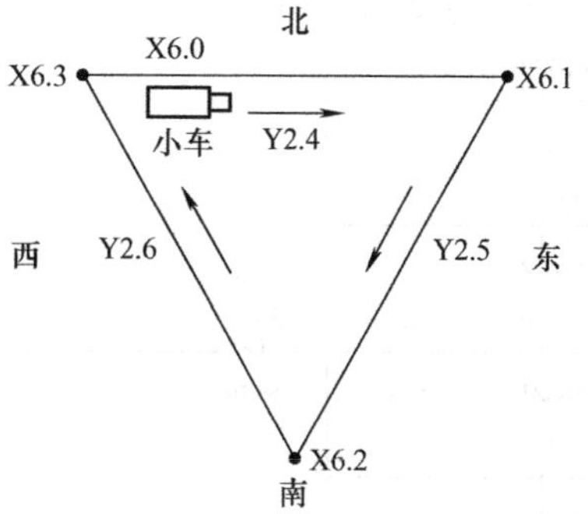

图 3-1　小车在正三角形轨道上运行的示意图

现在对小车的运动方式进行如下描述：首先将小车放置在西北角，按下启动按键 X6.0，小车开始往正东方向运行，输出信号为 Y2.4，当遇到东端的限位开关 X6.1 时，小车改变原有方向开始沿着西南方向运行，输出信号为 Y2.5，当遇到南端的限位开关 X6.2 时，小车再次改变原有方向而向西北方向运行，输出信号为 Y2.6，当遇到限位开关 X6.3 时，小车停止运行，完成一个周期的动作。如果需要再次进行这样的周期运行，则需要按下 X6.0 按键，动作如前所述。

以上是通过一段文字对工作任务进行的描述，在实际工作中，仅仅通过图 3-1 和相应的文字虽然也可以将工作任务基本描述清楚，但从形式上看，仅仅通过文字描述，动作逻辑的前后关系看起来不够清晰。现将这个工艺流程图转换成如图 3-2 所示的小车移动的顺序功能图，通过这张图可以更为明晰地将机器的初始化信号、启动信号、位置信号、动作内容以及周期返回的过程表达出来，而且这张图还有另外一个重要的作用：使梯形图程序编制人员与动作设计的工艺人员进行充分的信息交流，动作设计的合理性、可操作性以及编程的实现性都可以在这张图上进行充分的讨论，动作设计者不一定能编制梯形图代码，但是他们理解动作的形成原理和要求，而程序编制人员应该能熟练地根据顺序功能图编制出所需要的程序代码并调试出正确的程序。

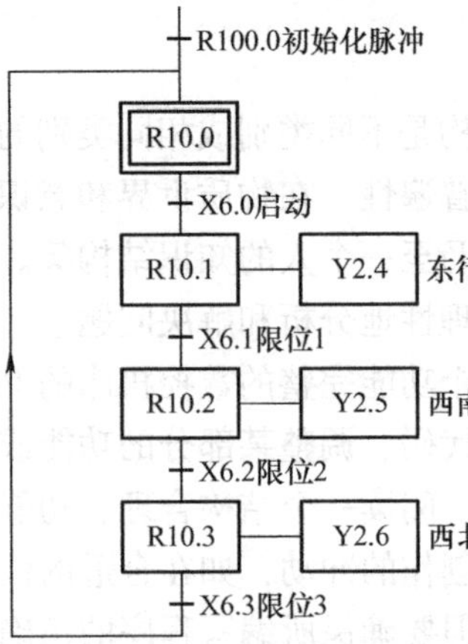

图 3-2　小车移动的顺序功能图

3.1.2　顺序结构程序的编制方法

尽管顺序功能图在描述设备的动作过程时具有非常清晰的特点，但它并不能在 PMC 环境下直接运行，可以通过顺序功能图很有规律地编写出如图 3-3 所示的梯形图程序，将这些代码在机器上编辑、装载并进行调试，直到满足功能要求为止。

在图 3-3 中，B1 和 B2 为初始化脉冲形成模块，其中继电器线圈 R100.0 输出脉冲形成信号。B3 是一个初始化步，其有两层含义：其一，机器首次上电，继电器线圈 R10.0 得电，

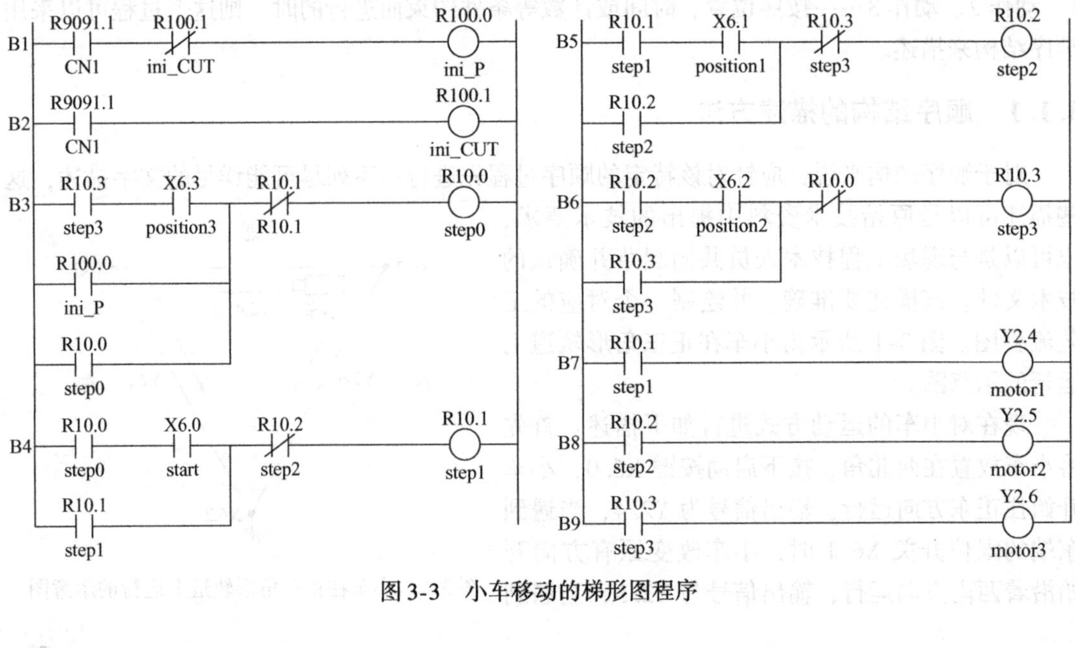

图 3-3　小车移动的梯形图程序

但并不对外进行实质性的输出，仅仅为后面的启动做准备；其二，一个周期动作完成之后也从这里开始进入，所以 R10.0 也称为初始化步。B4 ~ B6 为控制逻辑形成模块，主要是对内部继电器 R10.0 ~ R10.3 形成正确的控制逻辑，所以 R10.1 ~ R10.3 称为动作步；B7 ~ B9 为输出模块，由于输出的是 Y 类信号，因此可以驱动外部继电器及相应的设备实现规定的动作。

3.1.3　顺序结构程序的特点

顺序结构程序具有以下特点：

1. 初始化步

初始化步的作用是使系统在首次启动时激活一个特定的线圈，这个线圈通常称为初始化线圈，并通过同名的常开节点使之自锁，这实际上是系统的一个准备步，为启动顺序过程做准备。在机器上电或编辑中的程序由停止状态转为运行状态一定会执行初始化步。

2. 步与步之间的隔离性

步与步之间是通过转换条件的满足来实现的，条件满足，启动下一步、停止上一步。也就是说，在一个瞬时时间段内只可能有一个动作步有效，这样便于在逻辑层面判断信号流程是否合理。

3. 程序具有返回性

当执行到最后一个动作步时，系统会自动引导初始化线圈再次得电并自锁，这样，当再次按下启动按键时，顺序过程会重复执行。程序的返回过程是通过第一步和最后一步的同名常开节点的同时闭合来实现的，其在顺序功能图中是一条带箭头的返回有向线段。

值得注意的是，这些特点也是其他结构类型的梯形图程序所共有的，只是其他程序结构还有着除此之外的另一些特点罢了。

3.1.4　转换条件的讨论

根据图 3-2 所示的小车移动的顺序功能图所编制的梯形图程序（图 3-3）是以位置变化（X6.1 ~ X6.3）作为转换条件来实现控制的，但在实际运动过程中，除了采集位置信息以外，还可能采集时间信息，甚至可能采集的是时间和位置信息的组合等。现单纯以时间为转换条件，每一步的动作时间分别设定为 8s、12s 和 15s，以此做出的顺序功能图如图 3-4 所示。在该图中，要正确理解动作和时间的关系，显然，Y2.4、Y2.5 和 Y2.6 的动作时间分别为 8s、12s 和 15s，但要注意以位置为转换条件的顺序功能图与以时间为转换条件的顺序功能图在表达上的差异。根据图 3-4 可以编制出如图 3-5 所示的梯形图程序，其中 B11 ~ B13 为定时器的程序编制方法。所以得出以下结论：在保持顺序

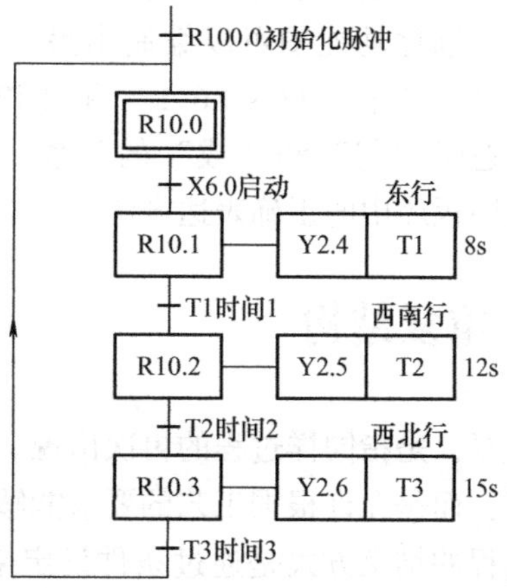

图 3-4　以时间为转换条件的小车移动顺序功能图

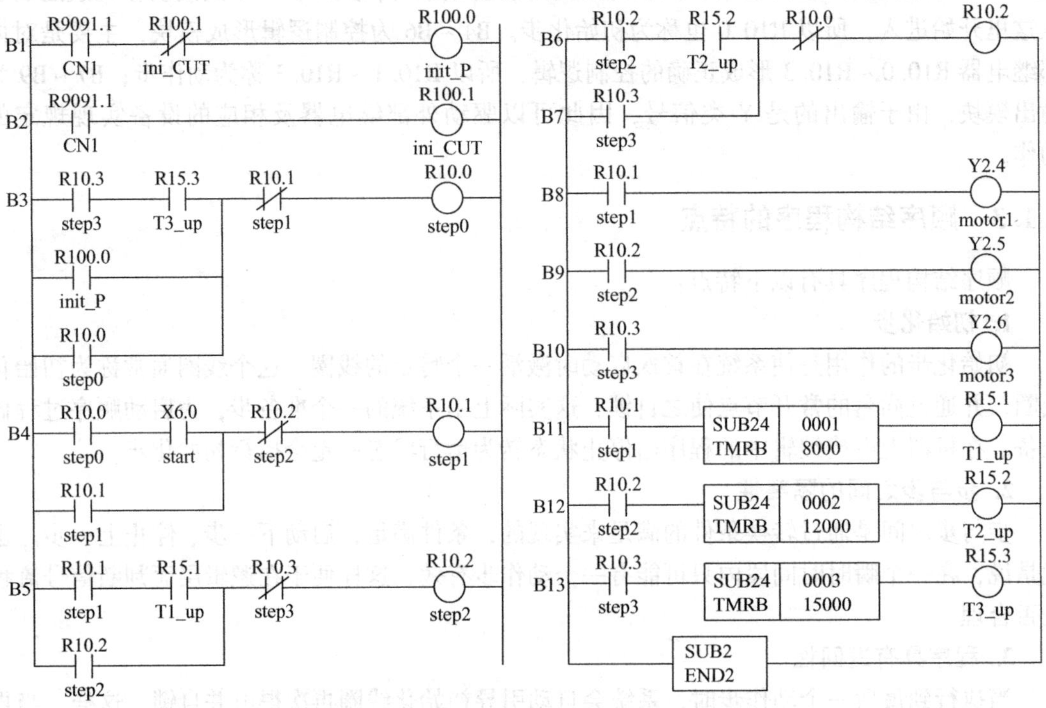

图3-5 以时间为转换条件件的小车移动梯形图程序

结构不变的情况下，可以通过改变转换条件来满足一类现场所需要的动作要求。

混合条件的引入。除了单纯以位置或者时间为转换条件以外，顺序功能图还允许将这些条件写成特定的逻辑表达式，以丰富程序在执行过程中对于复杂条件的判断手段。根据图3-6所提供的顺序功能图可以编制出另一对应的梯形图程序。其中（T1 · X6.1）和（T2 + X6.2）分别为逻辑“与”和“或”的关系，要注意其在梯形图程序中的正确表达方法。

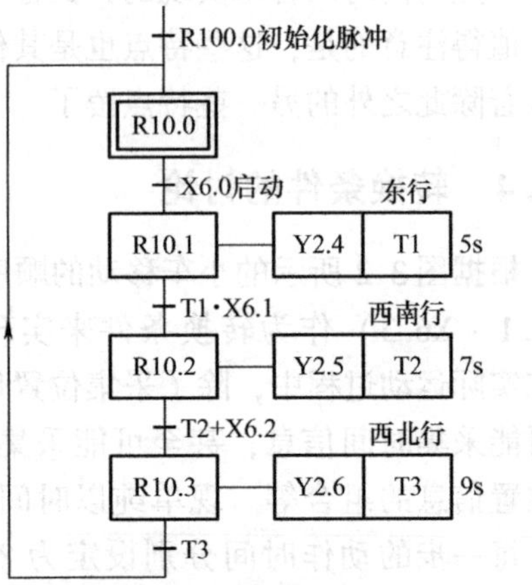

图3-6 以时间和位置为混合转换条件的小车移动顺序功能图

3.2 重复结构

重复，是指同样过程的再次出现。在现场设备控制中，有些动作过程并不是执行一遍就结束了，而是允许根据工艺的要求能够反复地执行一段程序，这种控制方式称为重复结构。重复过程的结束方式是通过条件设定来进行控制的，可以分为两类，第一类是简单重复结构，其特点是一次启动，只有当有人按下停止键后，才在本周期内自动结束，否则，恒周期运行；第二类是预置型重复结构，其特点是一次启动，经过若干次循环后自动停止，循环次数是可以实现预置的。

3.2.1　简单重复结构

以小车的三段式行走过程为例，图 3-7 所示为简单重复结构顺序功能图。从动作过程来看，原来在按下启动按键 X6.0 后小车执行完一次完整的周期后自动停止，如要重复，必须再次按下启动按键 X6.0 才可。而现在的方案是：按下启动按键 X6.0，小车开始执行周期动作，当执行到最后一步时，查看结束标志 R10.7 的状态，如果结束标志 R10.7 为逻辑“1”，则继续原来完整的循环动作；如果结束标志 R10.7 为逻辑“0”，则循环周期停止。在图 3-7 中，输入变量 X6.7 是停止按键，按下该按键时，R10.7 失电。与单纯顺序结构相比，其重复过程是自动的，只有判断到有人按下了停止按键，系统才会在这个周期执行完以后使其动作停止，而不是马上停止所有正在执行的动作。

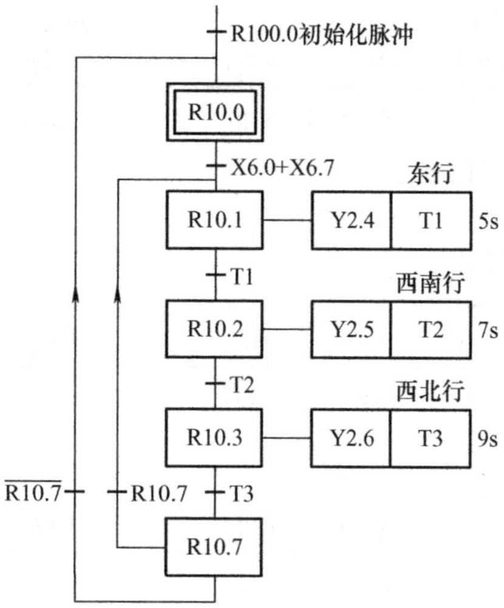

图 3-7　简单重复结构顺序功能图

标志继电器 R10.7 的控制可以采用启-保-停的方式来实现。该顺序功能图中有两条向上的返回箭头线，要注意其在程序中的实现方法。该例中采用的是置位语句，其优点是允许进行双线圈操作，实现方法也比较简单。

转向是程序实现复杂表达和智能控制的基础。在一些高级语言中，常见这样的语句：

if C then A else B;

其意思是，如果条件 C 满足，则执行 A 系列指令，否则就执行 B 系列指令。从形式上来看，这种表达方式比较符合人们的思维习惯。梯形图是为现场工程技术人员解决现场问题而设计的一种语言环境，其在处理程序转向时在表达方式上主要采取框图和方向线，在实现方法上采用的是线圈和节点。从形式上来看，梯形图没有高级语言那样直观，但是其内在的本质是一样的，人们要逐渐适应这样的表达方式。

根据顺序功能图（图 3-7）编制出如图 3-8 所示的梯形图程序，为了便于读者理解，源程序中标注了部分汉字说明，以增加程序的可读性。与单纯的顺序结构相比，该梯形图中增加了 B7 ~ B9 模块。先分析 B7 和 B8 模块，R10.3 表示已经到了周期的最后一步，如果之前没有按下停止按键 X6.7，则 R10.7 的常开节点是闭合的，执行 B8 行语句，置位语句会使 R10.1 线圈得电，B4 行语句有效，重复进行下一周期的运行，以下动作同前；如果之前按下了停止按键 X6.7，则 R10.7 的常闭节点闭合，执行 B7 行语句，置位语句使 R10.0 圈得电，程序回到 B3 和 B4 行，也就是程序回到了最初的原始点，等待再次按下 X6.0 而重新启动程序。显然 B9 行语句是基本的启动-保持-停止回路，R10.7 就是一个标志继电器，其作用是使程序产生合理的转向。

X6.0 和 X6.7 是周期性启动和停止的关系。在操作过程中，如果先按下 X6.0 按键，紧接着按下 X6.7 按键，会发生什么呢？实际上是执行一个完整的周期后停止。这两个按键虽

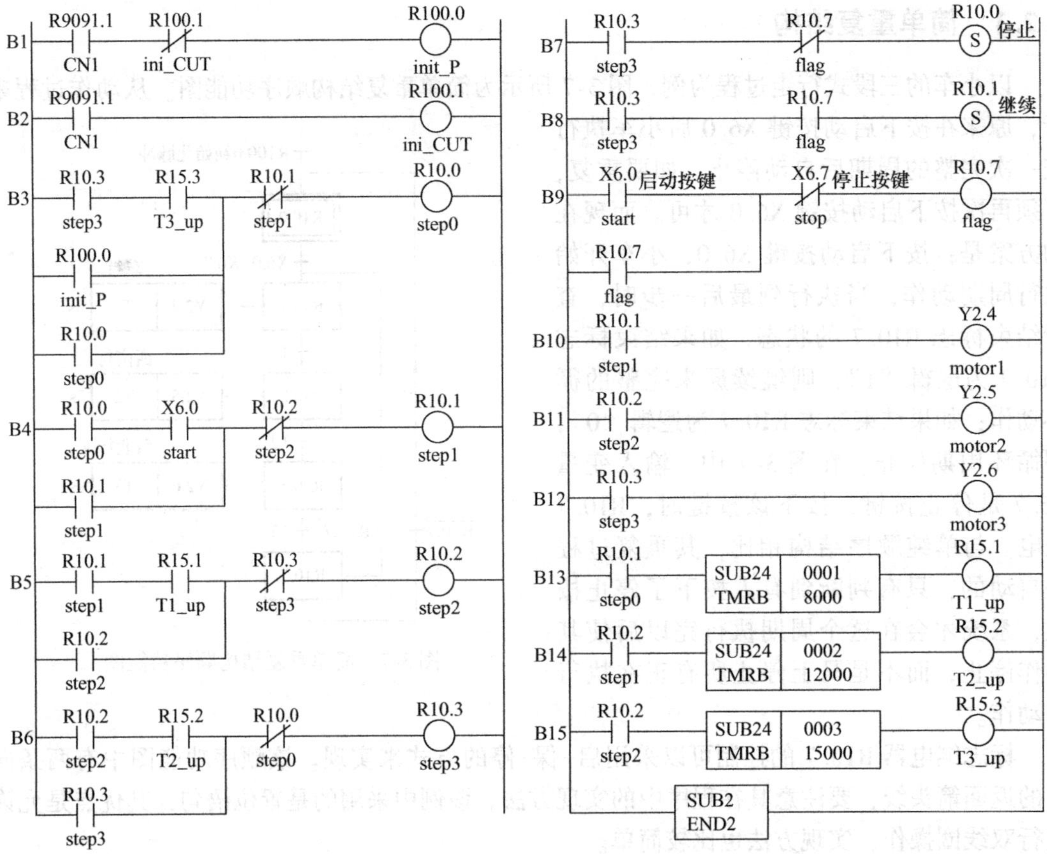

图 3-8　简单重复结构梯形图程序

然都位于程序的 B9 行，但由于其扫描机制的原因，尽管周期性过程还没有执行到动作的最后一步，该条语句还是能够执行到。

3.2.2　预置型重复结构

如果希望一个顺序过程的循环执行次数是事先确定的，那么这个控制过程可以采用预置型重复结构。在这种结构中，预置是指循环结束条件的数值设置。常见的条件设置包括计数器、定时器或者某种外部触发条件。在程序执行过程中，一旦到达预置条件，程序执行周期性停止。图 3-9 所示为预置型重复结构顺序功能图，其以计数器为预置条件。

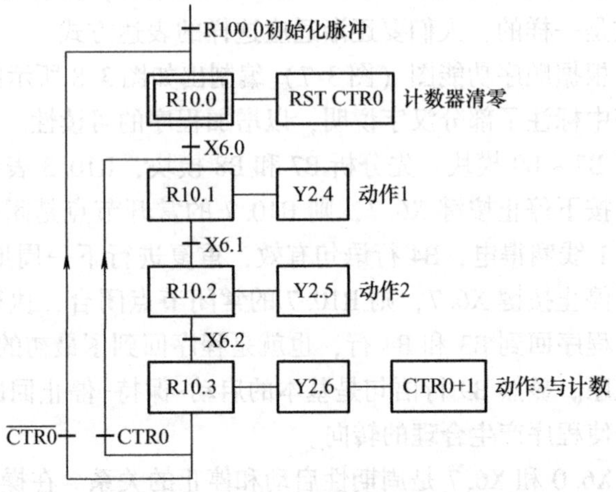

图 3-9　预置型重复结构顺序功能图

由于这个重复结构的次数受计

数器控制，所以程序首次运行时就需要对计数器进行清零，在接收 X6.0 的启动信号后，程序进入循环体，以后依次执行动作 1、动作 2 和动作 3。当执行到动作 3 时，计数器进行一次累加，然后判断计数器是否达到计数关键值，如果没有达到，则继续执行内部循环体；如果计数器达到设置的计数关键值，则程序跳出循环体，回到程序的开始，并再次清零，以便进行下一个周期的运行。

图 3-10 所示为预置型重复结构梯形图程序，其中的 B7 ~ B9 模块与简单重复结构梯形图非常相似，只是这里的停止按键并不是手动方式的停止，而是采用计数器设定值到达作为停止信号，要注意计数器在梯形图中的位置及正确的连接方式。从该梯形图程序中可以看出，由于计数器设置为 5，所以这是一个重复 5 次的循环过程。

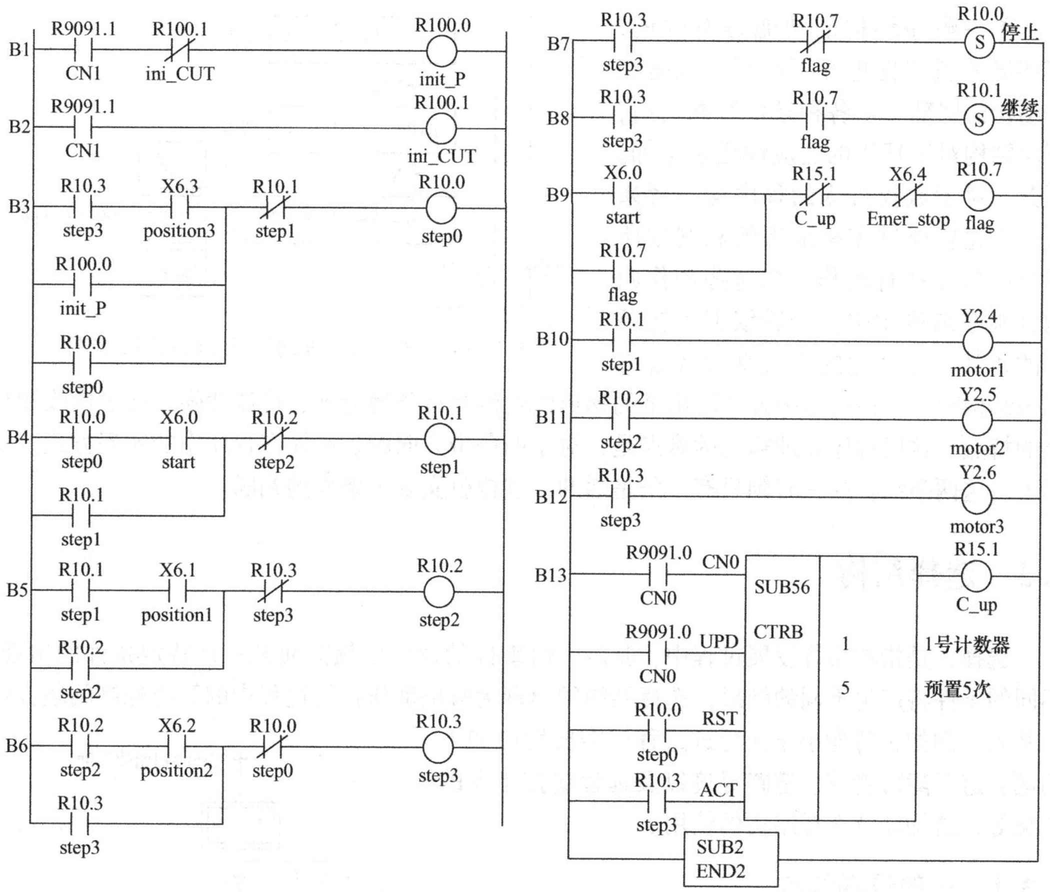

图 3-10　预置型重复结构梯形图程序

理想条件下，这段程序可以在正确执行 5 次循环后停止运行而处于待命状态，但在现实情况中，有时需要提前终止这个预置 5 次的循环，所以可以在停止回路中串联一个停止按键 X6.4（图 3-10），这个按键称为紧急停止按键。为了进一步提高性能，该信号还应该再并联在计数器的 RST 端口上，其含义是同时计数器也清零，为下次重新启动做好准备。

3.2.3 重复结构的进一步讨论

如果希望重复次数的设置更加灵活，就可以采用更为复杂的条件来终止重复的次数。图3-11所示为多种条件判断的重复结构顺序功能图。在该图中，可以重复执行的动作虽然还是动作1、动作2和动作3，但是由于结束的条件是由一个专门编写的“逻辑门”来控制的，所以可以实现比较复杂的综合条件判断，如判断位置、时间和计数等的条件是否达到，从而达到结束重复过程的目的。

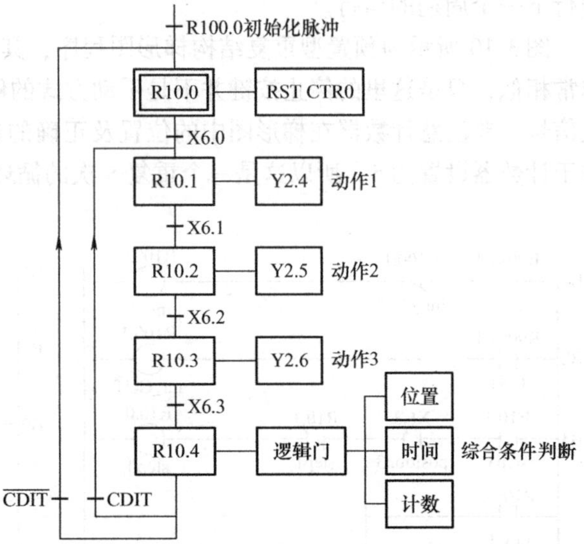

图3-11 多种条件判断的重复结构顺序功能图

单一顺序结构的功能是有限的，其环境的适应性也并不理想，但是在该结构的尾部增加各种条件判断之后，程序结构对于环境的适应性迅速增加。因此，对于数控机床的程序编写者来说，首先要能够完整地理解和规划所需要的各类执行动作，把这些动作归纳到顺序结构中去，然后依据工艺要求的条件，以合适的方式继续或者终止该结构程序。通过这种方式写出来的梯形图代码具有条理清晰、可读性强、便于修改和扩充的特点。这段程序在理解上的难点是，对于两条带方向的折反线在程序中的实现方式。实际上，这两条线在同一时刻只有一条是通的，这样就实现了条件的判断。

3.3 选择结构

选择，是指在事件发展过程中，其后一组事件的发生依赖前面某一种特定条件的出现，不同的条件将产生不同的结果，选择结构的出现为解决动作执行过程中的智能控制问题提供了基础。例如，智能小车在行进过程中需要解决如下问题：避开障碍物体、道路寻迹以及远程遥控指令的变化等，这均涉及选择结构的使用。

3.3.1 一般选择结构

图3-12所示为一般选择结构图。在R100.0初始化脉冲的作用下，R10.0线圈得电，此时，出现了两个启动信号，一个是X6.0，另一个是X6.7，如果按下X6.0，则依次执行动作1、动作2和动作3；如果按下X6.7，则依次执行动作2和动作3，动作1则没有被执行。显然，由于条件（X6.0或X6.7）的不同，动作结果（Y2.4、Y2.5和Y2.6）也是不同的。

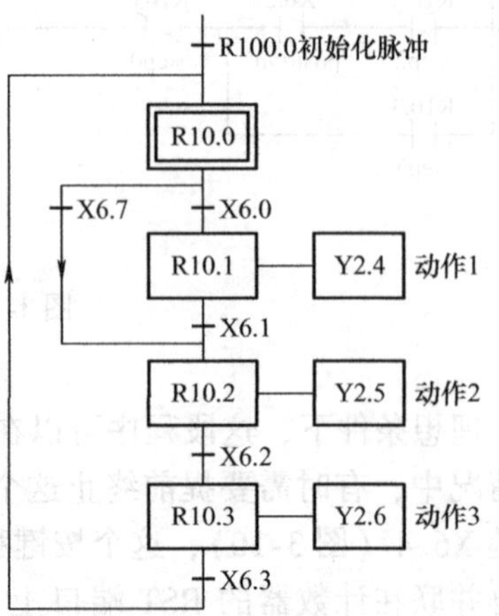

图3-12 一般选择结构图

在图 3-12 中，X6.7 所在的线段构成了除主顺序结构以外的另一条支线结构。

一般选择结构在转换成梯形图时应遵循先主结构图的转换原则，也就是说，先将主结构图转换成梯形图（这在顺序结构中已经详细描述），然后，在梯形图合适的位置“插入”所需要的分支。“插入”的原则是依据选择结构图中出现选择变量的部位，在该部位之前的变量为共同变量，在梯形图中合适的位置编写该语句。

根据选择结构图（图 3-12）编写出来的梯形图程序如图 3-13 所示，从图中的两个虚线框可以看到，初始化完成后，R10.0 节点同时闭合时，节点 X6.0 和 X6.7 是可以选择性闭合的，这样就完成了选择结构的梯形图程序的编制工作。

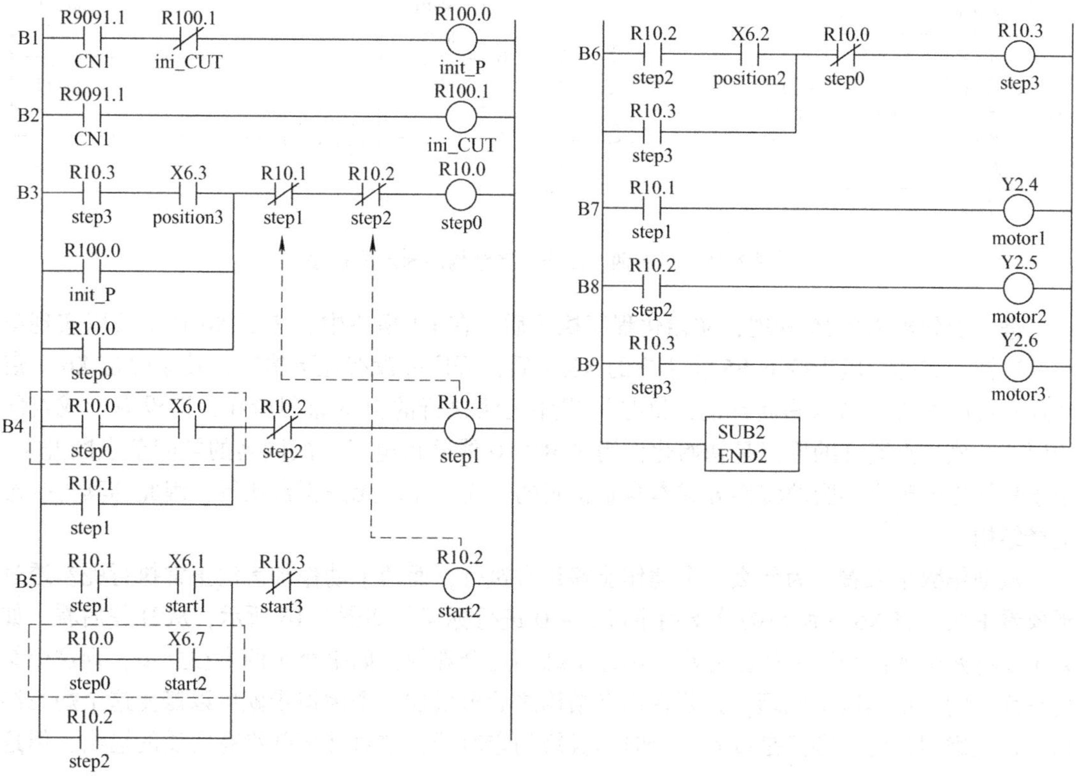

图 3-13 选择结构的梯形图程序

3.3.2 病态选择结构的讨论

从以上的分析中可知，将选择结构图转换成梯形图是有规律可遵循的，但是，选择结构图的构成也有其自身的特殊要求。如图 3-14 所示为只有两个动作的选择结构图，其动作由三个变成两个，按照前叙规律将其转换成如图 3-15 所示的只有两个动作选择结构的梯形图程序，将其在数控系统上编辑并调试，发现该程序不能够正常运行。

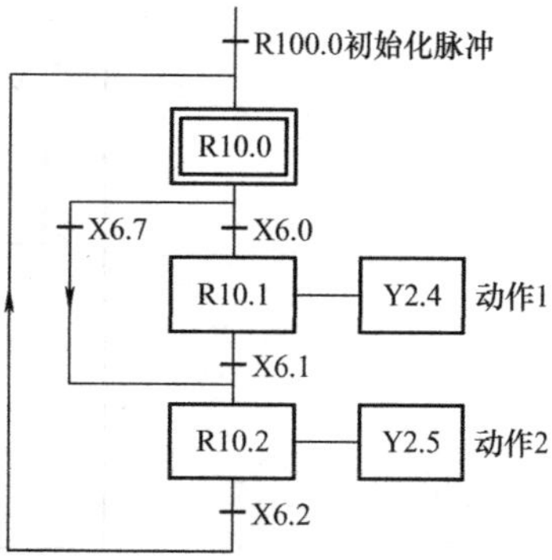

图 3-14 只有两个动作的选择结构图

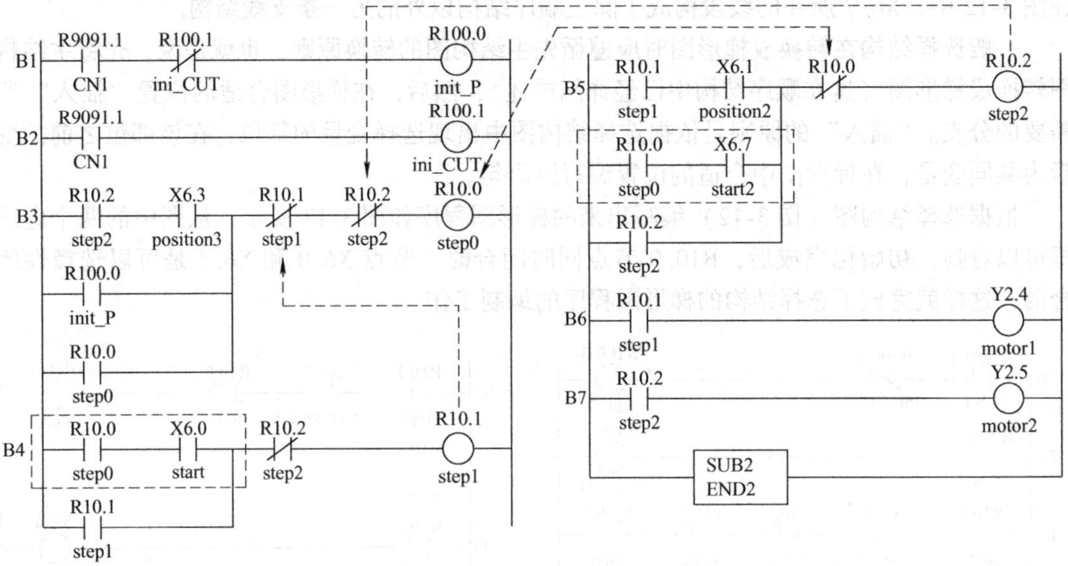

图 3-15　只有两个动作选择结构的梯形图程序

进一步分析图 3-15 发现，初始化程序执行后，在 B4 模块中，按下 X6.0 是可以实现第一种选择方式的，但当按下 B5 模块中的 X6.7 后，程序并没有往下执行，其原因是 X6.7 启动点右边的 R10.0 节点是断开的，这是该程序无法执行的根本原因所在，即没有形成封闭的回路。该节点断开的原因是初始化作用时 R10.0 线圈得电了，故同名的常闭节点断开了。由于从结构图到梯形图的转换方式本身是正确的，而程序却无法正常执行，因此称其为病态选择结构。

从动作数量来看，为什么三个动作能够正常执行，而两个动作却无法正常执行呢？透过现象看本质，将 X6.7 所在的分支用字母 A ~ D 进行标识，如图 3-16 所示，从 D 往后看，如果至少有两个或两个以上的独立步，则这个结构是合理的；如果小于两个独立步，则这个结构是病态的。依据这个原理，只要在病态结构之后再增加一个虚拟步就可以修复这个病态结构，建立虚拟步的原则只是设置一个时间极短的定时器，它对外部并没有实质的输出，但这

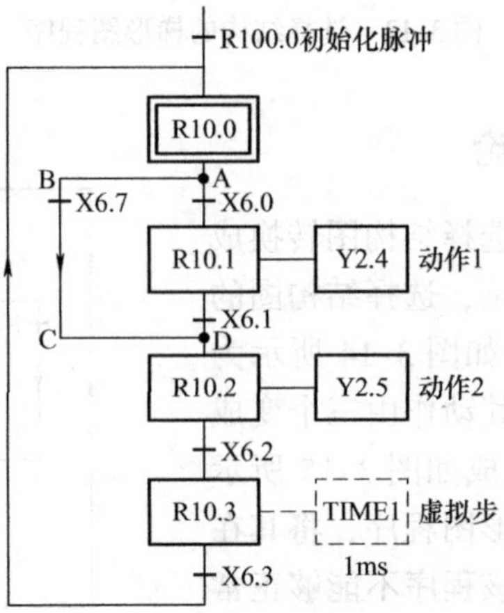

图 3-16　病态结构的修复

个虚拟步的增加却满足了 D 后需要两个独立步的原则，从而可以完整地编制出所需要的梯形图程序。图 3-17 所示为带有虚拟步的梯形图程序。

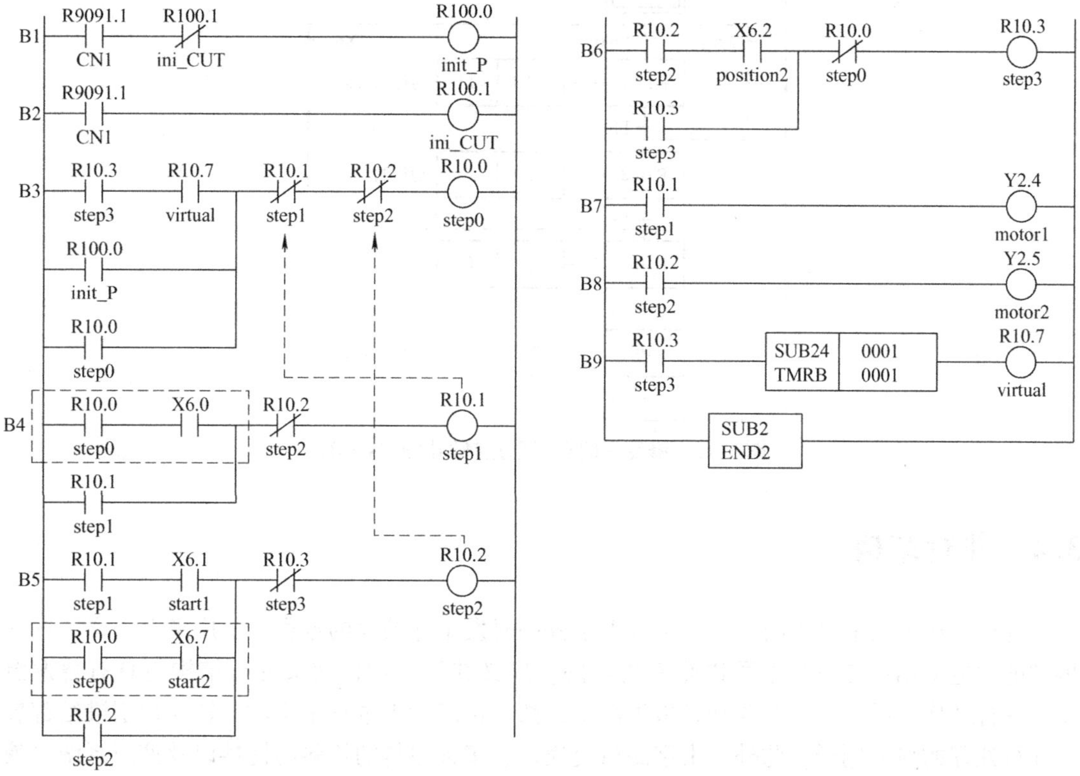

图 3-17　带有虚拟步的梯形图程序

3.3.3　多选择回路的实现

当选择回路数为三条或三条以上时，称之为多选择回路。多选择回路结构对于解决一些复杂控制环节具有重要意义。图 3-18 所示为有三条选择回路的结构图，其控制条件分别是 X6.0、X6.1 和 X6.2，其设备的动作组合为：动作 1、动作 2 和动作 3，动作 2 和动作 3，仅动作 3，共三种情况。首先判断结构图中是否存在病态结构，将 X6.2 所在回路用字母 A ~ D 进行标识，从 D 往下看，只有一组独立的动作步，尽管工作任务本身是合理的，但在将其转换成梯形图时还是形成了病态结构，应进行修复，修复后的有三条选择回路的结构图如图 3-19 所示。

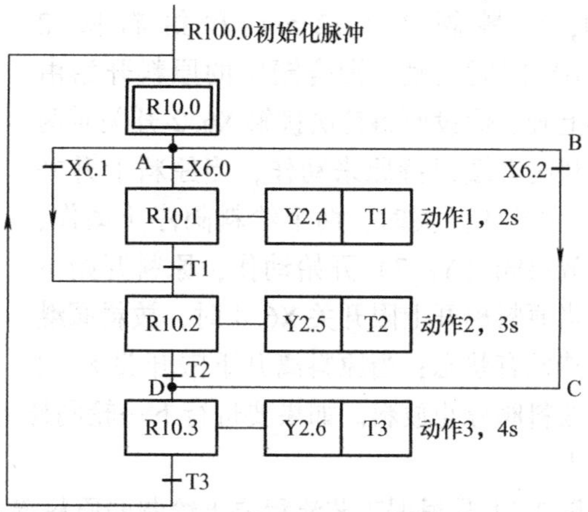

图 3-18　有三条选择回路的结构图

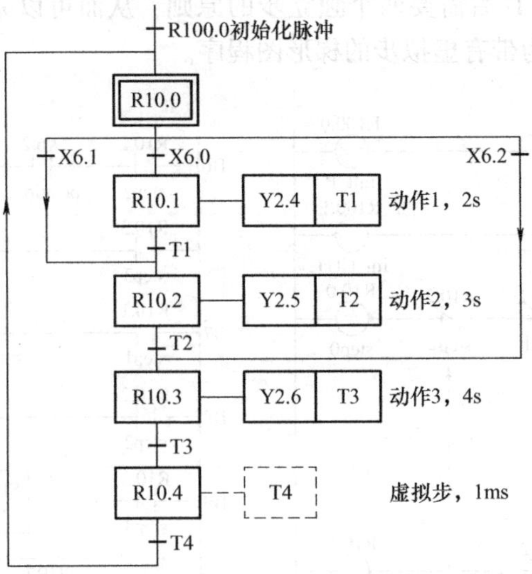

图 3-19 修复后的有三条选择回路的结构图

3.4 并行结构

并行，从狭义上是指两个或两个以上事件同时发生并结束的过程。从广义上来说，这些事件的发生或结束在时间上可以是有先后的。广义并行结构比狭义并行结构更具有普遍意义。并行结构广泛应用于工业和日常生活中，数控机床加工过程中主轴自转与切削进给都属于并行处理的典型例子。此外，十字路口交通灯、多种原料的给料与搅拌以及液压系统中液压缸的定位与夹紧等过程都属于并行处理结构。

3.4.1 狭义并行结构

狭义并行结构的特点是两个或两个以上的动作“同时开始”和“同时结束”。图 3-20 所示为原料混合工艺装置图，以此为例来描述狭义并行结构的工作特点。按下启动键 X6.0，给料阀 1（Y2.5）和给料阀 2（Y2.6）同时启动，混合罐中的原料开始由底部上升。假设原料首次接触 X6.2 开关时两个给料阀继续保持原来动作，当原料上升并接触到 X6.4 开关时，两个给料阀停止动作，同时放料阀（Y2.7）开始动作，原料开始下降。当原料离开上限开关 X6.4 时，放料阀继续保持原有状态；当原料离开下限开关 X6.2 时，放料阀停止放料。如果要进行下一轮同样的动作，则需再次按下 X6.0 启动键，以后动作同上。

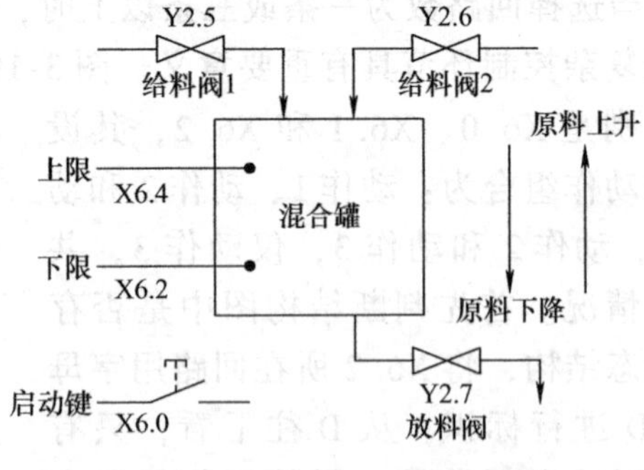

图 3-20 原料混合工艺装置图

图 3-21 是根据工艺流程要求绘制的原料混合结构图，R100.0 的初始化脉冲使 R10.0 线

圈得电，在 X6.0 启动信号的作用下，R10.1 和 R10.3 同时动作，其动作的结束条件是遇到 X6.4 的上升沿信号，此后启动放料动作。需要指出的是，这里之所以采用上升沿信号是为了描述此时液体处于上升过程，放料过程的结束条件是遇到 X6.2 的下降沿信号，同样也是为了描述液体处于下降过程，这样就完成了原料的混合过程。

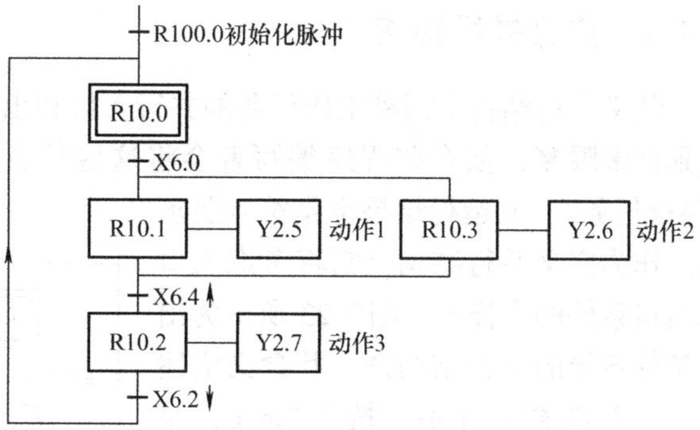

图 3-21　原料混合结构图

在液体位置的判断过程中，采用边沿信号是为了判断液体运行方向是上升还是下降，采用节点闭合状态只能判断液体位置的高或低，所以不能采用节点来判断液体运动方向，从而采取特定的动作控制。因此，边沿检测信号的判断在许多过程控制中是非常有效的，其对于一些复杂过程的描述具有重要意义。

图 3-22 是根据原料混合结构图编写的梯形图程序。该梯形图的编写应依据“主线”的原则，也就是先编写 R10.0、R10.1 和 R10.2 所对应的动作步，其程序模块分别对应 B1 ~ B5，而 R10.3 的动作步是通过“插入”的方式编写的，其中 R10.0 提供同时性的信号。B7 ~ B9 是输出信号动作步，B10 是 X6.4 的上升沿信号，B12 是 X6.2 的下降沿信号。

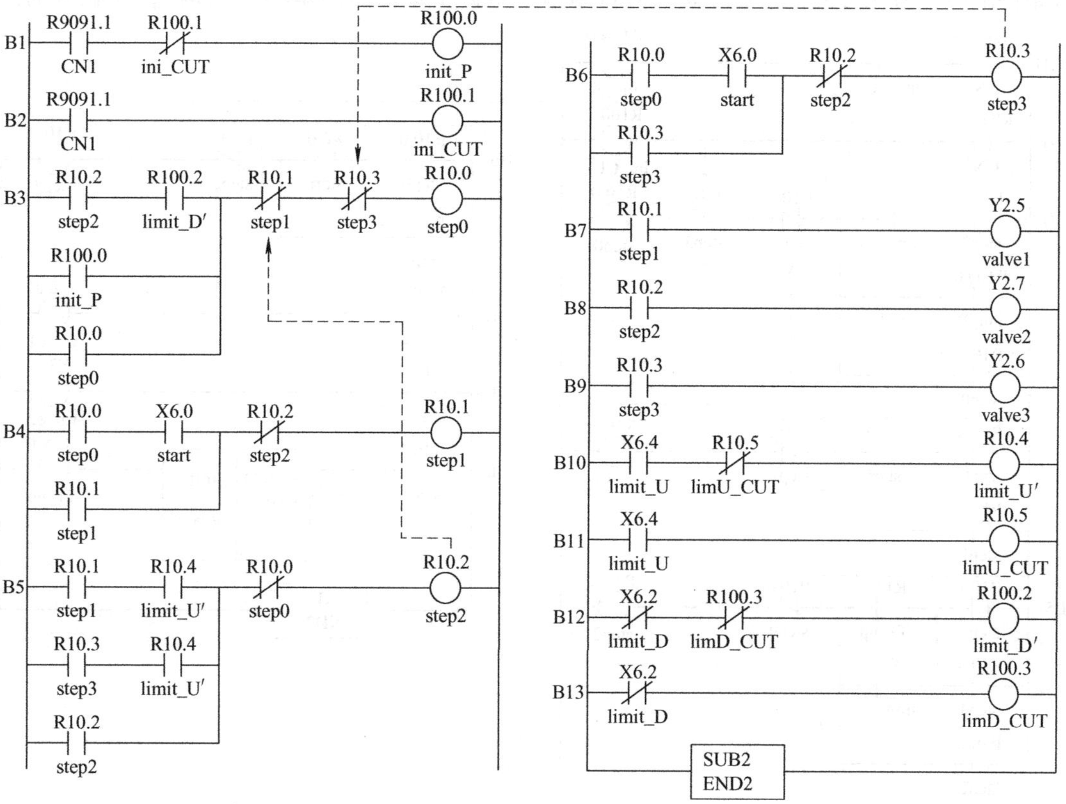

图 3-22　原料搅拌梯形图程序

3.4.2 广义并行结构

狭义并行结构中两种工作任务的并行入口和出口都只是单条件的，其应用性在现实中会受到许多限制，如有些程序编写者会将这些任务写在同一程序段中，而并不明显地划分“并行任务”，其运行结果也是符合要求的。作为广义并行结构，它将考虑入口和出口条件的多样性。图3-23所示为出口条件各异的并行结构图，其含义描述如下：系统初始化后，按下X6.0，系统进入一组并行任务：动作1和动作2，如果在3s之内动作2在执行中遇到信号开关X6.4，则立即执行动作3，这样就提前终止了动作1的程序段，如图3-23中的动作路线1；如果超过3s动作2在执行中仍然没有检测到X6.4，则系统将终止动作2而继续执行动作3，如图3-23中的动作路线2。

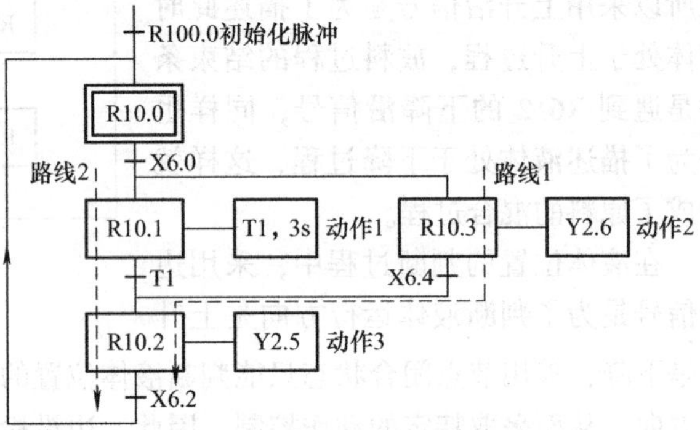

图3-23 出口条件各异的并行结构图

图3-24是根据结构图编写的出口条件各异的并行梯形图程序。这段程序实际上与图3-22所示梯形图程序比较相似，不同部分是B5模块，只要修改B5模块中的相应出口条件就可以实现条件出口。由此可见，只要在狭义并行结构中掌握了梯形图的基本“结构”，在相应的条

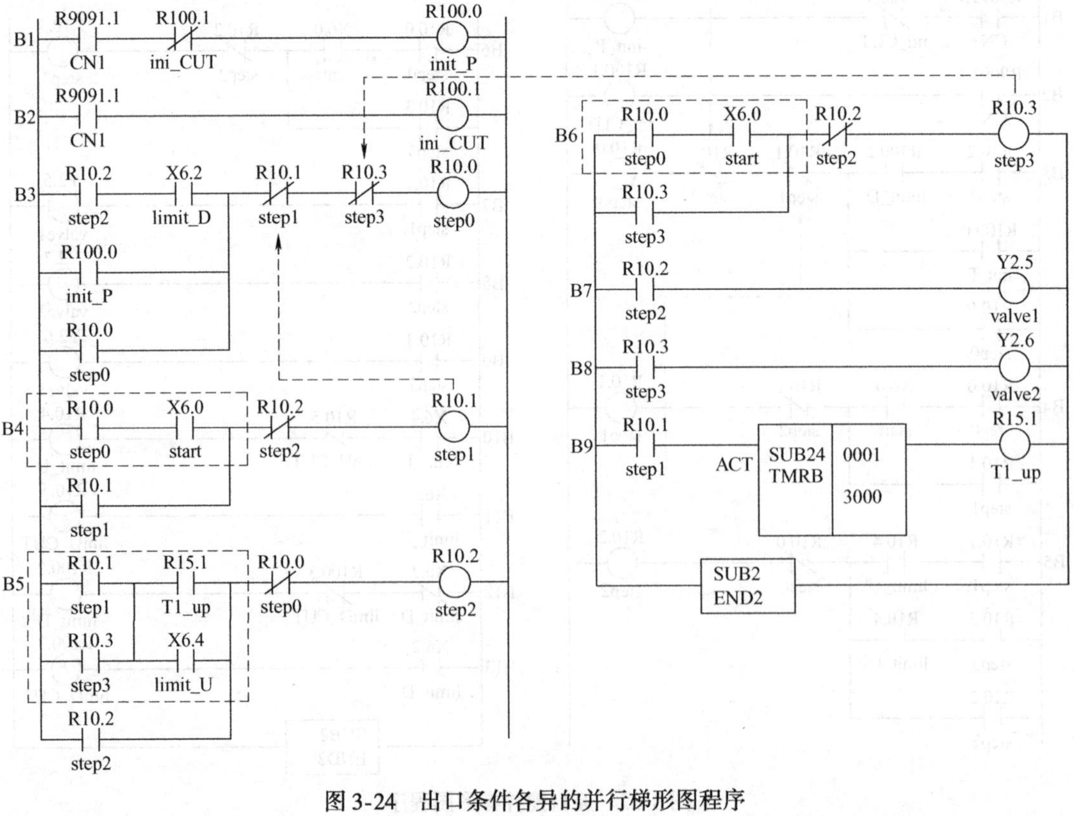

图3-24 出口条件各异的并行梯形图程序

件处做些修改就可以满足相应的广义结构要求。

为了进一步拓展并行结构的应用范围，图3-25显示了入口和出口条件都各异的并行结构图，其含义是：将程序装载到内存中开始运行，在初始化脉冲作用下，线圈R10.0得电，由于入口条件不同，会有两种情况发生：如果X6.0信号有效，动作方式按照路线2行走；如果X6.3信号有效，动作方式按照路线1行走。图3-26所示为入口和出口条件都各异的并行梯形图程序，其主要变化点处于B6模块内。

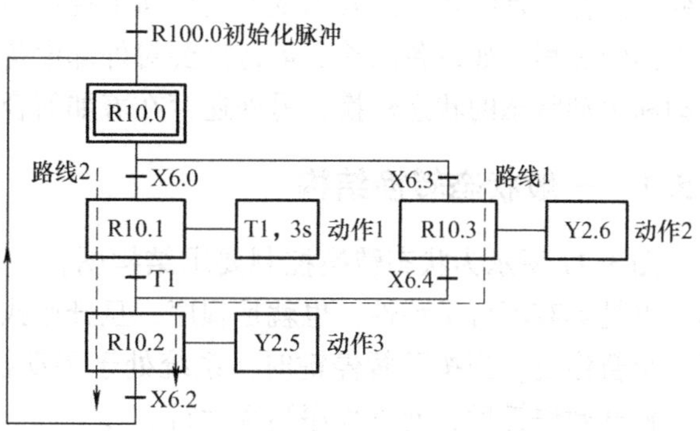

图3-25　入口和出口条件都各异的并行结构图

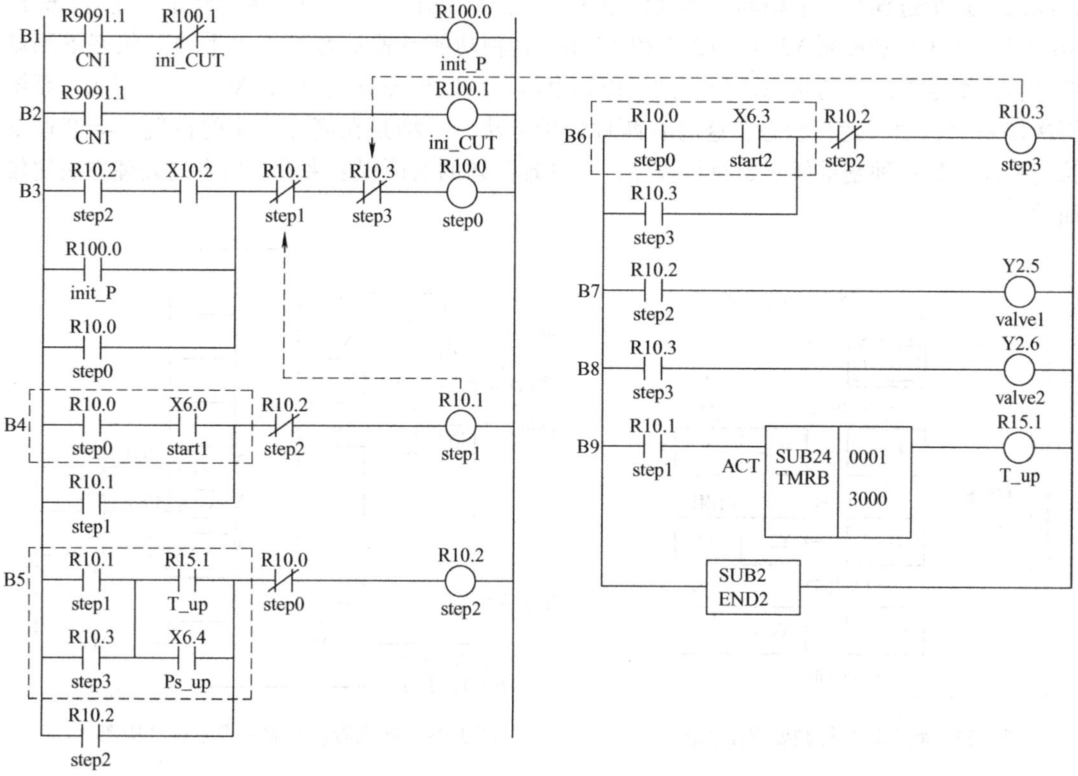

图3-26　入口和出口条件都各异的并行梯形图程序

总之，在并行结构中，狭义并行结构是基础，而广义并行结构在入口与出口方面有各自不同的组合方式，只要在相应的位置进行条件设置，就可以实现任意的并行结构。

3.5　状态转换结构

状态是指系统处于稳定的、有规律的和可描述的过程。在一般控制系统中，通常会设置各种工作状态，如自动或手动状态。自动状态是指依据事先设置好的外部条件而执行的动作序列，其特点是闭环、高效以及不受任何干扰；手动状态是指系统处于开环且可以由人工进行干预的过程，如设备的首次运行需要对外部设备进行检测等。一个重要问题是，如何处理自动和手动状态的状态转换，另外还存在着如何合理地进行现场信息的保护问题。

3.5.1　一般状态转换结构

图3-27所示为状态转换控制要求结构图，它是由三个动作环节组成的顺序控制过程，其特点是具有不可干预性，也就是程序一旦开始执行，无法让其在某个环节中暂停，而是需要一个暂停键，当按下暂停键时，系统处于手动控制状态，以方便工作人员做一些临时处理，松开暂停键后，允许程序继续运行。

图3-28是对以上这种状态转换所做的补充说明。值得注意的是，图3-28并不是真正意义上的状态转换顺序功能图，只是由于目前还没有一种成熟的表示方式，此处借用图3-28并配合文字进行说明。X6.7是一个状态转换开关，当该信号为0时，系统处于"自动"运行状态，这个过程与原来相同；当该信号为1时，系统处于"手动"运行状态，这时X6.1、X6.2和X6.3分别控制Y2.4、Y2.5和Y2.6，这种功能设置是为了在"手动"状态下测试各个输出继电器通道的状态。当测试工作结束后，可以松开DI7，此时X6.7信号为0，系统再次回到"自动"运行状态，这时有两种处理方法，一种是在刚才停止的位置上继续往下执行程序，另一种是重新开始执行程序，从处理问题的简便程度来看，后者的处理方法比较简单。

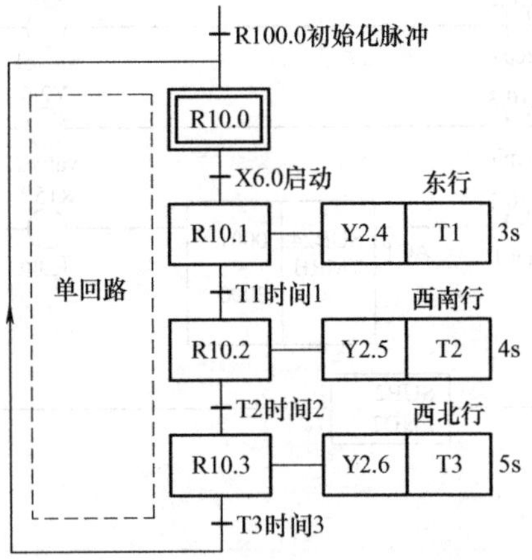

图3-27　状态转换控制要求结构图

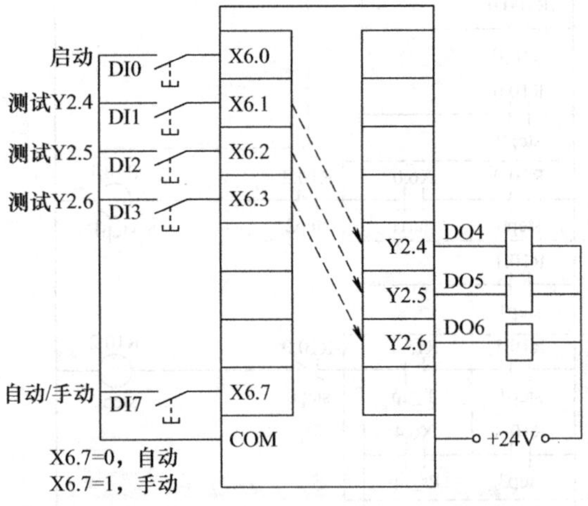

图3-28　状态转换控制要求I/O结构图

图3-29所示为状态转换控制的梯形图程序。其中，B4～B6中的X6.7常闭节点表示"自动"状态下该节点是接通的，而"手动"状态下该节点是闭合的；B7～B9是为了在不同的状态下控制一组继电器，显然，在"手动"状态下受X6.1、X6.2和X6.3控制，这就是设备的检查程序；B13是一组信息清除程序，也就是转换到"手动"状态时，将R10.0～R10.3的所有信息全部设置为0，以便在转换到"自动"状态时能够重新开始；B14和B15是下降沿触发的脉冲发生器，在"手动"转为"自动"时能够引导程序从初始状态开始。从这段程序的分析中可以看出，从"手动"转为"自动"时，程序将从初始状态开始，与什么时候从"自动"转为"手动"无关。为简便起见，这里还未涉及"断点"保护问题。

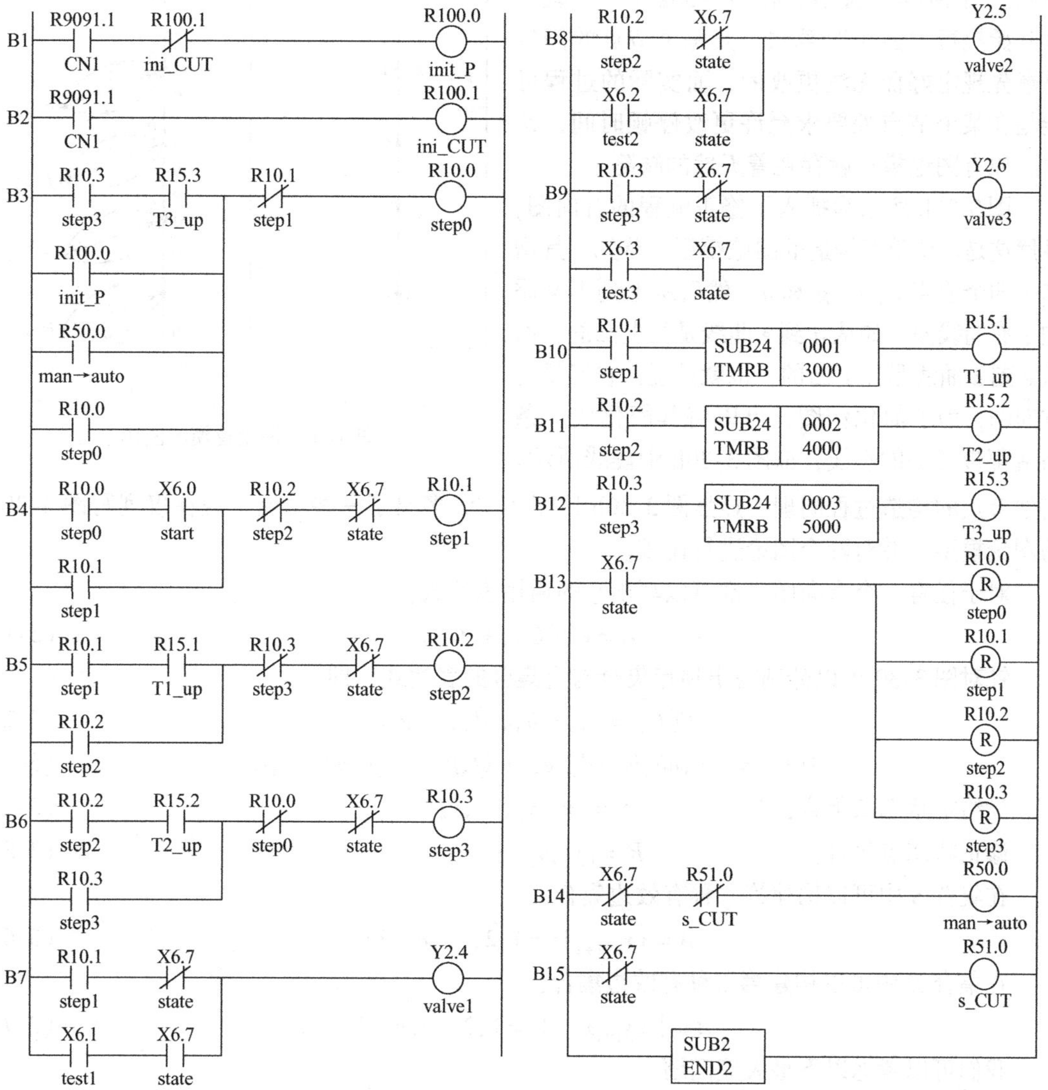

图 3-29 状态转换控制的梯形图程序

3.5.2 一般状态转换的数学模型分析

3.5.1 节中介绍了将顺序功能图转换成梯形图的方法，实际上，由图 3-27 可知，一方面，它能够完成完整的自动循环过程；另一方面，当从自动转为手动，经过单步测试后再次转回到自动状态时，系统又开始从头执行，而无法从任何一个断点处返回并继续执行。因此，现在的转换技术过程还不完备，可以从图论建模的角度来分析原有转换过程的缺陷，并在适当的时候对这个方法进行改进。

图 3-30a 所示为单一自动循环的有向图，作为一个有向图，其含有节点名称，如 *s*、*a*、*b*、…，有向线段 *sa*、*ab*、*bc*、…，其中“节点”是对顺序图中“步”的抽象，而“有向线段”是对顺序图中“动作”先后次序的抽象，图论中的“遍历”是对顺序功能图中任务

“执行”的抽象。显然，在图3-30a中，系统一旦开始执行“遍历”算法，其每个节点的停顿是事先规定好而无法更改的，而实际的过程可能是在某个节点处要求允许更改停顿时间，这样，原有图论模型就存在着天然的缺陷。

图3-30b所示为插入了修正流程的有向图，显然这是一个重新构造的图论模型。首先，其增加了四个节点 e、f、g 和 h，然后从上到下又添加了有向线段，如从 a 到 e 曲线是往上凸的，而从 e 到 a 曲线是往下凸的，也就是说，它们是有方向的，为了简化作图，可以将其简化成一条两端都带箭头的直线，如图3-30b中虚线所示。其他节点的构造过程同理。显然图3-30b比图3-30a多出了一些分支。现在仅列写图3-30b的图论模型，并对两个图论进行比较。

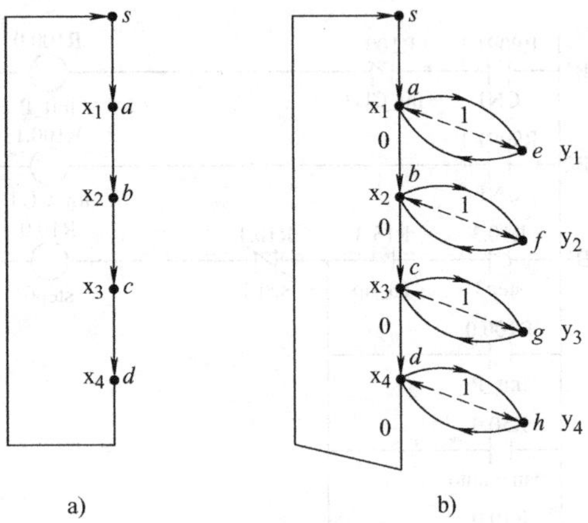

图3-30　图论建模的图例

对于任意一个有向图，都可以写出它的通用表达式：

$$G=(V(G),A(G)) \tag{3-1}$$

针对图3-30可以分别写出顶点集合与边集合的表达式，即

$$V(G)=\{s,a,b,c,d,e,f,g,h\} \tag{3-2}$$

$$A(G)=\{sa,ab,bc,cd,ae,ea,bf,fb,cg,gc,dh,hd,ds\} \tag{3-3}$$

设给定状态点集合：

$$S=\{x_1,x_2,\cdots,x_n\} \tag{3-4}$$

修正状态点集合：

$$R=\{y_1,y_2,\cdots,y_{n-1}\} \tag{3-5}$$

在集合 S 中可以构建第一种有效边集合：

$$A=\{x_ix_{i+1}\mid i=1,2,\cdots,n-1\} \tag{3-6}$$

在集合 R 中可以构建第二种有效边集合：

$$B=\{x_iy_ix_ix_{i+1}\mid i=1,2,\cdots,n-1\} \tag{3-7}$$

我们可以考虑以下最大流问题：

$$\max\sum_{i=1}^{n-1}C(L_iL_{i+1}) \tag{3-8}$$

约束条件：$L_i=x_ix_{i+1}\in A$ 或者 $L_i=x_iy_ix_ix_{i+1}\in B$ 且 $i=1，2，\cdots，n-1$；其中 $C(L_iL_{i+1})$ 表示有向边 L_iL_{i+1} 的容量。

实际上，只要找到合适的路径 L_1，L_2，…，L_i，…，L_{n-1}，上述问题即可迎刃而解，针对图3-30中的问题，只要取 $n=4$，并且进行如下赋值：$x_1=a$，$x_2=b$，$x_3=c$，$x_4=d$，边集 A 中每条有向边容量为0，边集 B 中每条有向边容量为1，若遇到某个状态点 x_k 故障，令 $C(x_kx_{k+1})=1$，即可以转化为上述最大流问题。

经过模型重构后，尽管图3-30中的最大流在数量上有所增加，在一定程度上降低了节点遍历的效率，但是由于其仍然具有封闭性，因此系统呈现稳定性状态，这对于控制系统是至关重要的。在此先从数学图论的角度分析了原有模型的缺陷和新构造模型的优越性，如何在实际的梯形图中来实现这个想法将在后面的章节中介绍。

3.6 SET - RST 指令序列

以续流方式编写的梯形图程序在表现控制信号与输出线圈之间具有合理的能量对应关系，这种表达方式非常适合逻辑分析。由于需要保持线圈能量，程序中含有大量节点用以维持自锁，因此这种方式编写出来的程序比较庞大。此外，由于置位-复位语句具有锁存功能，因此线圈的锁存不需要通过外部续流，这样可以节省许多空间，程序也更简洁。首先可以通过一个例子来理解这种特性。图 3-31 所示的时序图除可以采用续流方式来实现梯形图外，还可以采用 SET 和 RST 指令来实现，如图 3-32 所示。

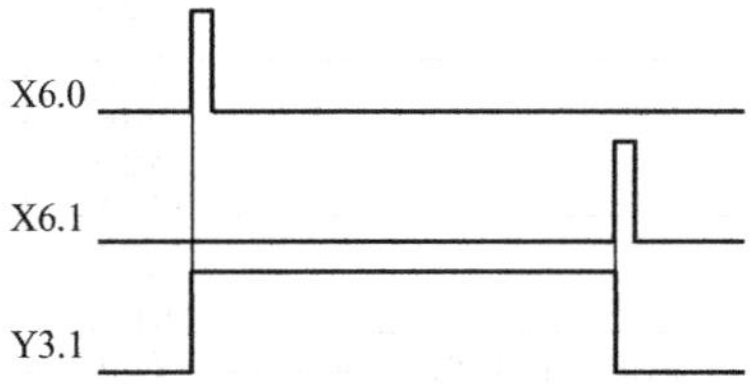

图 3-31　时序图

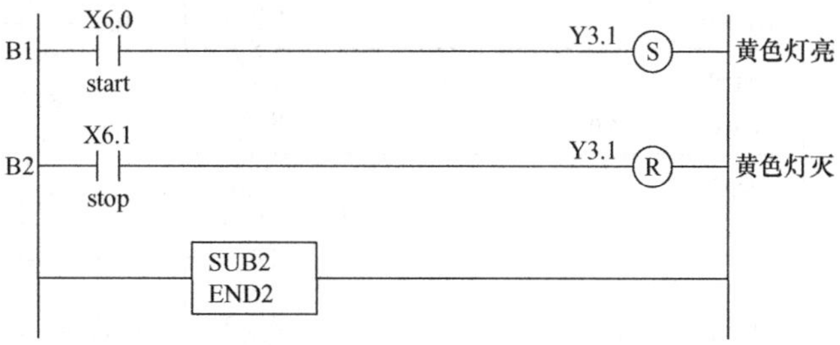

图 3-32　梯形图

从梯形图（图 3-32）的实现过程来看，其采用了两个网络模块 B1 和 B2，当按下 X6. 0 时，Y3. 1 线圈得电，此时，即使松开 X6. 0，Y3. 1 线圈还是继续保持得电状态，因为这里使用的是 SET 指令，该线圈具有保持性，此过程表示电动机启动成功；当按下 X6. 1 时，Y3. 1 线圈失电，称之为复位，也表示电动机停止。因此，这里的时序图和梯形图是完全对应的，这也是一种启动-停止模式的实现方法。值得注意的是，由于这里采用的是 SET 和 RST 指令，所以“双线圈” Y3. 1 是合法的，这也是国际电工委员会所允许的。

由于 SET 和 RST 语句在控制线圈时不需要构成自锁回路，因此程序更简洁。同时，由于 SET 和 RST 指令在编制常见的程序结构时有其独特的构造方法，使得程序的编写过程变得有章可循，以下将介绍这些环节的实现方法。

3.6.1 顺序结构的实现

图 3-33 所示的顺序功能图，可以采用经典续流方法来编制梯形图程序，还可以用置位-复位语句来实现这样的功能。在由顺序功能图转换成梯形图的过程中，只有虚拟步的实现是相同的，其目的仅仅是使线圈 R10. 0 得电，而后面的过程则可以顺序地使用 SET 和 RST 指令对，只要按照顺序功能图中“线圈-节点”的形式进行正确的排列即可，例如：

R10. 0 X6. 0;

R10. 1 T1;

……

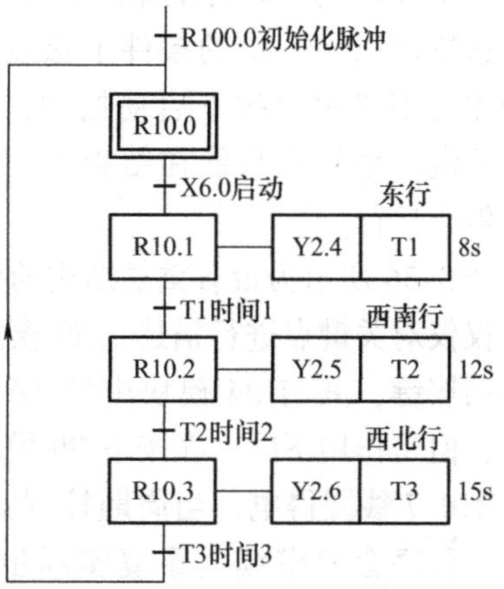

图 3-33　顺序功能图

在图3-34所示的梯形图程序中，B1、B2和B3模块构成了虚拟步R10.0；B4、B5和B6模块相当于R10.0、R10.1和R10.2三个实际步，由此可以清楚地看出线圈和节点的对应关系，其主要思想还是启动（SET）下一步，停止（RST）上一步，这个思想与续流方式是一致的；B7模块相当于顺序功能图中的返回线；B8、B9和B10模块是三个动作环节；B11、B12和B13模块是三个定时器，用于控制三个动作的时间。

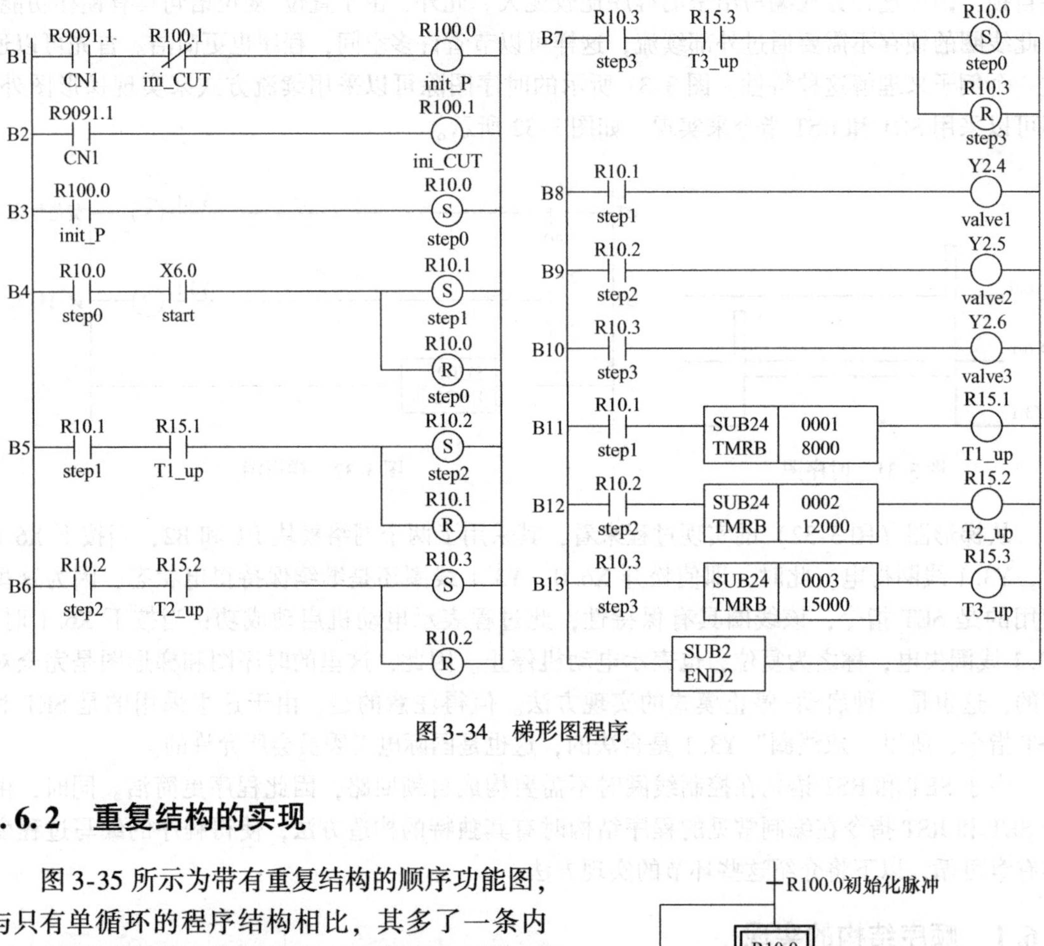

图3-34　梯形图程序

3.6.2　重复结构的实现

图3-35所示为带有重复结构的顺序功能图，与只有单循环的程序结构相比，其多了一条内环，这样可以在一定的条件下重复地实现内环的动作而不必再去按下启动按键，即使按下了停止按键，系统也只能在结束了周期运行后才最终停止运行。

图3-36所示为带有重复结构的梯形图程序，这里仅仅对关键点进行描述。B9模块中的X6.0是启动按键，其与B4模块中的X6.0是同一个按键，但是作用不同。在按下B9模块中的X6.0后，R10.7线圈得电，当周期控制执行到B7模块时，程序会“继续”重复实际步的动作；在按下X6.7停止按键后，R10.7线圈失电，当周

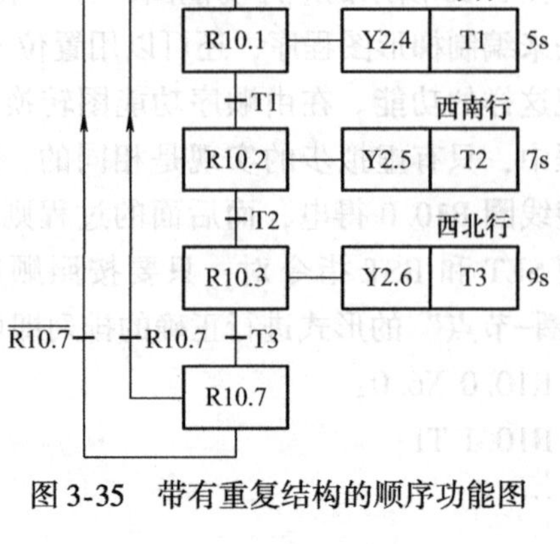

图3-35　带有重复结构的顺序功能图

期控制还在继续执行，并且执行到 B8 模块时，程序会返回到虚拟的初始步 R10.0，这时周期控制才会停止。

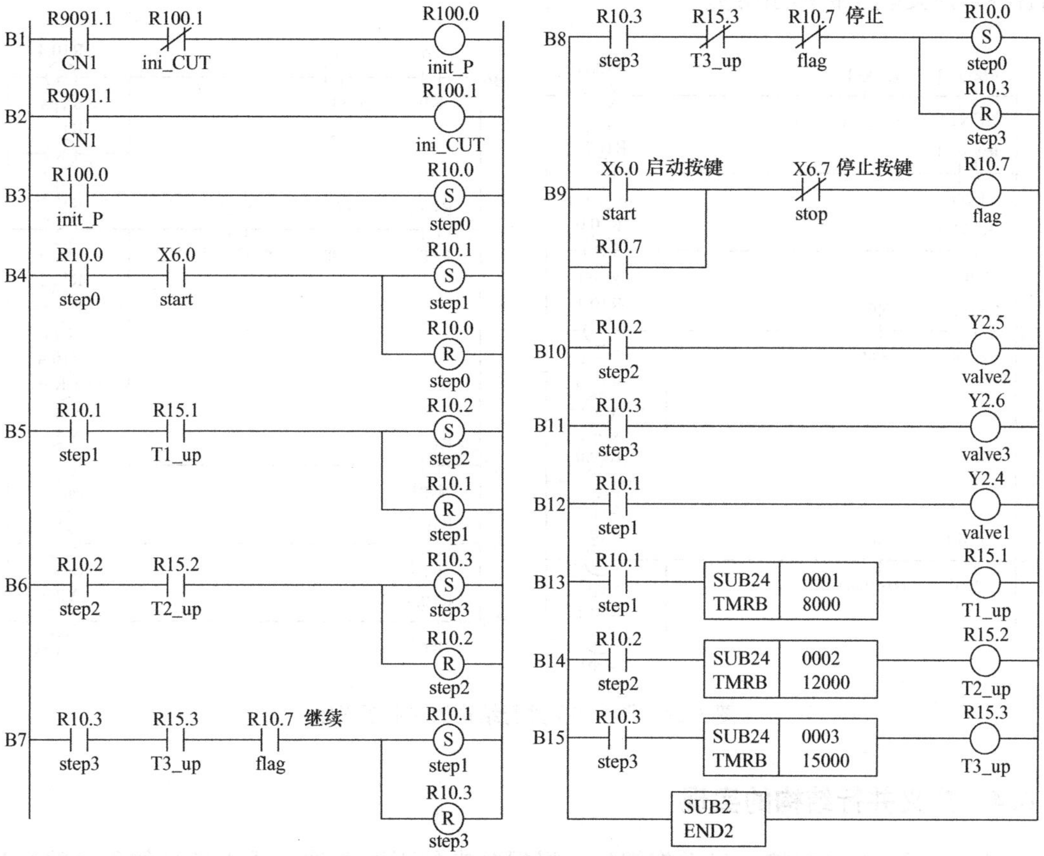

图 3-36　带有重复结构的梯形图程序

3.6.3　狭义并行结构的实现

狭义并行结构是泛指按下启动按键后，两个或以上的任务是“同时”进行的一类控制结构。图 3-37 所示为带有狭义并行结构的顺序功能图，可以采用续流方式将这类顺序功能图向梯形图转换，其主要特点是先写出一条“主回路”，然后再进行一些增补，这里可以采用观察“线圈-节点”的方式来写出梯形图，此方法比前述的续流方法更简便。

图 3-38 所示为带有狭义并行结构的梯形图程序，其中 B4 和 B7 模

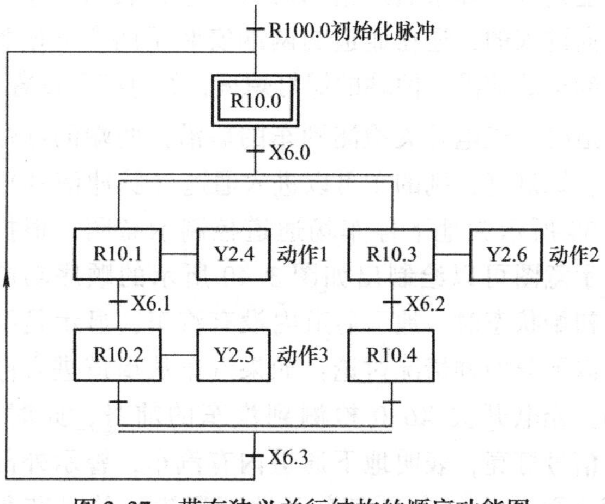

图 3-37　带有狭义并行结构的顺序功能图

块是并行的入口和出口的处理方法，在一组控制节点后出现了两个以上的 SET 和 RST 语句（图中是三个），这是处理更多并行任务的典型手段，其方法比较直观，可以避免续流法中因各种自锁关系所带来的困惑。

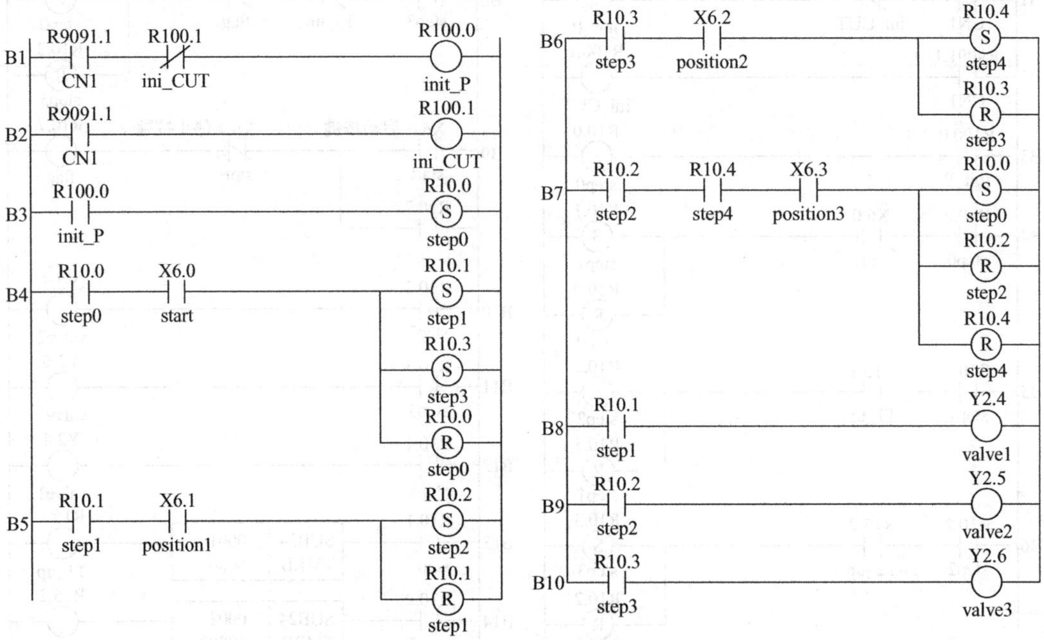

图 3-38　带有狭义并行结构的梯形图程序

3.6.4　广义并行结构的实现

广义并行结构是指按下启动按键后，根据分支的不同条件而进入各自的程序执行过程，也可以将其看成是分支的一种形式。下面通过一个地下停车场通道控制来说明这种情形的应用方式。某高层建筑下有一个停车场，街道上的汽车要进入停车场需要经过一个单方向通行的地下通道。当通道内有汽车时，在通道的两端有红灯指示，表明此时汽车不能进入；如果通道指示灯为绿色，表明汽车可以进入。同时，为了检测汽车是从哪个方向进入的，还在通道的两端安装了两个光电检测开关，当车进入通道时，光电开关检测到车的前沿，两端的绿灯熄灭，红灯亮，以警示后方的车辆不能再进入通道；当车开出通道时，光电开关检测到车的后沿，两端的红灯熄灭，绿灯亮，别的车可以进入通道（脉冲信号）。图 3-39 所示为地下停车场通道控制示意图，根据这个示意图可以绘制出如图 3-40 所示的顺序功能图。初始状态时，地下通道内没有汽车，显示是绿灯。以下分两种情况讨论：如果汽车从街道进入停车场，光电开关 X6.0 检测到汽车的前身，此时，红色信号灯亮，表明地下通道内有汽车，警示外部车辆不要进入，当汽车离开地下通道，并且获得

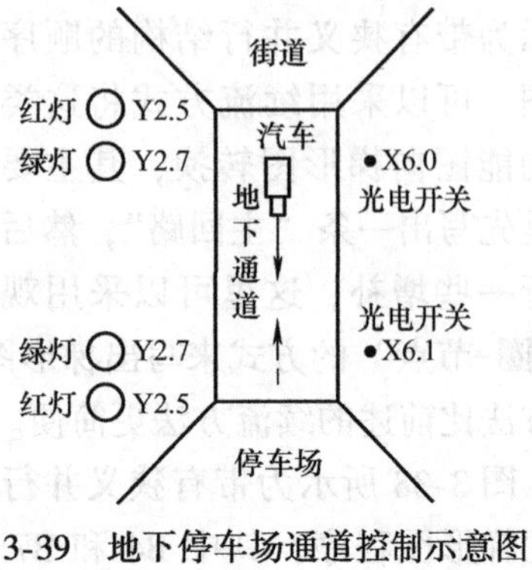

图 3-39　地下停车场通道控制示意图

X6.1 的下降沿时，表明汽车完全离开了地下通道，红灯熄灭，绿灯亮起，这时其他车辆可以占用该通道；车从停车场开往街道的信号分析同上。图 3-40 可以比较精确地表达车进出地下通道的严格逻辑关系，图 3-41 所示为地下停车场通道控制梯形图程序。

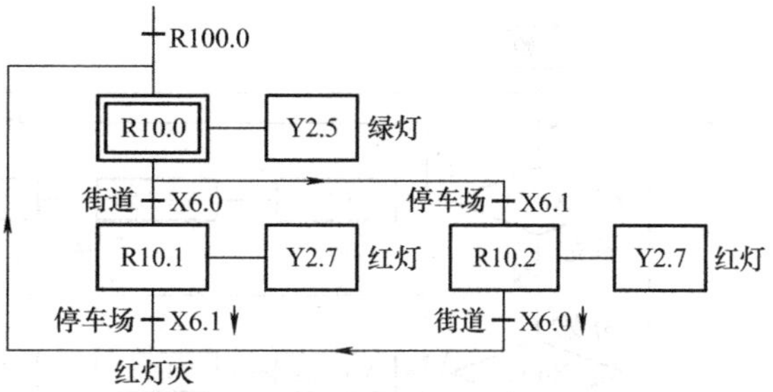

图 3-40　带有多分支的并行顺序功能图

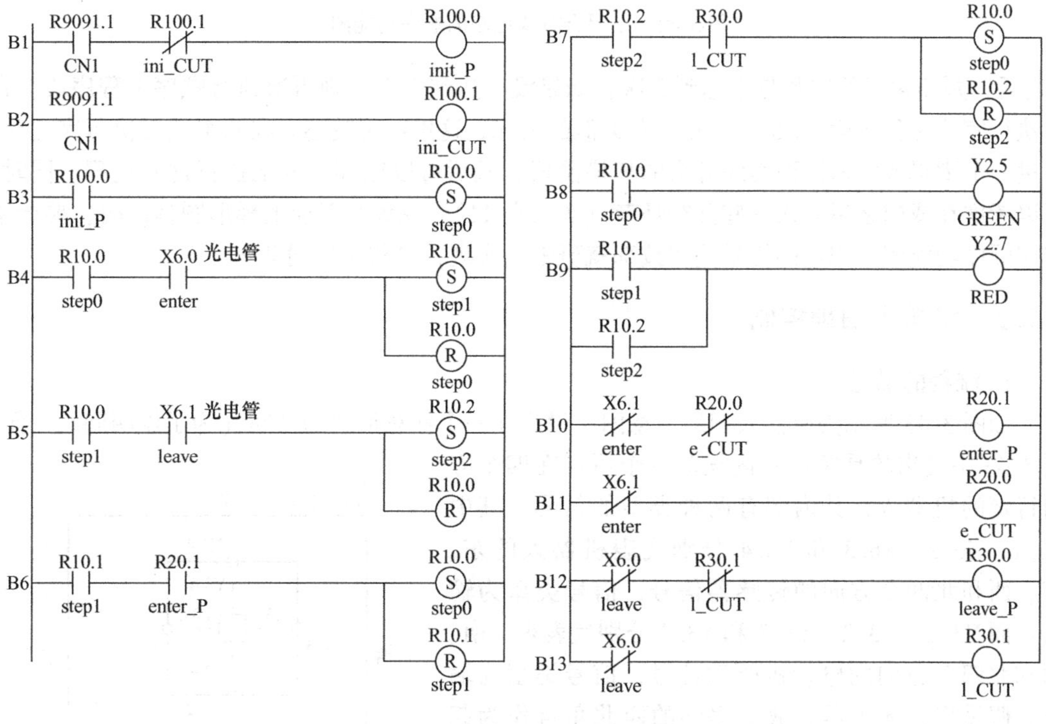

图 3-41　地下停车场通道控制梯形图程序

3.7　工程项目案例分析

3.7.1　混合方式控制

在柔性生产线上，在运送和装夹物料的过程中需要检测启动或者位置信号，需要控制运输带或者液压控制阀等，甚至还需要根据现场情况更改工艺流程，因此一个完善的柔性制造生产过程将包括选择、顺序、重复和并行等多种程序结构的编写和调试，图 3-42 就是从现场抽象出来的一个以混合方式控制的顺序功能图。请读者根据这个图编写梯形图程序并调试出正确的结果。

图 3-42 中，程序开始执行后，首先扫描按键 X6.0 和 X6.1，如果两个按键均没有被按下，则继续循环扫描。如果 X6.0 被按下，则执行顺序 1 的程序段，在执行一个完整的顺序

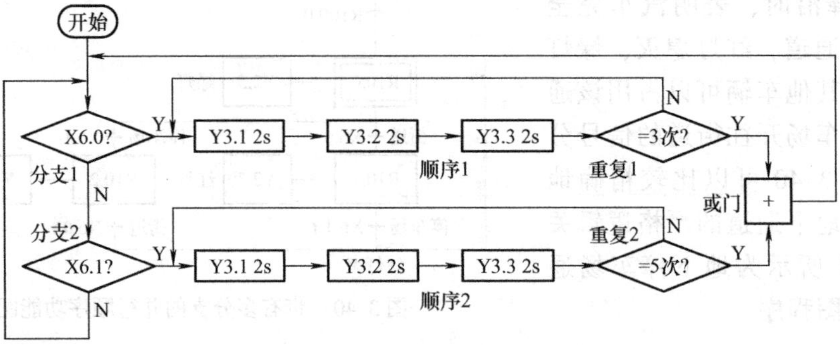

图 3-42　以混合方式控制的顺序功能图

1 之后，判断执行的次数是否达到 3 次，如果没有达到 3 次，则再次执行顺序 1 程序段，直到执行完这个程序段。X6. 1 分支也有类似的情况，这里不再赘述。在两个重复执行完之后，通过一个逻辑或门返回到程序开头的扫描阶段，然后可以循环往复地执行这些过程。同时，可以考虑在或门之后插入一些并行环节（见习题 11)，在编写对应的梯形图程序时，要严格按照顺序功能图所规定的信号流程按部就班地去实现，以防止遗漏动作。

3. 7. 2　机器人扫地控制

1. 流程的描述

如图 3-43 所示为机器人扫地示意图，设想在一个任意形状的房间（为了说明问题方便，图 3-43 中给出的是矩形）内摆放一个可以在四个方向行走的机器人，其内部有两种类型的信号，其中 X6. 1、X6. 2、X6. 3 和 X6. 4 分别代表机器人的东、南、西和北四个方向的传感器信号，信号类型为输入；而 Y3. 1、Y3. 2、Y3. 3 和 Y3. 4 分别代表东、南、西和北四个方向的电动机驱动信号，信号类型为输出。假设将扫地机器人放在房间的西北角且作为起始点（也可以放在房间任何一个地方作为起始点)，按下启动按键 X6. 0，行走装置首先向东移动，当遇到东墙后，停止东行并开始向南移动，向南移动的时间是有规定的，如 10s（可以根据情况任意设定)，然后进行情况判断：情况一，在规定时间之内遇到南墙，行走装置停止；情况二，在规定时间内没有遇到南墙，停止南行并向西运行，当遇到西墙时，停止西行并向南运行，继续进行两种状况的判断：在规定时间内遇到南墙，行走装置停止，否则，继续东行，周而复始，以碰到南墙为扫地结束。由此可以看出，这是一个从左到右，从上到下逐行扫描的过程。程序的停止点有两个：东南方向的停止和西南方向的停止。

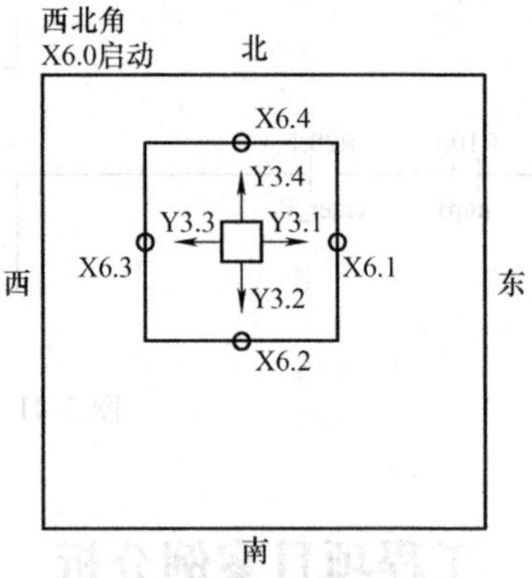

图 3-43　机器人扫地示意图

2. 顺序功能图的编制

通过图 3-43 所示的机器人扫地示意图和文字描述，可以直接编写梯形图程序，但其过程比较复杂，比较好的方法是在示意图的基础上先绘制出对应的顺序功能图，这样便于按部就班且没有遗漏地编写梯形图程序。实际上，由于每个人对示意图的理解不同，写出的顺序功能图也可能不同，但通过比较各种方案，最终应写出最精炼的顺序功能图，这对于编写、调试和改进梯形图大有好处。在图3-44中，Y3.1、Y3.2和Y3.3是东、南和西三个方向的输出信号，X6.0是启动信号，X6.1、X6.2和X6.3是判断东墙、南墙和西墙的传感器开关，T0和T1是定时器，其时间是可以自由设定的，时间设置得越短，行走的路线越密集，可以根据房间的大小灵活设置，所有的输出信号、位置信号和时间信号等都需要清晰地标注在顺序功能图中。需要注意的是，图3-44中略去了Y3.4和X6.4两个信号，其原因是这两个信号在该程序中暂时未涉及，即未考虑扫地机器人往北的情况，但在行走示意图中要标注出来，以便需要的时候取用。图3-44所示的顺序功能图供参考，读者也可以根据自己的理解写出其他顺序功能图。

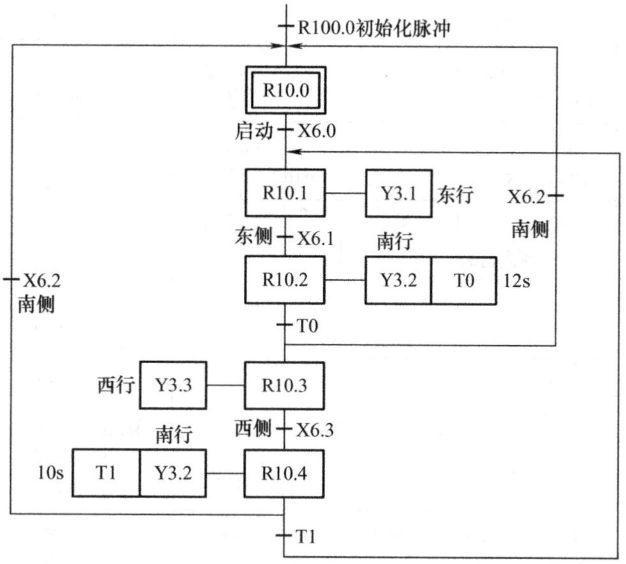

图3-44　机器人扫地的顺序功能图

3. 梯形图程序的编制

通过图3-44所示的顺序功能图可以编写出对应的梯形图程序，如图3-45所示。对于比较复杂的顺序功能图和梯形图，它们之间可能并不完全对应。图3-45中共有13个模块，B1和B2是初始化脉冲模块；B3是虚拟步形成模块，其中R10.2表示从东南方向返回到初始步，R10.4表示从西南方向返回到初始步；B4～B7为四个实际步，图中标出了各个环节的转换条件，如位置信号和延迟信号等；B8是最小完整周期返回点，在特殊情况下，如果行走装置首次启动并在南行时就撞击了南墙，则这条指令就执行不到了；B9、B10和B11是动作模块，主要输出动力信号；B12和B13是时间延迟模块。

风格的统一问题。总体而言，这里采用的是续流法来编写梯形图程序，但是，在B8模块中，特意采用了一组SET和RST指令来处理程序的条件返回问题，这样写出的代码更为简洁。从程序的执行效果来看，续流方式和SET－RST方式是可以共存的，当然，读者也可以将这两条语句用续流方式来改写，但是需要妥善采用脉冲方式来处理返回信号的问题，程序可能会稍微长一些，这样就可以完全避免双线圈的警告，整个程序的前后风格也比较一致。

程序的硬件验证方法。上述编写的梯形图可以在数控机床PMC环境下正确执行，这样做仅仅是验证了算法的正确性，但是看起来不是很直观。读者也可以自己组装一个实体的小型行走装置，其可编程序控制器可以采用紧凑型的，采用充电电池供电，同时做一个四轮驱动装置，依然采用上述算法，这样就可以实现一个真正可移动的行走装置了，就可以看到真正的小车在房间内按规定的方向行走。

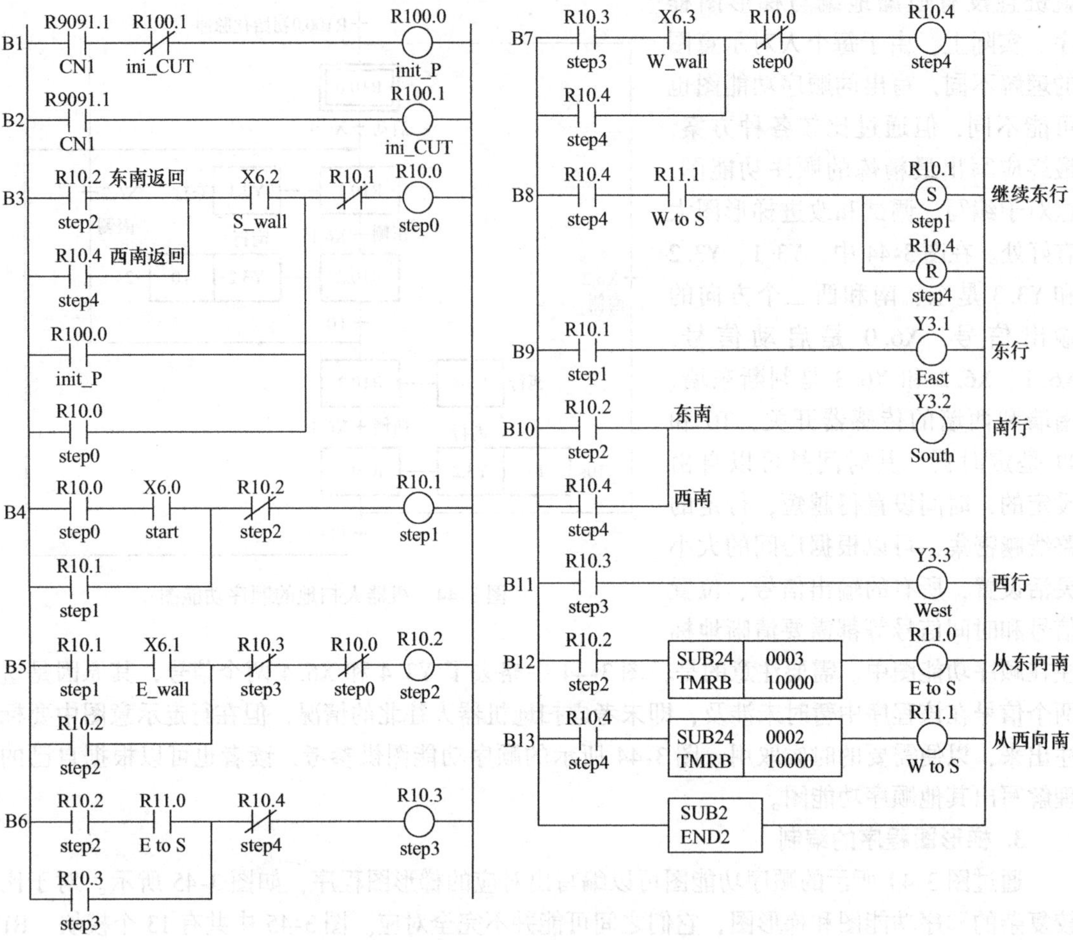

图3-45　机器人扫地的梯形图程序

尝试风格的改变。这段梯形图程序还可以完全采用前面学到的SET和RST语句组来实现。相比续流法，这个方式编写程序也许会简便一些，但从实际教学效果来看，人们更偏爱采用这种方式来处理复杂的分支问题，因为续流法在处理分支问题时需要更多的语句。

3.7.3　编写一个十字滑台精确移动的程序

任务描述：将一台已经检修或拆装过的数控车床的十字滑台以匀速方式从当前坐标系的$A(1,1)$移动到$B(35,35)$，其单位为mm，分辨率为微米级。图3-46所示为十字滑台的组成结构，该图清晰地说明了主轴与十字滑台的位置关系，主轴上有一个由气压或者液压控制的卡盘，作用是将工件夹紧，按下机床面板上的循环启动按键后，主轴以一定的速度旋转，在程序的控制下，安装在十字滑台上的四工位刀架上的刀具（图3-46中为1号刀具）开始按照程序的要求，以动点(Z,X)的预定轨迹慢慢接近旋转着的工件，这个过程称为切削，并伴随有切屑的飞溅，进而形成一个具有一定几何形状的零件。加工完毕之后，十字滑台要从当前点$A(1,1)$退回到原点$B(35,35)$，以便进行下一轮的切削。

本节的任务是编写一个梯形图程序以实现十字滑台的精确移动。为了实现该任务，还需要对十字滑台的结构有进一步的了解。

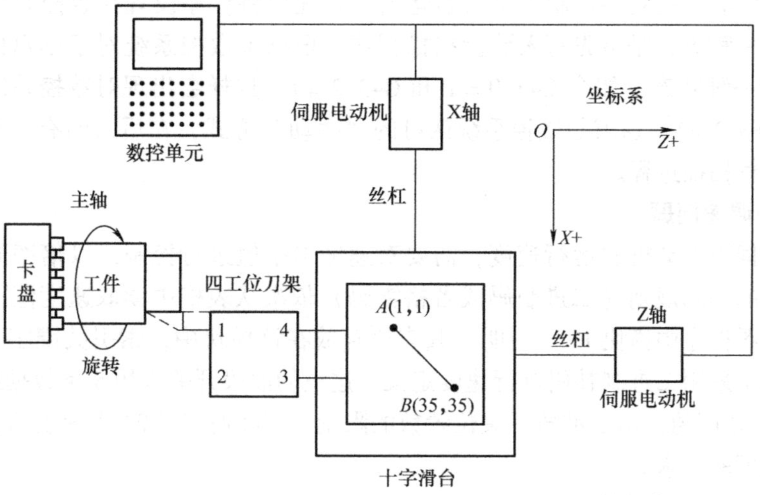

图 3-46 十字滑台的组成结构

1. 十字滑台的进一步说明

十字滑台是一种由伺服电动机通过丝杠将两个轴（Z 轴和 X 轴）的直线位移转换成刀具的曲线加工位移的机电混合传动装置，具有刚度高、热变形小和进给稳定性高等特点，是数控机床中对金属实现切削加工的核心部件。在数控单元-伺服放大器的控制下，伺服电动机产生旋转运动，电动机的主轴拖动丝杠也实现同轴旋转，利用滚珠丝杠和线轨获得较高精度的位移。四工位刀架上装有硬质合金刀具，对夹持在主轴卡盘中的旋转工件进行切削处理，其切削精度受十字滑台机构误差以及控制程序的综合影响。目前的加工当量可以控制在微米级别，相当于毫米的千分之一，能够满足绝大多数的加工工艺要求。

2. 输入/输出信号定义

该工作任务是使滑台从 *A* 点移动到 *B* 点，由于有精确的坐标定位，因此程序的执行是自动的。同时，为了人工检测的方便，这里特别设定了四个方向按键，它们分别可以在手动方式下控制伺服轴向四个方向移动，而且自动运行和手动检测状态是可以切换的，其输入/输出信号定义见表 3-1。

表 3-1 十字滑台输入/输出信号定义

序号	功能键	输入信号	输出信号	作用方式
1	→	X7.6	G100.1	Z+
2	↓	X10.4	G100.0	X+
3	←	X10.2	G102.1	Z−
4	↑	X10.0	G102.0	X−
5	钮子开关	X6.7（0：自动 1：手动）		

3. 紧急停车的处理

移动的十字滑台一旦出现紧急情况，当按下紧急停止按键时应使当前的两个轴能够瞬间停止。因此，这里需在梯形图的一级程序中编写好这段程序，以保证人身和设备的安全。

4. 键盘扫描的特殊处理

为了使伺服电动机能够控制十字滑台运行，首先要将程序设置在数控系统认可的“手动”方式下，一种方式是事先写入键盘扫描程序，根据该数控系统对于键盘的定义，这里可以人为设置一种状态，如令 G43.0 = 1 和 G43.2 = 1，这样会出现对数控系统的“刺激反应”，最终使 F3.2 = 1，这就是数控系统认可的“手动”方式，在后面的有关章节中会专门说明键盘的完整扫描过程。

5. 伺服的调速问题

为了控制伺服电动机的运行速度，需要对速度倍率值进行控制，以倍率开关为输入信号，根据开关的编码规则（二进制码或者格雷码）依次从表格中读取速度值，详见图 3-48 所示一级梯形图程序中模块 11 的说明，其表格存放在该模块中，索引关键字为地址、内容和含义。本例中采用二进制补码进行速度定义。这里的波段开关采用 5 条数据线，最大的寻址范围是 32 个速度值，由于波段开关位置数的限制，实际使用了 21 个速度值，这样可以满足手动控制速度的要求。

6. 窗口指令与数据处理

为了使十字滑台从规定的起点 $A(1,1)$ 移动到终点 $B(35,35)$，我们需要在屏幕上看到该数据或者在内存的指定单元中访问该数据。通常情况下，机床机械坐标的数据是被“隐藏”起来的，如果需要观看或调用，则必须先编写正确的窗口指令，主要是设定一些关键字，包括申请读取绝对坐标值、数据长度的确定（如 4 字节）、数据属性（读取轴的个数）以及数据安排的首地址（如 D80）等。只有正确设置这些参数，才可以实现对绝对机械坐标的访问。

另一个数据处理的问题。首先考虑如何将 $A(1,1)$ 存入到数控单元，这里的 1 表示 1mm，由于该数控单元采用的是整数运算，且其加工的最小当量是 1μm，因此在数控单元内，该数值应该是 1000μm，且在机器内是以二进制方式存放的，其二进制值为 3E8，另一方面，由于该数控系统以 4 字节来存放一个整数，因此正确的存放方式从低字节到高字节是(00,00,03,E8)，同理，35mm 存放的数据是（00,00,98,58）。

7. 数据比较指令的应用

在正确地读取机械坐标值并写入比较关键字之后，就是在十字滑台运行过程中对这些数据进行在线比较，若满足条件则瞬时停止滑台运行。这里的比较有大于、大于或等于、小于、小于或等于以及等于等数据比较指令，可以根据工作任务的需要适当选取。

8. 建立一个并行处理的顺序功能图

为了使 Z 轴和 X 轴能够同时移动，起点为 $A(1,1)$，终点为 $B(35,35)$，这里建立一个具有并行结构的顺序功能图，如图 3-47 所示。该结构虽然非常简单，但却实现了一个重要的突破，也就是说，现在控制的不是传统的 Y 信号了，而是 G 信号，其是使 Z 轴和 X 轴正向移动的信号，同时，这个移动过程还要受数值比较的控制。考虑到十字滑台移动到终点后，

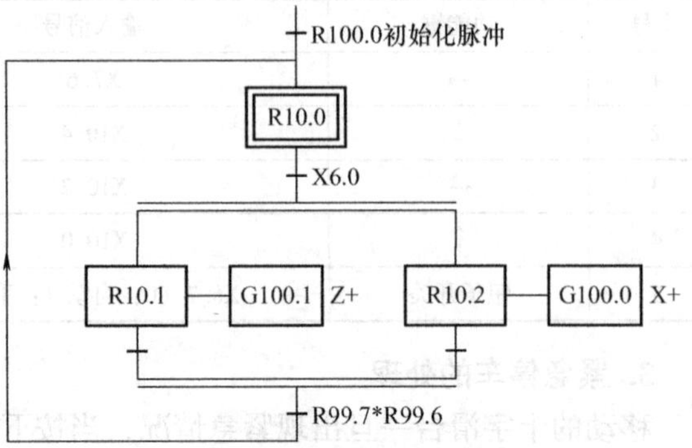

图 3-47 控制十字滑台运行的顺序功能图

如果需要再次将其移动到起点，还需要增加一个手动移动的环节，且该过程在顺序功能图中的表达比较复杂，因此这部分控制要求就以文字增补的方式加以说明。也就是说，在实际的程序控制中是含有“手动”操作的。

9. 程序编写与调试

此程序编写分为两级，即一级程序和二级程序。其中一级程序包含紧急停止、键盘扫描以及数据窗口初始化等，这一部分程序可以在以后的程序中继续使用；二级程序包括两个轴的移动、数值判断以及手动-自动转换操作等。下面以模块为单位分别介绍这些程序代码的作用。

一级梯形图程序如图 3-48 所示，B1 和 B2 是紧急停止模块，其中 X8.4 是紧急停止按键；B3、B4 和 B5 是一段简化的键盘扫描程序，当 G43.0 和 G43.2 同时被设置成逻辑“1”时，数控系统会认定其处于“手动”状态，这时 F3.2 被系统强制为 1，面板指示灯 Y0.6 被点亮；B6 ~ B10 是伺服速度的倍率开关，这里有 5 条数据输入线：X7.0 ~ X7.4，可以代表 32 种不同的数据组合状态；B11 是专用模块，其中 SUB27 是二进制码转换成十进制码的变换器，在模块的参数设置中，格式指定写成 2，表示被变换的数据为 2 字节宽度，数据个数为 31，表示该模块分配了 31 个单元用于存放数据，输入地址为 R25.7 ~ R25.0，实际只用了低 5 位，G10 存放的是手动倍率值，具体的数据见 B11 模块下边列出的数据格式。从而，十字滑台的移动速度可以得到控制。

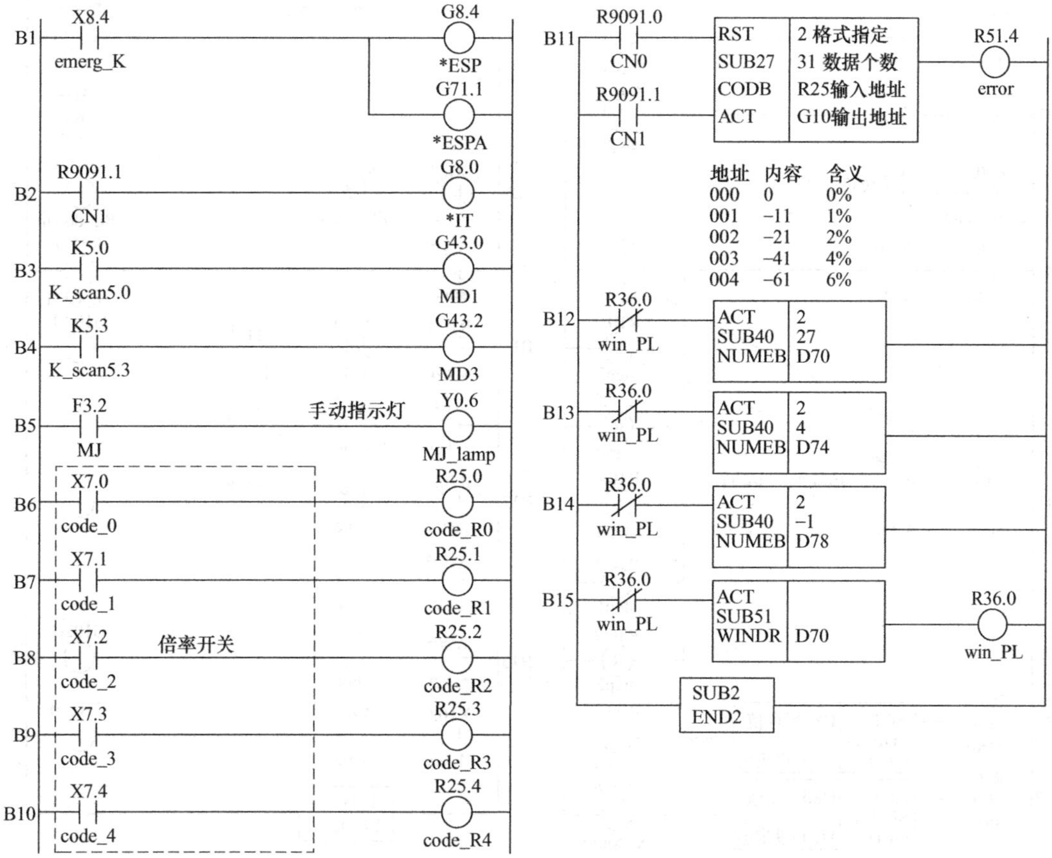

图 3-48　一级梯形图程序

B12～B14 是常数赋值语句，也就是将一些特定的数据存入到指定单元中去。B12 是将 27 存入到 D70 单元，27 是数控系统定义的关键字，意思是从数控单元读取机械轴的绝对位置，数据宽度是 2 字节；B13 是将关键字 4 存入到 D74 单元，4 表示将读取的坐标轴的数据宽度为 4 字节的整数；B14 是将 –1 存入到 D78 单元，–1 表示可以同时读取三个轴的数据，如 X、Y 和 Z 轴；B15 是读取数控单元的窗口指令，其首地址是 D70 加上 10 个偏移量，实际上 D80 为首地址。到此为止，数控车床两个轴（即 X 轴和 Z 轴）的当前数据将被存放在 D80 和 D84 开始的连续 8 个单元中，并且可以在 POS 模式下在线看到这些数据的变化情况。

二级梯形图程序如图 3-49 所示。B1 和 B2 是初始化脉冲的形成，B3 是虚拟准备步，使 R10.0 线圈得电，其中 R50.0 也是由手动返回自动状态的一种情况。在 B4 模块中，X6.0 是启动按键，启动后，执行一组并行语句，使 R10.1 和 R10.2 线圈有效，这样就启动了 B6 和 B7 模块的数值比较语句，SUB214 是将当前值与设定值进行比较，只有在当前值大于或等于设定值时，其控制线圈才有效，D100 和 D104 单元内应该实现将设定值用手工写入，这里按照任务要求写入 35000，以 4 字节存放。B8 是自动状态转手动状态时的清除记忆语句；B9 和 B10 是手动状态转回自动状态时执行初始化语句；B11 是对 Z 轴的控制语句，上半句是自动控制，采用的是数值比较，下半句是手动测试用；B12 同理，只是控制 X 轴的；B13 和

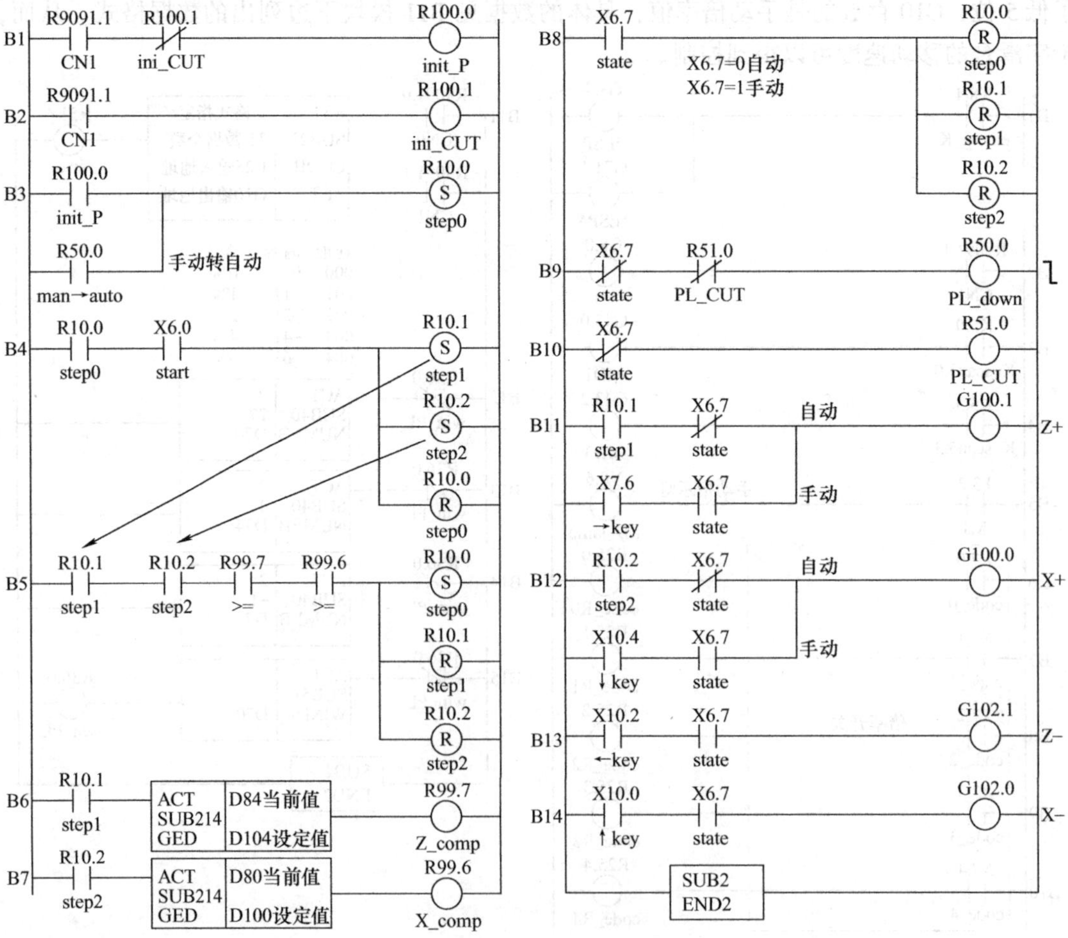

图 3-49　二级梯形图程序

B14 是手动状态下控制 Z 轴、X 轴向反方向移动的控制语句，其目的是可以让十字滑台再次返回到初始位置 $A(1,1)$。

为了使十字滑台精确移动，这里首次采用了二级程序的编写方法，实际上，一级存储器可以存放一些成熟的或者不需要大量改动的语句，如紧急停止、键盘扫描、窗口初始化程序等。

3.7.4　编写一个十字滑台返回参考点的程序

在进行工件加工之前，数控机床需要设置一个基准点来对十字滑台的位置进行跟踪、显示和控制，这个基准点有时也称为参考点。通常情况下，该参考点是在制造机床时通过预埋两个（分别为 Z 方向和 X 方向）高质量的接近开关来实施的，位置一般是在机床正向极限位置附近。当滑台按规定的方向移动到该点时，称十字滑台返回参考点。该参考点的作用有三个：第一，该点可以作为原点，建立机床坐标系；第二，进行螺距误差补偿和丝杠反向间隙补偿；第三，十字滑台的行程保护。但是，人们在长期的实践中发现，由于线路故障等原因，有时候该参考点已失效或者位置不太合适，需要重新设置一个参考点；另外，如果实际移动接近开关比较困难，则可以放弃这个参考点，再重新设置一个参考点。

首先，考虑将十字滑台的某个位置设成零点，也就是在该点处，Z＝0，X＝0，设 $O(0,0)$ 为原点。然后，通过手动方式，将其移动到任意一个位置，为了防止其移出滑台的允许范围，可以设定一个软限位，假设这个值设置为（－35,35)，则无论滑台在软限位规定内的哪个位置，只要按下启动按键，十字滑台总是能够回到原点处，这是一段重要的程序代码，称其为返回参考点程序。

返回参考点过程示意图如图 3-50 所示。该图表明，无论十字滑台处在哪个象限，在按下启动按键之后，其总是能够移动到原点 $O(0,0)$ 上。

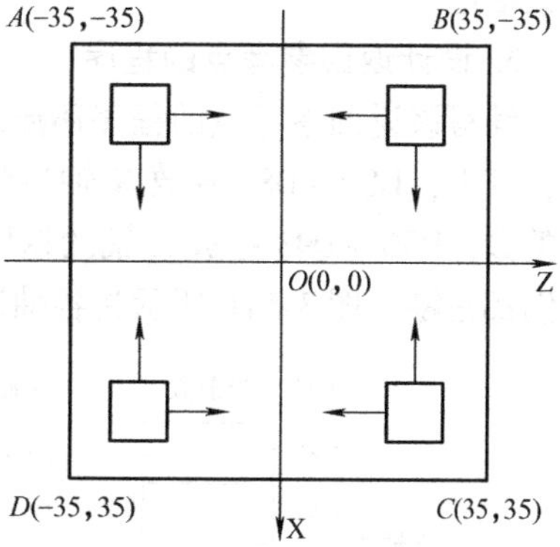

图 3-50　返回参考点过程示意图

1. 设置十字滑台的新参考点

首先假设该滑台没有安装电气零点的限位开关，或者将这个硬件限位的有关特性（通过参数设置）先消除掉，这样有利于理解在光电编码器环境下在任意位置设置零点的方法。以下说明设置新参考点的方法。

首先设置 1005#1 为 1，这样可以确保软限位回参考点有效。

设置步骤：按下 SYSTEM 键→输入数字 1815→按“搜索”键→出现表 3-2 所列数据格式。

表 3-2　数据格式

		#5（APC）	#4（APZ）
1815	X	1	1
	Z	1	1

在 MDI 方式下，将 1815 #5、#4 都设置为 0，关闭电源，再打开电源，首先将 1815 #5 都设置成 1，关闭电源，再打开电源，将 X 轴和 Z 轴移动到自己想设置成原点的位置，然后

将1815 #4 都设置成1，关闭电源，再打开电源，此时软限位原点已经建立好。

2. 设置软限位

继续按SYSTEM键，输入数字1320，按下"搜索"键，出现：

1320 LIMIT 1 +
X　999999.000
Z　999999.000
1321 LIMIT 1 -
X　-999999.000
Z　-999999.000

在MDI方式下修改1320、1321单元中的数值，1320为X、Z轴软限位正方向值，1321为X、Z轴软限位负方向值。修改后的形式如下：

1320 LIMIT 1 +
X　35.000
Z　35.000
1321 LIMIT 1 -
X　-35.000
Z　-35.000

这样，十字滑台的软限位就已建立好，十字滑台一旦试图移出规定的限位则会产生报警并停车，此时允许反向移动。所设置新参考点的作用与原先预埋在机床正向极限位置上的情况一样，但其优点是可以设置在十字滑台有效行程范围之内的任何一个点，显然它具有更大的灵活性。

3. 设计返回参考点的程序

编写该返回参考点的程序还涉及数据结构和数值比较，图3-51a所示为该程序的数据结构，其中，D80～D83存放X轴当前坐标值，D84～D87存放Z轴当前坐标值，它们是4字节整数，D90～D93存放X轴的返回参考点值，D94～D97存放Z轴的返回参考点值，显然它们都是零。图3-51b所示为各轴返回参考点的可能方向。

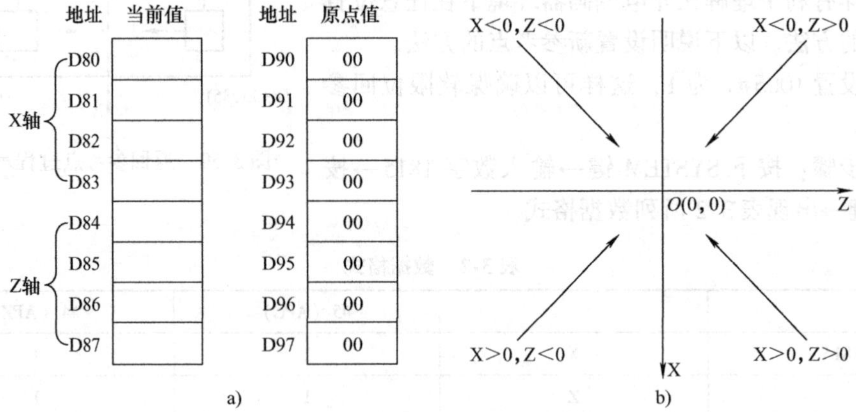

图3-51　数据结构与比较判断条件

图3-52所示为基于新条件编制的完整的十字滑台返回参考点的梯形图程序。B1和B2模块产生初始化脉冲信号；B3是准备步，也就是在初始化脉冲过后，R10.0线圈得电，为后续步骤做好准备工作；B4～B7为数值比较与信号驱动回路，X6.0为启动信号；B8～B11为伺服旋转回路，图中已经标注了各轴的旋转方向，应注意每个轴的转动均有两个条件，其中R15.1～R15.4是按“步”的顺序自动执行的，而X10.2、X10.0、X7.6和X10.4是手动移动轴的控制信号；B12为状态转换开关处理程序，当X6.7=1时为手动移动，通过复位指令“R”使每个“步”的信号强制为0，以满足手动移动的条件，当X6.7=0时允许执行自动返回参考点程序，此时需要按下X6.0启动按键才可以启动返回参考点程序，由于是“或”逻辑，在同一时间，这两种工作模式仅有一种是有效的。

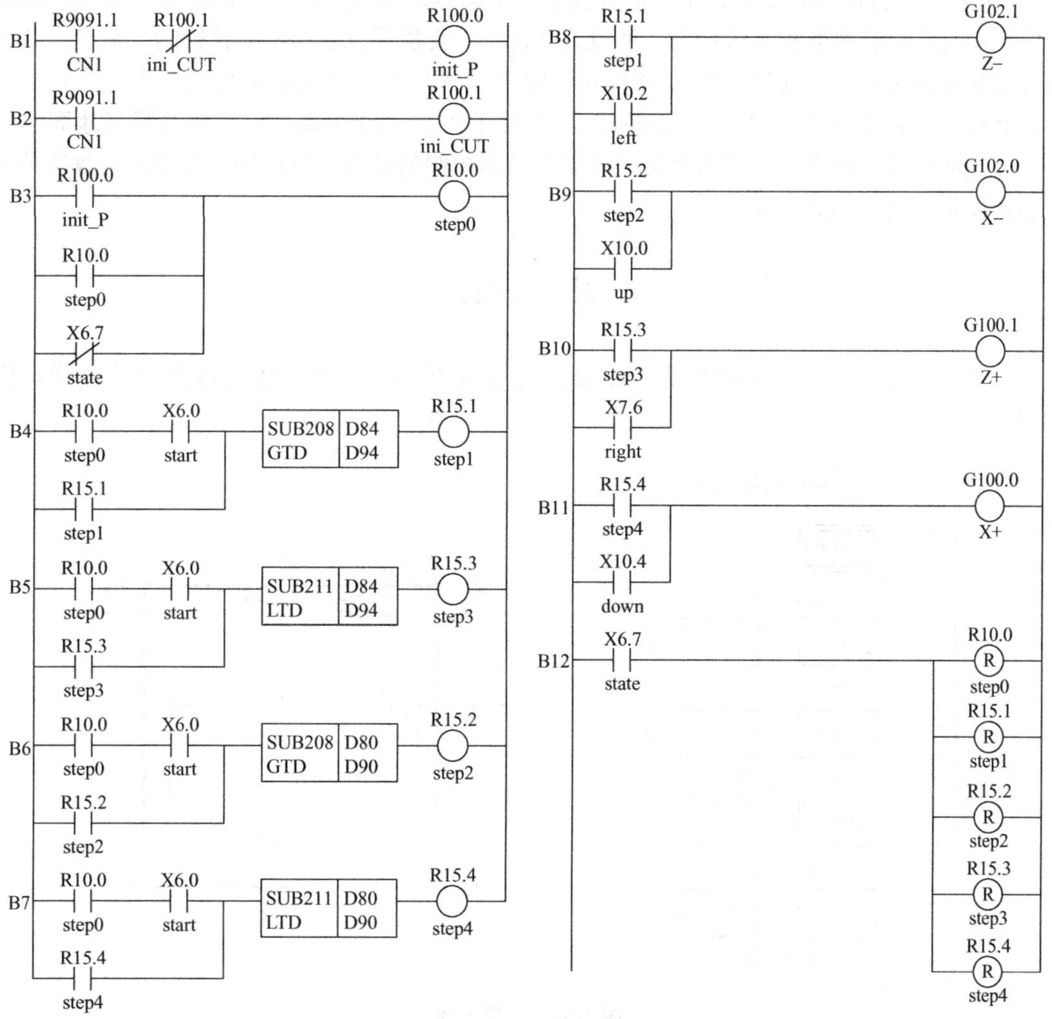

图3-52　十字滑台返回参考点的梯形图程序

（1）运行效果分析和改进　当将这段程序正确输入到二级程序编辑区时，一级程序依然沿用3.7.3节中的一级程序，同时按照要求将数据区的内容设置好，将机床面板上的工作方式置为手动，同时将倍率调至比较低的档位，按下X6.0按键，则无论十字滑台在哪个象限，它都会往原点 $O(0,0)$ 移动，当到达原点后会自动停下来，这样就返回参考点了。然后转换为手动状态，即合上 X6.7，将十字滑台移开原点，同时将速度倍率值调高，断开 X6.7，此时回到自动状态，再次启动 X6.0，这时，十字滑台尽管也向原点移动，但却在原点附近振荡，总是会相差几微米，这是为什么呢？原来，当倍率比较低时，滑台移动时容易满足“算术比较”运算条件而停止；当倍率比较高时，运算条件难以满足，所以会反复运算，解决的思路之一就是考虑速度分段。例如，当滑台离开原点比较远时用高倍率，当接近原点时用低倍率，这样就能比较平滑地命中目标，而该程序没有设计这个多段倍率的转换程序，读者可以根据这个思路对该程序进行进一步的改进。

（2）与 G00 指令的区别　在数控加工程序中有一条快速返回参考点指令，其格式是 G00 X0 Y0；运行该条指令后，十字滑台就能够快速返回参考点。由于该程序是数控厂商提供的，而且是封装在数控系统中的，所以只能调用，无法看见它是如何执行的。显然，其内部含有变速处理过程，而且是用 C 语言和汇编语言编写的。而这里编写该程序用的是梯形图，其作用是让读者体会用梯形图编写这类程序的方法，以便举一反三地编写其他同类程序，如气动夹具、安全门、机械手关节等需要精密控制的场合，这些场合无法使用数控单元中的预设指令（如 G00 等）。

习　题

1. 根据图 3-53 所提供的顺序功能图，编写用四个限位开关作为转换条件的梯形图程序。

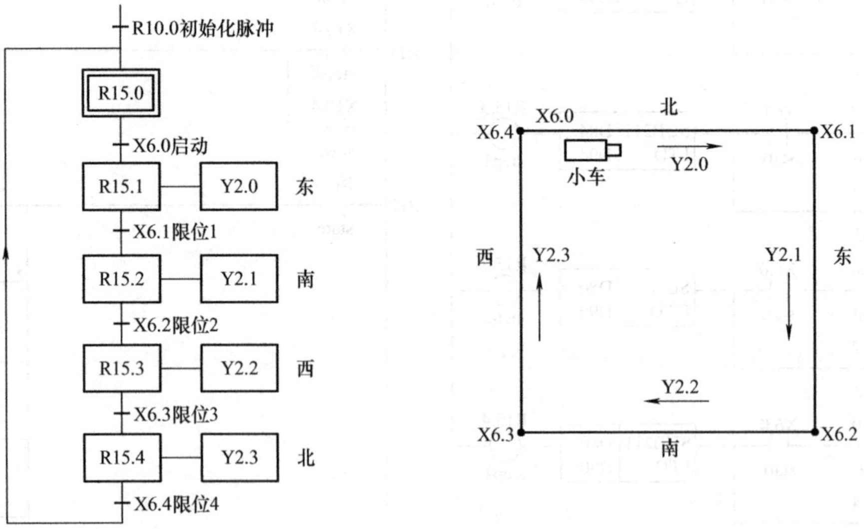

图 3-53　习题 1 图

2. 根据图 3-54 所提供的顺序功能图，编写用四个时间信号作为转换条件的梯形图程序。

3. 根据图 3-55 所提供的顺序功能图，编写用时间限定和重复次数共同约束的重复结构梯形图程序，并对其合理性进行分析，或者试着修改这两个条件，以期编写出更合理的程序结构。

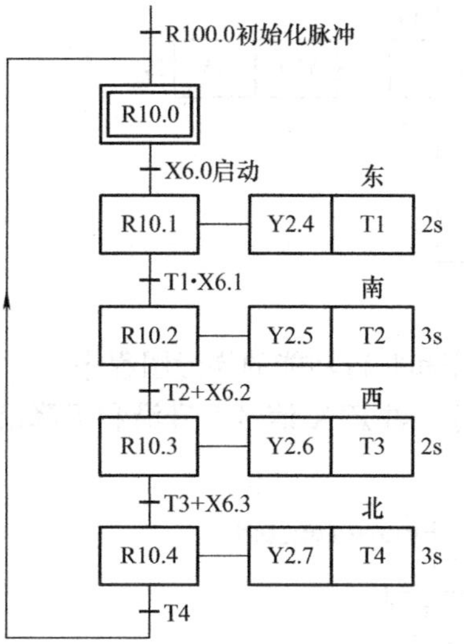

图 3-54　习题 2 图

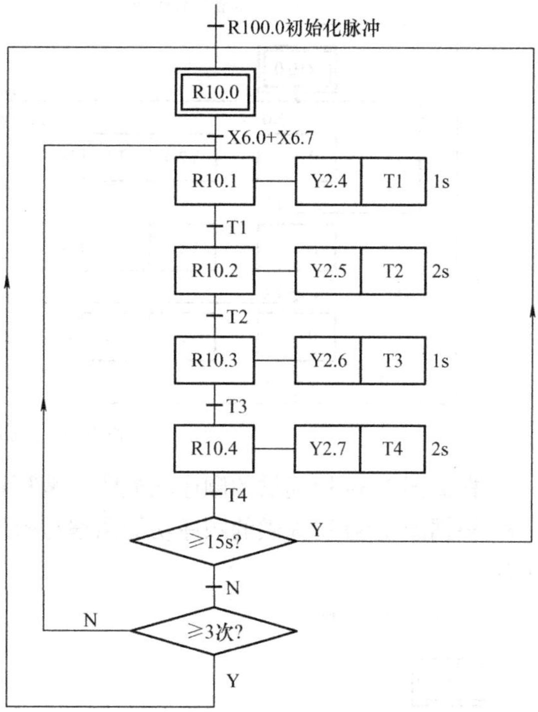

图 3-55　习题 3 图

4. 根据图 3-56 所提供的顺序功能图，编写具有两种开始选择条件的分支结构梯形图程序。

5. 根据图 3-57 所提供的顺序功能图，编制具有两种不同返回方式的分支结构梯形图程序。

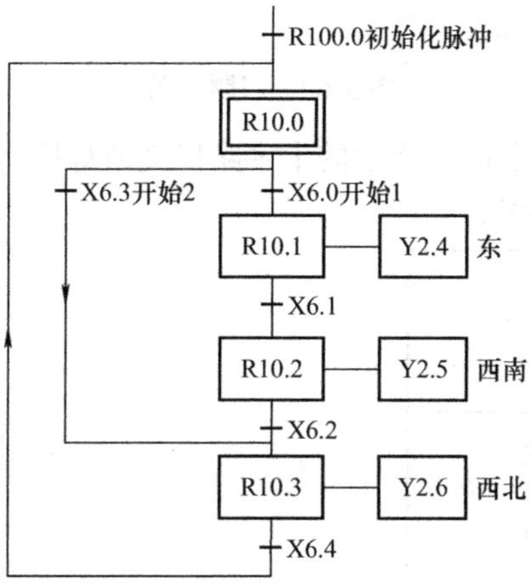

图 3-56　习题 4 图

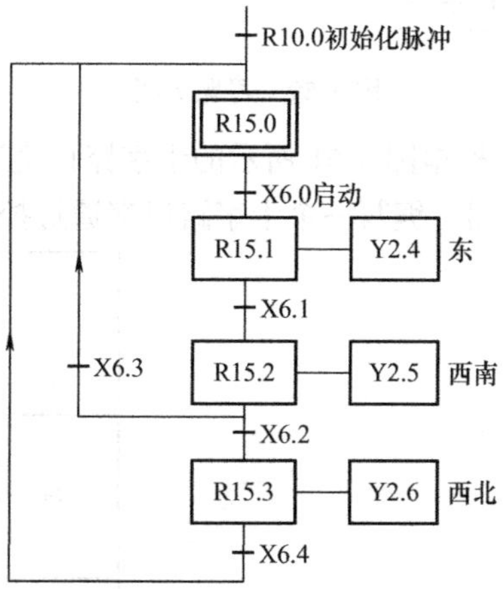

图 3-57　习题 5 图

6. 根据图 3-58 所提供的顺序功能图，编写具有四个分支条件的梯形图程序。

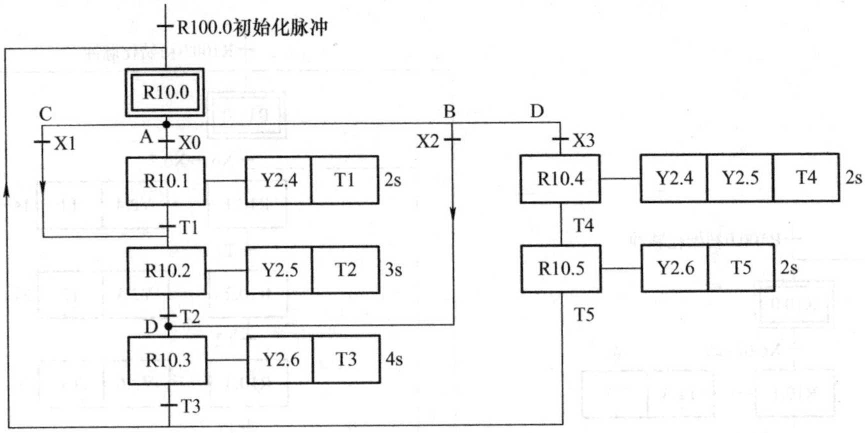

图 3-58　习题 6 图

7. 根据图 3-59 所提供的顺序功能图，编写具有顺序和并行功能的梯形图程序。

8. 根据图 3-60 所提供的顺序功能图编写梯形图程序，注意 X 信号上升沿和下降沿的实现方法。

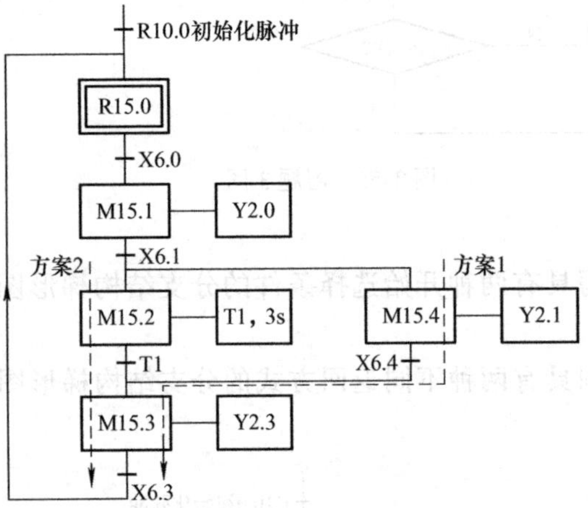

图 3-59　习题 7 图

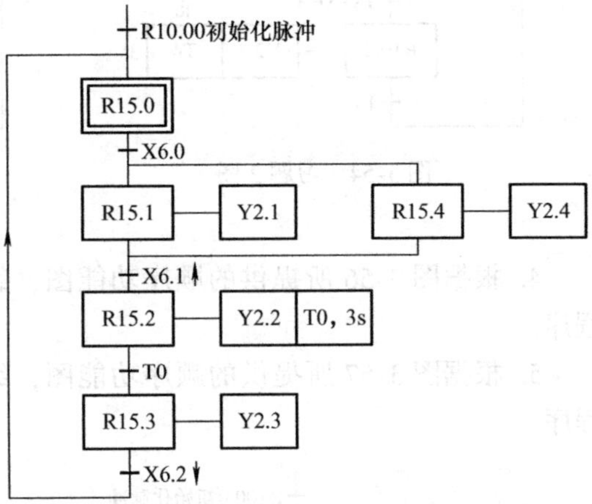

图 3-60　习题 8 图

9. 根据图 3-61 所示的十字路口交通灯的安排和图 3-62 所示的十字路口交通灯控制的顺序功能图，编写一个十字路口交通灯控制的梯形图程序。

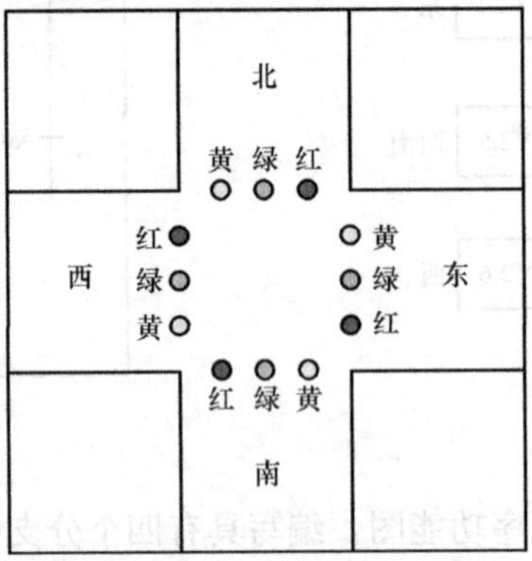

图 3-61　十字路口交通灯的安排

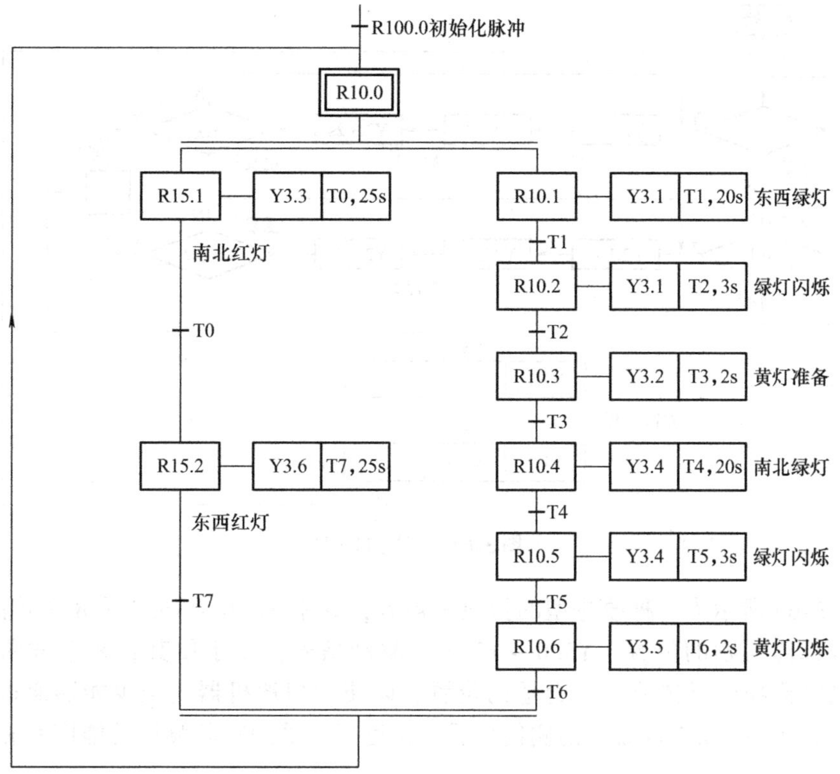

图 3-62　十字路口交通灯控制的顺序功能图

10. 根据图 3-63 所提供的顺序功能图和输入/输出定义，编制状态转换控制的梯形图程序。

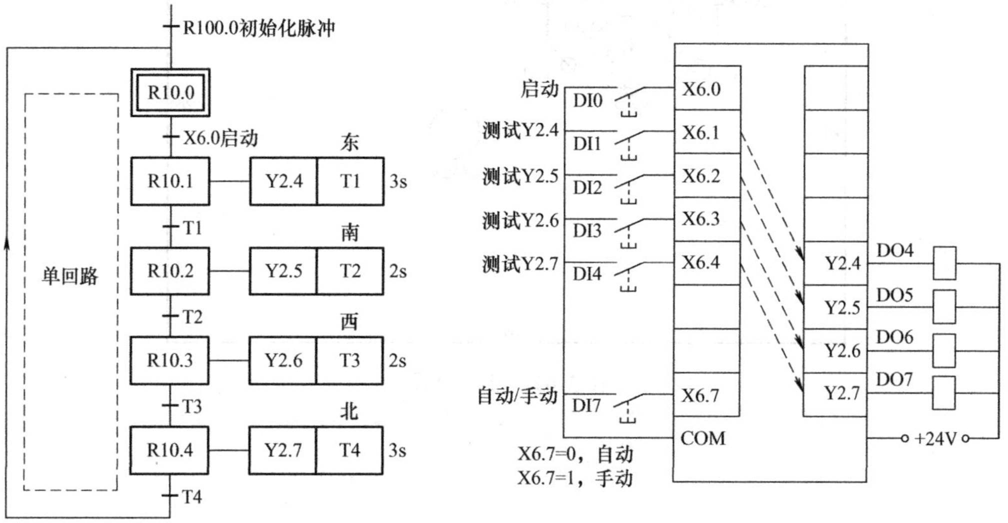

图 3-63　习题 10 图

11. 根据图 3-64 所提供的混合顺序功能图，编写合理的梯形图程序。

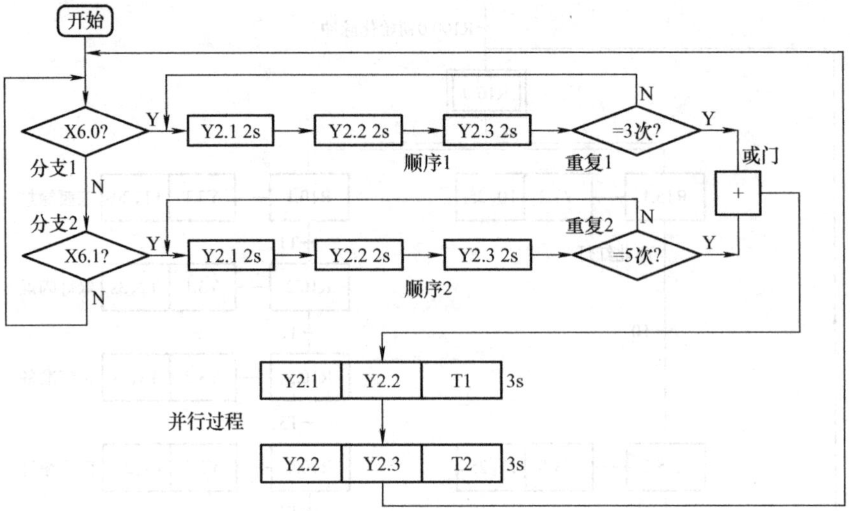

图 3-64　习题 11 图

12. 图 3-65 所示为一种改进型的扫地机器人，其中 X6.0～X6.7 是 8 个传感器信号，用于感知外部障碍物的位置，Y3.0～Y3.7 是驱动信号，用于使其在 8 个方向上进行行走，图中的障碍物可以选取一个合适的位置，以便于扫地机器人至少能够通过一次，如果不能通过，则在 X6.2 接收到南侧信号后终止运行。试编写其顺序功能图和相应的梯形图程序。

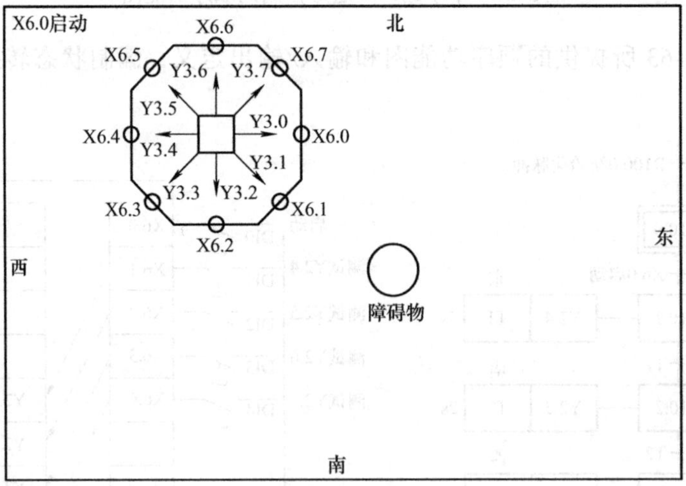

图 3-65　习题 12 图

第 4 章 数据处理——以手部控制力竞赛为例

为了解决学生在机床电气组装与调试过程中因用力过猛将螺钉拧断或因用力不足导致设备故障停机的实训难题，研究和设计了手部控制力测试装置。该装置提供两种测试方法：第一种是静态时间测试法，操作者以机器设定值为参照进行手部触觉测试，两者之间的偏差越小则表明成绩越好；第二种是可变数值测试法，即每次的参数设置是不同的，这是一种以某种曲线拟合为特点的动态测试。两种测试方法均需通过数学建模与相关性分析来确定最终结果，相关系数越高，成绩越好。从不同类型测试者（包括小学生、中学生和大学生）的测试和竞赛结果来看，测试结果与学生的综合能力，包括手部控制力、身体协调能力、事件注意力等方面的特质呈现很好的相关性。

通过以上分析可知，这里要解决的是两个选手之间对应的数据处理问题。对于其中一个选手，设其操作的次数为 x_i，操作的结果为 $f(x_i)$，对于给定的函数 $y=f(x)$ 和 m 个数据点（x_i,y_i）的一个集合，对整个集合极小化最大绝对偏差 $|y_i-f(x_i)|$，即可确定函数类型 $y=f(x)$ 的参数，从而极小化数量

$$\text{Maximun}|y_i-f(x_i)| \quad i=1,2,\cdots,m$$

这一准则通常称为切比雪夫（Chebyshev）近似准则。进一步地，可以写出极小值表达式，即

$$\min = \sum_{i=1}^{m}|y_i-f(x_i)| \quad i=1,2,\cdots,m$$

该准则是解决数据处理问题的数学基础。

4.1 任务描述

现将这个抽象的数学问题转化为一个具体的实例。图 4-1 所示为两个选手的比赛样本值分布示意图。其中，目标设定值为 1000ms，假设每个选手有四次按下按键的机会，这样每个选手就采集了四组样本数据，图中的小黑点分布于给定直线的两边，特殊情况下可能会刚好落在直线上。这些小黑点离直线越近，说明选手所实现的操作值与给定值之间的偏差越小，则该次成绩越好，反之亦然。经过四次比较后，偏差小者为胜利者。

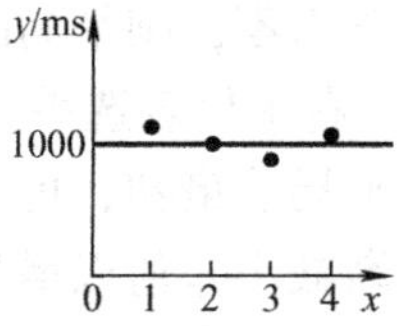

a) 选手1样本值分布

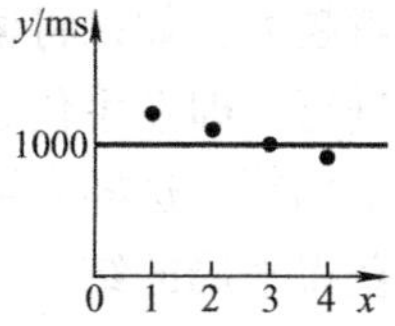

b) 选手2样本值分布

图 4-1 两个选手的比赛样本值分布示意图

1. 程序编写过程的描述

由于这个程序比较复杂，所以在正式编写程序之前可以先绘制一个流程图（图 4-2），其能够表达该程序的编写思路，也能够准确地指导编码工作。流程图可以依据从上到下、从左到右的原则来绘制。初始化是指机器上电后会产生一个短脉冲，用于对计数器及其他一些

内存单元清零；然后开始采集各个选手的数据，如果没有按下数据采集按键，程序是不会往下执行的，也就是说这里要编写成查询状态；这四组样本数据采集完毕，首先求出各选手的数据总和值并保存，接着求出各自样本的平均值；然后计算各个选手的平均值与给定值之间的偏差，最后对这两组偏差平均值进行比较，小者为胜利者。为了增加比赛气氛，采用信号灯来显示不同的比赛结果：选手 1 为胜利者时显示黄灯，选手 2 为胜利者时显示红灯，两选手平局时显示全部三色灯：黄灯、绿灯和红灯，延迟若干秒后停止。

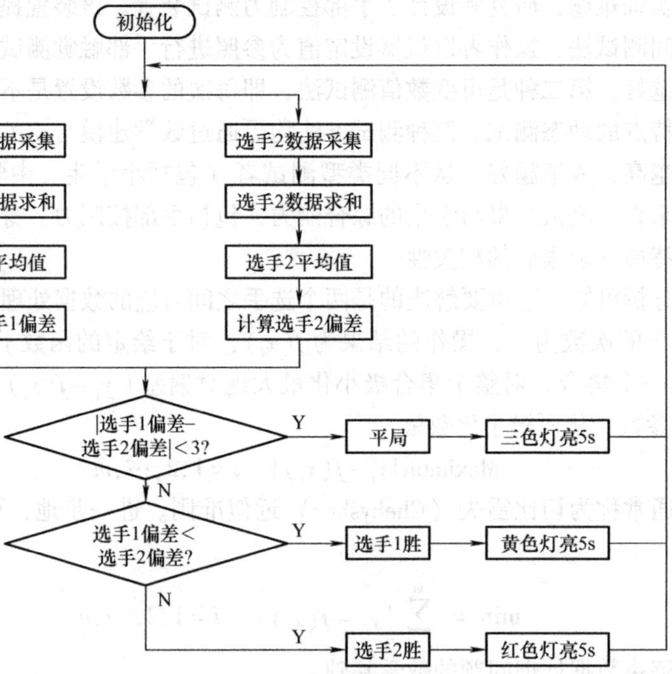

图 4-2　流程图

2. 关于平局问题的说明

由于两个选手最终进行的是偏差值的整数比较，两者完全相等的概率非常小。为了增加比赛的趣味性，可以自由设定两者之间的偏差，偏差值设置得越大，两个选手获得平局的概率就越大，如果将偏差值设置为零，则平局的概率为最小。另外，这个游戏也可以由一个人来进行，即左手代表选手 1，右手代表选手 2，如果两只手控制的数值非常一致，但不一定完全相等，这样有可能获得平局。最初，可以将平局的差值设置得稍微大一些，这样比较容易获得平局的结果，然后逐渐减小差值以增加难度。通过这样的训练，可以很好地控制两只手的触摸时间，以获得观察、触摸和大脑间微妙平衡的有效训练。

4.2　数据结构的安排

由于涉及样本的数据采集和计算，因此需要对数据存储单元进行合理的分配。FANUC 数控系统在进行整数运算时可以采用 1 ~ 4 字节的存储方式。由于该例的数值不是很大，可以采用两字节的整数运算，这样不但可以满足基本运算的精度和数值表达范围，也便于在有限的空间内进行数据结构的安排。表 4-1 列出了内存数据安排，由于这些数据并不是一次就可以考虑周全的，一般可以一边编写程序，一边对变量表进行完善，只要是程序中用到的数值变量，都要写进表4-1中，以便于查考。同时，该程序编辑器能够处理西文的地址变量和相应的符号变量，宽度均为8个ASCII字符。在程序编写过程中，这些符号变量建议用英文单词或者汉语拼音标注其含义，从而“见名识意”，以便于阅读程序并迅速理清编制程序的思路。

表4-1中，序号1~4是记录选手1的四次按键时间，序号5~8是记录选手2的四次按键时间，这些数据称为数据样本，为后面的数值运算做准备。序号9和10用于存放每局的比赛次数，如该任务的两个单元均设置为四次，也就是说，在每局比赛中，一个选手只能有四次按键的机会。备注栏内有对延伸变量的进一步说明，这些变量是用来传递信息或说明计算方法的。其他相关变量在表4-1中已经进行了基本的说明，结合后面的程序编制，将对这些变量有进一步的理解。

编制一个合理的变量表是编写复杂程序所必须要做的准备工作。梯形图程序的编制在入门阶段似乎比较容易，但随着所要解决问题的日趋复杂化，数值变量的定义就显得非常重要。在编写梯形图程序时，对其变量的定义、引用和注释等并不像C语言那样方便，从而使得大型程序的编写和调试变得更加复杂和难以处理，比较好的方法是一边写程序，一边编写所需要的注释和文档材料，以便时刻有效地把握总体和细节方面的问题。

表4-1　内存数据安排

序号	地址	作用	备注
1	C0002~C0003	选手1第一次时间存储（1号计数器）	延伸：R10.0指针1_1
2	C0006~C0007	选手1第二次时间存储（2号计数器）	延伸：R10.1指针1_2
3	C0010~C0011	选手1第三次时间存储（3号计数器）	延伸：R10.2指针1_3
4	C0014~C0015	选手1第四次时间存储（4号计数器）	延伸：R10.3指针1_4
5	C0018~C0019	选手2第一次时间存储（5号计数器）	延伸：R10.4指针2_1
6	C0022~C0023	选手2第二次时间存储（6号计数器）	延伸：R10.5指针2_2
7	C0026~C0027	选手2第三次时间存储（7号计数器）	延伸：R10.6指针2_3
8	C0030~C0031	选手2第四次时间存储（8号计数器）	延伸：R10.7指针2_4
9	C0032	选手1的比赛次数设定（9号计数器）	默认设置为5（从1开始计数）
10	C0036	选手2的比赛次数设定（10号计数器）	默认设置为5（从1开始计数）
11	C0034	选手1的当前次数	在1~4范围内变化
12	C0038	选手2的当前次数	在1~4范围内变化
13	D0080	暂存单元1	选手1求和1
14	D0082	暂存单元2	选手1求和2
15	D0084	暂存单元3	选手1求总和
16	D0086	暂存单元4	选手1平均值
17	D0088	两选手偏差值之差	偏差=|偏差1-偏差2|
18	D0090	暂存单元5	选手2求和1
19	D0092	暂存单元6	选手2求和2

（续）

序号	地址	作用	备注
20	D0094	暂存单元7	选手2求总和
21	D0096	暂存单元8	选手2平均值
22	D0098	平局设定值	暂时设置为2
23	D0100	目标值设定	目前设置为1000ms
24	D0102	选手1：平均值与设定值之差	偏差1＝设定值－选手1平均值
25	D0104	选手2：平均值与设定值之差	偏差2＝设定值－选手2平均值

4.3 数据采集的方法

当一位选手按下指定按键时，屏幕上的时间数值开始跳动，当选手松开按键时，该数据停止跳动，这样就采集到了一个样本数据。数控系统中定时器的工作形式是，线圈接通时当前时间开始跳动，定时器线圈失电的一瞬间，数据回零。由此可知，定时器中的数据只能观察，不能被直接引用，因此要想捕捉到这个数据就变得非常困难。为了采集时间值，这里采用计数器来计量时间，这样可以“冻结”当前数据，在松开按键的下降沿读取当前数据并存入到指定存储单元。

4.4 数值计算方法

该任务还涉及数据传输、减法、加法、除法以及数值的大小比较等多种计算功能。表4-2列出了计算用的功能模块，并依次描述了这些模块在程序中的作用，其都是基于整数进行工作的。

表4-2 计算用的功能模块

序号	功能号	功能名	功能	程序中的作用
1	SUB5	CTR	计数与保存数值	将样本数据存入指定单元
2	SUB37	SUBB	整数减法	求得每次比赛的偏差值
3	SUB36	ADDB	整数加法	所有偏差值相加
4	SUB214	GED	整数大于或等于比较	正偏差比较
5	SUB217	LED	整数小于或等于比较	负偏差比较
6	SUB39	DIVB	整数除法	求得偏差平均值

4.5 任务的改进

为了增加游戏的难度，这里将设定值由固定值改变为变化的数值，以考验被测者的临场应对能力。这些设定值的变化规律是800、1600、…、4800，也就是以800为起始数据，增量为800的一组线性变化的数据，图4-3所示为两个选手的数据拟合曲线示意图。如果被测者的样本数据有很大的变化，则读者可以根据这些规律重新修改程序。

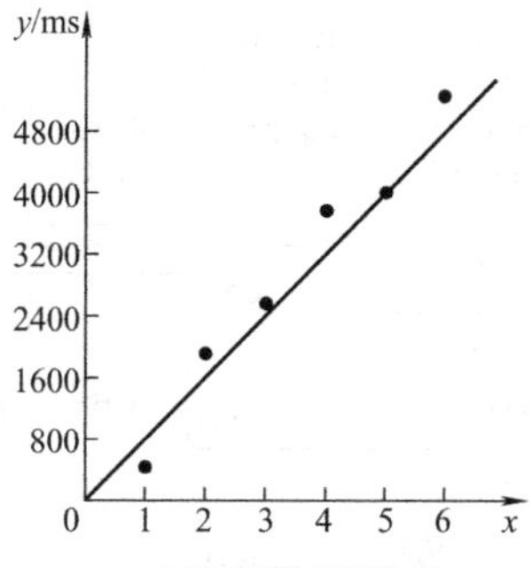

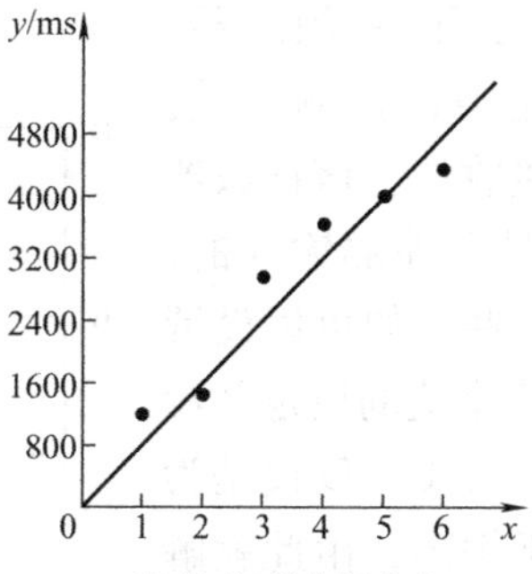

图 4-3　两个选手的数据拟合曲线示意图

4.6　程序编制概要

前面已经介绍了数据结构的安排、数据采集的方法以及数值计算方法，本节将介绍该数控系统所提供的输入/输出信号接口、基本语句以及功能语句的使用方法，并将控制算法和具体的梯形图语句结合起来，以更好地实现所需要的功能。

4.6.1　输入/输出信号定义

该任务需要编写由两个选手参加比赛的游戏程序，每个选手拥有一个时间采集开关，其功能是：按下按键，显示当前数据的变化情况；松开按键，该数据停止跳动，同时该数据被存入到指定单元并进行数据运算。另一个按键是清除时间开关，按下该按键之后，当前的时间值被清除，以便为记录下一个时间准备好空间。输入/输出信号的含义见表 4-3。

表 4-3　输入/输出信号的含义

序号	输入信号	含义	输出信号	含义
1	X2.7	选手 1 时间采集开关	Y3.1	选手 1 胜利
2	X10.3	选手 2 时间采集开关	Y3.3	选手 2 胜利
3	X11.7	选手 1 清除时间按键	Y3.1，Y3.2，Y3.3	平局
4	X0.2	选手 2 清除时间按键		
5	X2.1	中途强制程序重新开始		

4.6.2　如何记录当前时间

由 4.3 节的分析知，该任务采用计数器来获得时间值。首先设置一个时间分辨率为 1ms 的振荡器，该振荡器的信号可以作为计数器的输入端，如果计数器当前得到的数据是 100，则表明当前的时间为 100ms，显然，该振荡器是受按键控制的，当按键按下时振荡器工作，反之则停止，这样就解决了当前时间的记录问题，图 4-4 所示为记录当前时间的梯形图程序。在 B1 模块中，X2.7 为选手开关，当按下按键时，虚线框中的振荡器开始工作，脉冲信号由 R99.6 输出，其振荡周期为 1ms，该信号可以被后面的计数器所接收，当松开按键时振荡器停止工作。B2 是计数器模块，SUB5 是外置式计数器，便于在数控单元上监视该计数器的数值状态，X11.7 为选手 1 的清除时间按键，当本轮比赛结束时，可以按下该按键，从而清除四个历史数据，为下一轮比赛开始做准备。R10.0 是条件控制开关，ACT 为计数器脉冲接收端，该计数器的上限时间设置也是在外部输入的，一般将其设置得高一些，如可以设置成5000，实际上，这个值的设定并没有特定的对外输出的含义，仅仅是为了抑制时间的非正常溢出，由此就解决了一个选手的一组当前时间的记录问题。

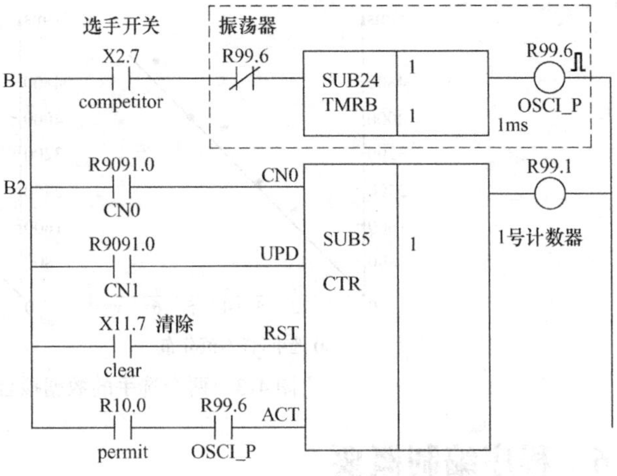

图 4-4　记录当前时间的梯形图程序

4.6.3　如何保存时间

每个选手有四次按键操作机会，每次都要求在不同的地址中记录下按键的接触时间，这些时间量是后面的数据处理所需要的样本，因此数据的正确存储是非常重要的。以选手 1 为例，首先要设置一个计数器，以便记录该选手操作的次数，然后以次数为依据，设置一条指针，该指针将指向一个特定的单元，显然，不同的次数指向不同的单元，这样就可以解决选手的数据处理问题。图 4-5 所示为选手 1 的数据保存程序段。

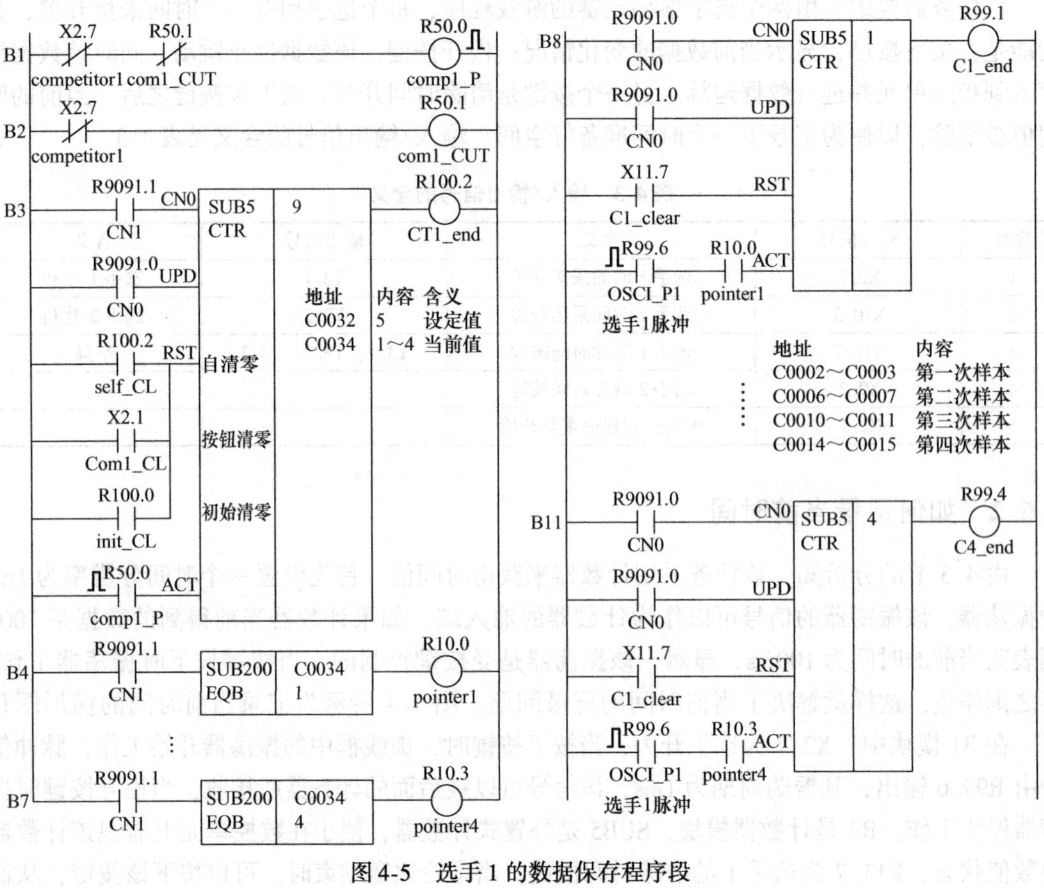

图 4-5　选手 1 的数据保存程序段

其中，B1 和 B2 模块用于记录选手按下按键的次数，在选手松开按键时 R50. 0 发出一个脉冲给 9 号计数器，也就是说，无论按下多长时间，该按键都可以用来测量接触时间，梯形图程序如图 4-4 所示，因此这段程序具有两种功能。B3 是一个外置式计数器，编号为 9，将 CN0 设置为“1”，表示计数器从 1 开始计数；UPD 设置为“0”，表示其是增计数；RST 为清零端，清零方式有三种：第一种方式是自清零，每次游戏的正常结束都采用该方式清零，第二种方式是游戏中途强制清零，游戏重新开始，第三种方式是机器初始上电时清零；ACT 端为计数器入口，接收的是跳变的脉冲信号，由于采用的是 9 号计数器，所以 C0032 存放的是计数器设定值，这里设置为 5，由于初始值为 1，其意味着该计数器动作值为 4，计数器溢出后通过 R100. 2 对外发出信号，表示该选手完成规定的次数。C0034 用于记录选手按下按键的次数，其数值范围是 1 ~ 4。B4 ~ B7 为数值比较模块，以 B4 为例，由于 C0034 存放的是当前按下按键的次数，1 是比较值，如果两者相等，则 R10. 0 线圈有效，称其为指针，通过该指针使 1 号计数器存放第一次按下的时间，地址是 C0002 和 C0003，同样，可以存入第二次、第三次和第四次数据。选手 2 的梯形图程序在结构上也是如此，只是操作地址发生了变化。

4. 6. 4 数据求和及求平均值

将选手的样本数据存入指定的单元后，就可以对其进行数据处理了，依据流程图（图 4-2）的要求，一般先进行数据求和，再求平均值，图 4-6 所示为选手 1 的求和与求平均值计算程序段。

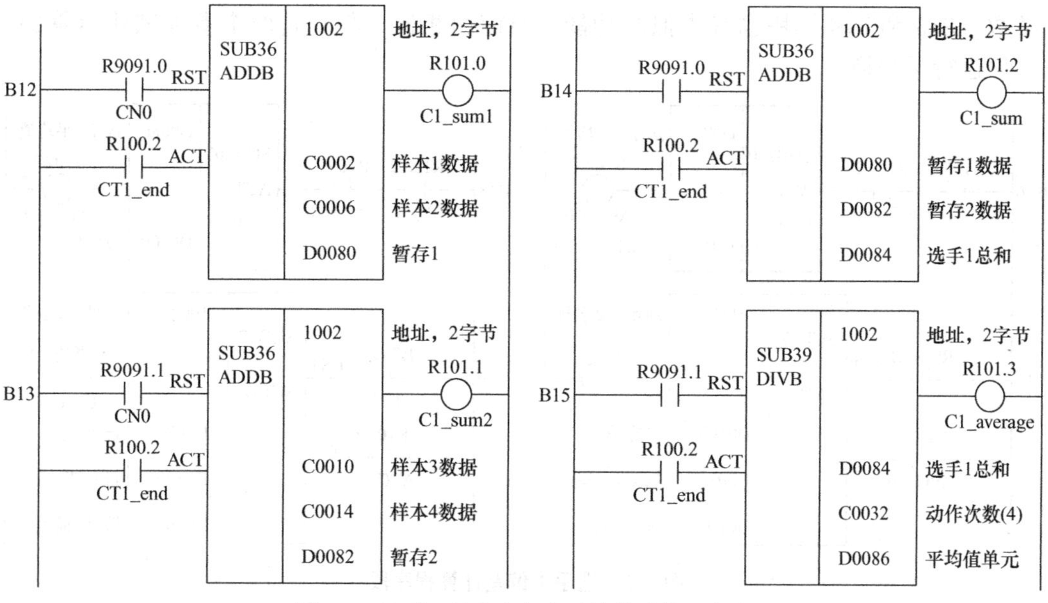

图 4-6 选手 1 的求和与求平均值计算程序段

对于 B12 模块来说，SUB36 是二进制加法模块，RST 设置为“0”表示不进行复位操作，ACT 为控制端，R100. 2 是前期生成的控制信号，其含义是四个样本数据采集已结束，现在允许进行数学处理。1002 为模块控制字，其中 1 表示该模块的计算采用地址访问，00 是固定格式，2 表示参加运算的数据是 2 字节的，C0002 为被加数，C0006 为加数，这两个数的求和结果存放在 D0080 中。同理，B13 模块计算出第 2 组求和数据，B14 模块计算出选手 1

的数据采集总和，B15模块是整数除法，被除数是选手1的数据总和，除数是4，计算出的平均值存放在D0086单元中。选手2的程序段在结构上与之相同，只是操作的数据对象不同。

4.6.5 计算偏差值

计算偏差值的目的是检查选手所操作的结果值与设定值之间所相差的数量，在两个选手之间进行比较时，以偏差值小者为胜利者。计算偏差值的数学公式为

$$Y = |SD - \bar{A}|$$

其中，Y代表偏差绝对值，SD代表设定值，$\bar{A}$代表选手四次操作的平均值。

图4-7所示为选手1偏差计算程序段。为了阅读方便，图中的各个变量都注解了具体的含义。该系统中具有整数型的基本算术运算，但是并没有提供绝对值运算，当遇到被减数小于减数时只能得到负数，因此，该程序的编写思想是要对两个参加运算的数据进行大小的比较，如果遇到被减数小于减数则需要交换两个数据的位置。B16模块中，SUB210是对两个数据进行小于判断的模块，其控制条件由ACT决定，R108.2表示选手1的所有数据求和完毕，同样地，R109.2表示选手2的所有数据求和完毕，因此，这是一组时序控制信号，该比较运算只有在之前的工作完成后才可以进行。D0086存放的是选手1的采样平均值，D0100存放的是设定值，当D0086中的数据小于D0100中的数据时，R102.0线圈有效，可以由该信号去控制下面的减法模块，即B17模块，其方向是设定值（大）减去选手1平均值（小），结果存放在D0102单元中，这样可以保证偏差值一定是正整数。B18和B19模块也有类似的功能，与前面相比，其只是两个参加减法运算的数据顺序进行了交换。

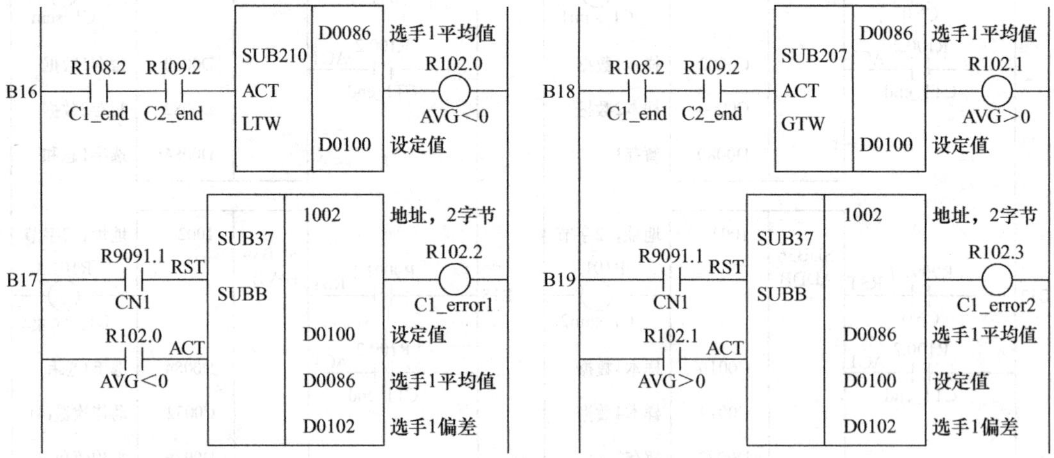

图4-7 选手1偏差计算程序段

4.6.6 输出比赛结果

该游戏的比赛结果分为三种情况：平局、选手1获胜或者选手2获胜，其结果是唯一的。在结果中，除了可以看到数值结果外，为了形象起见，这里还根据现有的设备设置了指示灯。如果黄色灯、绿色灯和红色灯全亮，则结果为平局；仅黄色灯亮表示选手1获胜；仅红色灯亮表示选手2获胜。为了使指示灯能够正确显示结果，应提前编制好三种情况的逻辑

控制程序。这里仅以平局情况为例来说明编写程序的方法，图4-8所示为游戏平局程序段，其他情况以此类推。

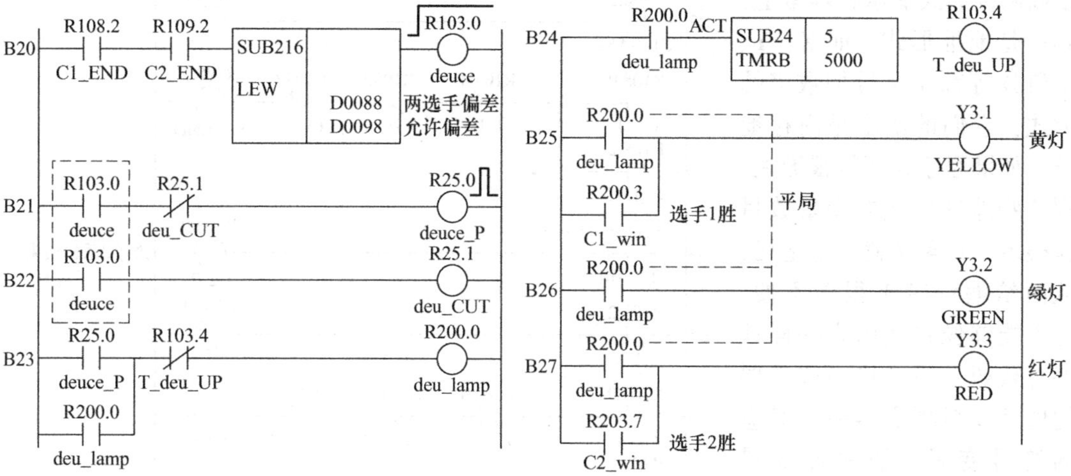

图4-8　游戏平局的程序段

B20是数值比较模块，其中R108.2和R109.2为控制条件，其含义为数据采集结束，SUB216为数值小于（含等于）比较模块，被比较的数据为两个选手之间的偏差值与系统设定的允许偏差值（其难度可以自由设定），如果小于或等于允许偏差则为平局，这时R103.0输出的是持续高电平信号，为了避免该信号对后续逻辑的非正常影响，通常可以将其转换成短脉冲信号，因此B21和B22模块将其转换成瞬间短脉冲信号并从R25.0输出；B23和B24模块组成了5s延迟的输出控制信号，通过R200.0去控制后面的三色灯；B25～B27为指示灯输出模块，图4-8中已经标出各种情况的控制方法。

4.6.7　时序逻辑讨论

1. 关于时序分配

该任务除了涉及数值计算外，还有一个需要引起重视的问题，即时序逻辑分配。如果该问题处理不当，则可能会出现比赛还未结束，比赛结果就已经出现在屏幕上的不合理现象。时序逻辑关系编制的依据是前述的流程图（图4-2），其基本原则是前一任务的结束是后一任务开始的条件，同时也要考虑到可能的并行情况。

下面以选手数据采样结束并启动后续计算为例来说明时序控制逻辑程序的编写方法，如图4-9所示。B1、B2和B3是短脉冲信号处理模块，R100.2是选手1数据采样结束信号，其来源是计数器的溢出控制信号，这里通过该模块将其整形成宽度非常狭窄的脉冲信号R108.0，作为下一工作阶段的启动信号，其输出结果存放在R108.2线圈中，这个信号是可以条件持续的，在该信号的作用下可以支持后续的求和、求平均值、求偏差以及数值比较等，它的结束条件是R103.4、R103.5和R103.6。这三个信号是游戏指示灯停止信号，也就是说，只有待游戏结束时，这个持续信号才结束，因此，这个过程是由短脉冲转换成了长的稳定电平信号，从而使前后工作正确切换。模块B4、B5和B6是选手2的时序分配模块，这里不再赘述。

2. 关于变量的命名

梯形图程序内的变量可以以两种形式显示在屏幕上，其一是地址形式，如 X、Y、R 和 D 等都是字母加数字的形式，它们的本质是内存地址，如果程序编写得很庞大，则这些地址形式的变量数目就很多，其含义就不易记忆，从而给编程带来很多不便。为了能够像自然语言一样地书写代码，一般将一些重要的地址变量再命名一个对应的符号变量，如地址变量 X2.7 是选手 1 的按键，其符号可以简写为 C1，其中 C 为 Competitor（比赛者）的首字母，同样，地址变量 R100.2 可以命名为 C1_SAM，其含义是选手 1 的数据采集（Sample）。有时这种“见名识意”的变量命名可以触发编程人员编写出更有效率的代码。

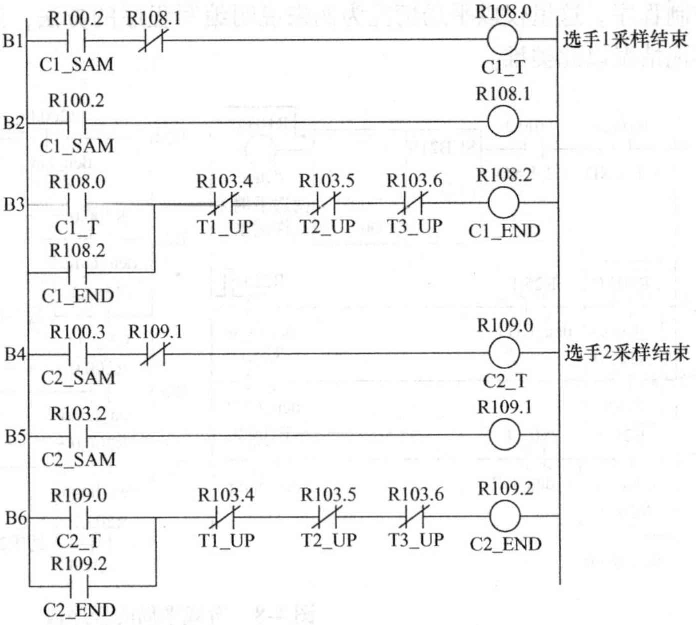

图 4-9　根据时序逻辑编写的程序段

习　题

表 4-4 所列为某游戏者手部控制力竞赛的原始数据，共进行了 6 次比赛，其设定值是要求游戏者在游戏进行过程中所操作的值，按照增量方式设定，每次都不一样，以增加游戏的难度，初始值为 800ms，以后依次以 800ms 递增，因此最后一个设定值是 4800ms，实际值是游戏者实际操作的值，偏差值是设定值与实际值相减的差值，该值越小，表明成绩越理想。试将设定值、实际值和偏差值绘制成散点图曲线，并对偏差值求出如下形式的高阶多项式方程：$P_m(x) = a_0 + a_1x + a_2x^2 + \cdots + a_mx^m$

其中，a_0、a_1、…、a_m 为待定系数，需要根据具体的数学模型来确定，并根据该模型的情况对游戏者的比赛数据进行分析。请在教师的指导下完成。

表 4-4　某游戏者手部控制力竞赛的原始数据

序号	设定值	实际值	偏差值
1	800	900	-100
2	1600	1500	100
3	2400	2300	100
4	3200	3215	-15
5	4000	3920	80
6	4800	4750	50

第5章　顺序功能图的改进——以液压动力滑台控制算法的改进为例

第3章曾经讨论过状态转换处理过程中的一些缺陷问题，主要表现在手动测试完毕而转换到自动时，其自动过程的执行是重新开始的，而在许多情况下则要求从“断点”处返回并继续往下执行，这个处理过程就复杂一些。一方面，在真正的数控系统中，处理这样的问题比较方便，因为它可以借助数控系统提供的G和F信号来识别工作模式；另一方面，在组合机床中，由于该类机床属于专用机床，考虑到成本，其上并没有安装完整的数控系统，取而代之的是普通的可编程序控制器，因此两者之间的无扰动切换就变得比较复杂。现以液压动力滑台为例来说明如何在这类系统上实现合理的状态切换。

液压动力滑台是组合机床的通用部件，其上安装有各种旋转刀具，通过液压传动系统使滑台按一定的动作循环完成进给运动。由于许多组合机床只是完成一些特定或单一的加工任务，本身并不带有真正意义上的数控单元，其控制系统通常由普通的可编程序控制器（或单片机）外加一些位置信号开关、继电器和接触器等元件组成，这些控制系统的功能设计、面板形式以及操作方法都是客户与开发者共同制订的，许多装置存在精度不高、柔性差和控制水平不高的问题。目前比较普遍的缺点是自动循环与手动操作方式之间的任务分配或切换过程不够合理，操作不当时会造成生产事故。

顺序功能图是人们编制组合机床液压动力滑台梯形图程序的一个重要依据，因为顺序功能图可以清晰地表达各个工作步的内容和控制变量，是各方现场工作人员普遍可以接受的表达控制思想的工具。但是，现有的顺序功能图也存在致命缺陷，即无法写出“自动循环”与“手动操作”之间的一般表达方法。许多情况下，工程技术人员是以经验法来编写程序的，存在一定的隐患。

经过大量的文献研究，在该领域的研究主要集中在两个方面：一方面是讨论顺序功能图的通用性、可靠性、高效性以及在一些工业现场推广的案例；另一方面，也有一些文献以某种控制器为例讨论了“自动循环”与“手动操作”之间的转换性，但其采用的是该控制器的特殊语句，而这种语句是其他控制器所没有的，具有不可移植性，因此不具有一般性的特点。综述现有相关文献，在顺序功能图的一般意义上讨论状态转换还存在着研究空白点。

本章以现有的顺序功能图为理论基础，以液压动力滑台典型工作步为实验观测对象，其研究目标是将“自动循环”与“手动操作”嵌入到现有的顺序功能图体系中，从而形成更具有一般意义的表达方式，并依据这个表达方式编制出可以正确执行的梯形图程序，将程序编制的“个性”问题转化成在顺序功能图平台上讨论工艺合理性的“共性”问题，以提高梯形图的安全性、透明性和可追溯性。

为了研究当前一些液压动力滑台控制系统存在的问题，这里给出了一种比较常见的设备组织方式进行案例分析，如图5-1所示。待加工的工件由卡盘夹紧并在电动机的带动下做旋转运动，液压马达将液压油的压力和流量转换成角位移，通过丝杠使工作台前进，通过刀具切削工件，当到达端点时通过时间延迟并后退，回到原始起点后停止运行。为了方便分析问题，图5-1略去了液压泵工作站的油箱、液压泵以及电磁换向阀的具体信息，只绘出了目标电磁阀线圈 YV1、YV2 和 YV3，而 SQ1、SQ2 和 SQ3 则分别表示工进开关、快退开关和起始位置开关，这两部分信号均由可编程序控制器控制和采集。梯形图程序编制得是否合理关系到工作台的运行性能，甚至关系到其设备的安全性。

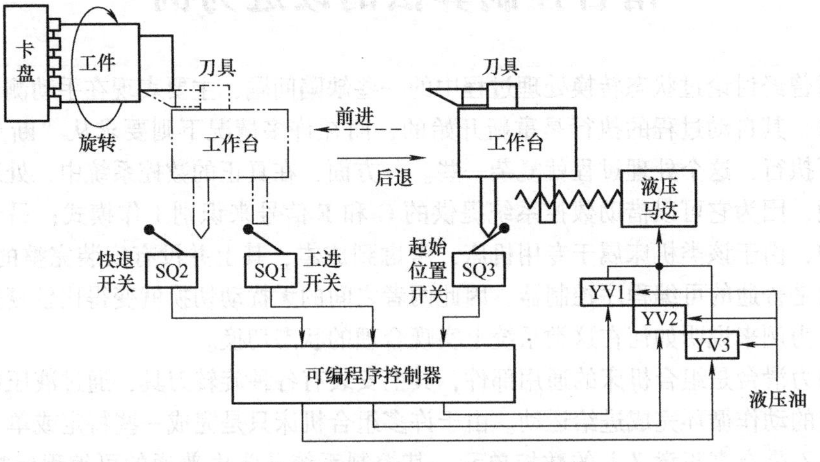

图 5-1　液压动力滑台工艺流程图

尽管这里采用的是独立式的可编程序控制器，但为了确保梯形图具有通用性和可移植性，此后的程序仍使用最基本的元件，如常开节点、常闭节点、线圈和定时器等，而并不使用数控系统特有的 G 和 F 信号，以使现在讨论的问题具有普遍的适用性。虽然这样做会增加程序的复杂性，但对于使用价格低廉的通用控制器来装备组合机床是合适的，这样可以使组合机床获得比较高的性价比。

5.1　任务描述

1. 自动循环过程描述

当滑台处于起始位置时，按下启动按键，滑台快速前进，此时油路的流量到达最大；当碰到工进开关 SQ1 时，滑台转入工进状态，此时液压油流量减小而适合加工工作，这时安装在工作台上的刀具开始对工件进行切削；当碰到快退开关 SQ2 时加工过程完成，经过适当延迟，工作台开始快速后退；当碰到起始位置开关 SQ3 时，表明工作台再次回到起始位置，周而复始。

2. 电气控制描述

滑台工作方式允许设置为“自动循环”与“手动操作”，两者之间为无扰动切换；允许在紧急情况下终止当前任何一步操作；允许在自动循环方式下转为手动单步操作，并在该断点处返回自动操作，直至当前自动循环方式终止。

5.2　顺序功能图的实现方法

顺序功能图主要由步、有向连线、转换、转换条件和动作（或命令）组成。根据这个原则绘制出如图 5-2 所示的在 FANUC 数控系统 PMC 环境下的顺序功能图。这个顺序功能图的主要优点是便于编程人员和工艺设计人员之间交换信息，因为编程人员能够清楚地理解 M 信号、X 信号和 Y 信号的含义，而工艺设计人员也能够清楚地理解 SB 信号、SQ 信号、快进信号、工进信号以及快退信号的含义，但图 5-2 是一个单一循环结构，因此显示了其致命的缺陷：无法表达出自动循环、手动操作以及两者之间切换前后各个变量的状态。图 5-2 所示的顺序功能图只是针对正常情况下的“自动循环”而设计的，而在真正的工业现场，随时可能出现因设备故障而暂停当前的“自动循环”状态并且进入“手动操作”模式的情况，这里会形成一个所谓的“断点”，在此期间，技术人员需要处理现场故障，待故障处理完毕后，再由当前的“手动操作”转入“自动循环”，此时，控制系统应该从“断点”处继续往下执行程序，直至“自动循环”过程结束。

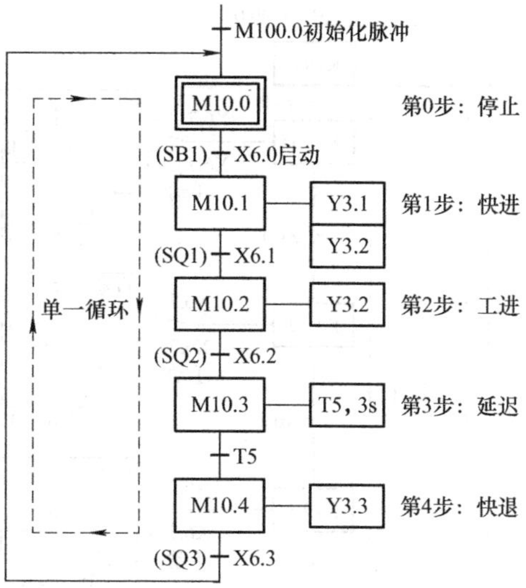

图 5-2　具有单一循环的顺序功能图

5.3　顺序功能图的重构

5.3.1　输入/输出变量的新增定义

由于顺序功能图存在着固有缺陷，现在需要对原有的顺序功能图进行重构设计，如图 5-3 所示。图中增加了三组重要的信号：第一组是自动与手动转换信号 X6.7，当 X6.7 =0 时呈现自动状态，当 X6.7 =1 时为手动状态；第二组是手动状态下的测试输入信号 X6.4 ~ X6.6，这些信号可以直接驱动目标电磁阀；第三组是各步状态保存信号 K19.0 ~ K19.4，与 M 信号相比，K 信号具有信息保持功能。这三组信号为顺序功能图的重新编写奠定了基础。

5.3.2　具有状态变化的顺序功能图的编制

以现有的 SFC 符号表达方式为基础，对液压动力滑台的顺序功能图模型进行重新设计是处理两种或两种以上状态之间切换的有效途径，这种途径可能不是唯一的，但是可以通过优化而达到工程应用的目的。图 5-3 是通过模型重构后的具有状态转换功能的顺序功能图。与具有单一“自动循环”功能的顺序功能图相比，图 5-3 的主要结构是一个虚拟步 K19.0 和四个动作步 K19.1 ~ K19.4，只是每个动作步中设置了两种状态，当转换开关 X6.7 设置为逻辑“0”时（向上接通），其执行一个自动循环过程，反之就是手动操作过程。显然，这个顺序功能图可以将实际工艺问题描述成两个状态或阶段，这是经典顺序功能图所没有的，为了增加状态转换的正确性和安全性，图 5-3 中将 X6.7 分成了两组，即 X6.7_1 和 X6.7_2，主要是为了保留当前变量状态，并实现两种状态之间的无扰动切换。图 5-3 中，在

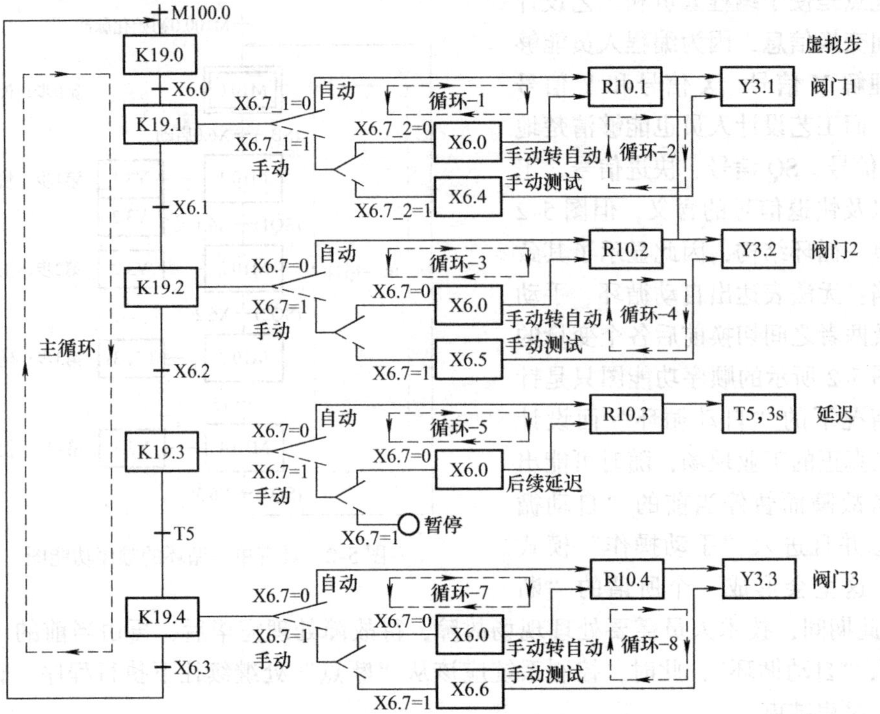

图 5-3　具有状态转换功能的顺序功能图

主循环的基础上，增加了微循环（编号为 1 ~ 8），这种插入微小循环的方式有效地解决了状态变量的保存问题。

5.4　算法验证

5.4.1　程序的编制

根据图 5-3 所示的顺序功能图算法可以编制出图 5-4 所示的梯形图程序，两者之间的转换符合 IEC 61131 - 3 国际标准。图 5-4 中共使用了 21 个独立的模块，其中 N1 和 N2 是机器首次上电的初始化模块，初始化短脉冲从 R100. 0 线圈发出；N3 是初始步设置模块，主要是使 K19. 0 线圈得电，为后续按下启动按键做好准备，同时，该模块还具有返回功能，返回点是 K19. 4，这一点与新编制的顺序功能图完全对应；N4 和 N5 为按键启动模块，其是一个复用模块，具有初始启动和暂停后再次启动两种功能，这样编制是为了实现手动和自动双向之间的正确切换；N6 ~ N8 为快进模块，其为这个过程的第一个实际步，而且这个步的编制方法与传统方法有很大区别，传统的编制方法仅仅是依靠 R10. 1 来传递控制信息，而这里则增加了一些新的变量来传递信息，其中 K19. 1 用以保存临时信息，R150. 1 用于传递状态转换前后的变化情况，X6. 7 为状态转换开关，开关断开时为自动状态，开关合上时为手动状态，这几个变量的配合使用是实现两种工作方式正确切换的关键；N9 ~ N11 为工进模块；N12 ~ N15 是时间延迟模块；N16 ~ N18 是快退工作模块，这三个模块的工作原理与工进模块相同，这里不再赘述；N19～N21是动作输出模块，其体现了用不同的控制方法来控制同一目标（阀门）的方法。图5-4中还标注了进一步的信息，以方便读者查询变量处理过程。

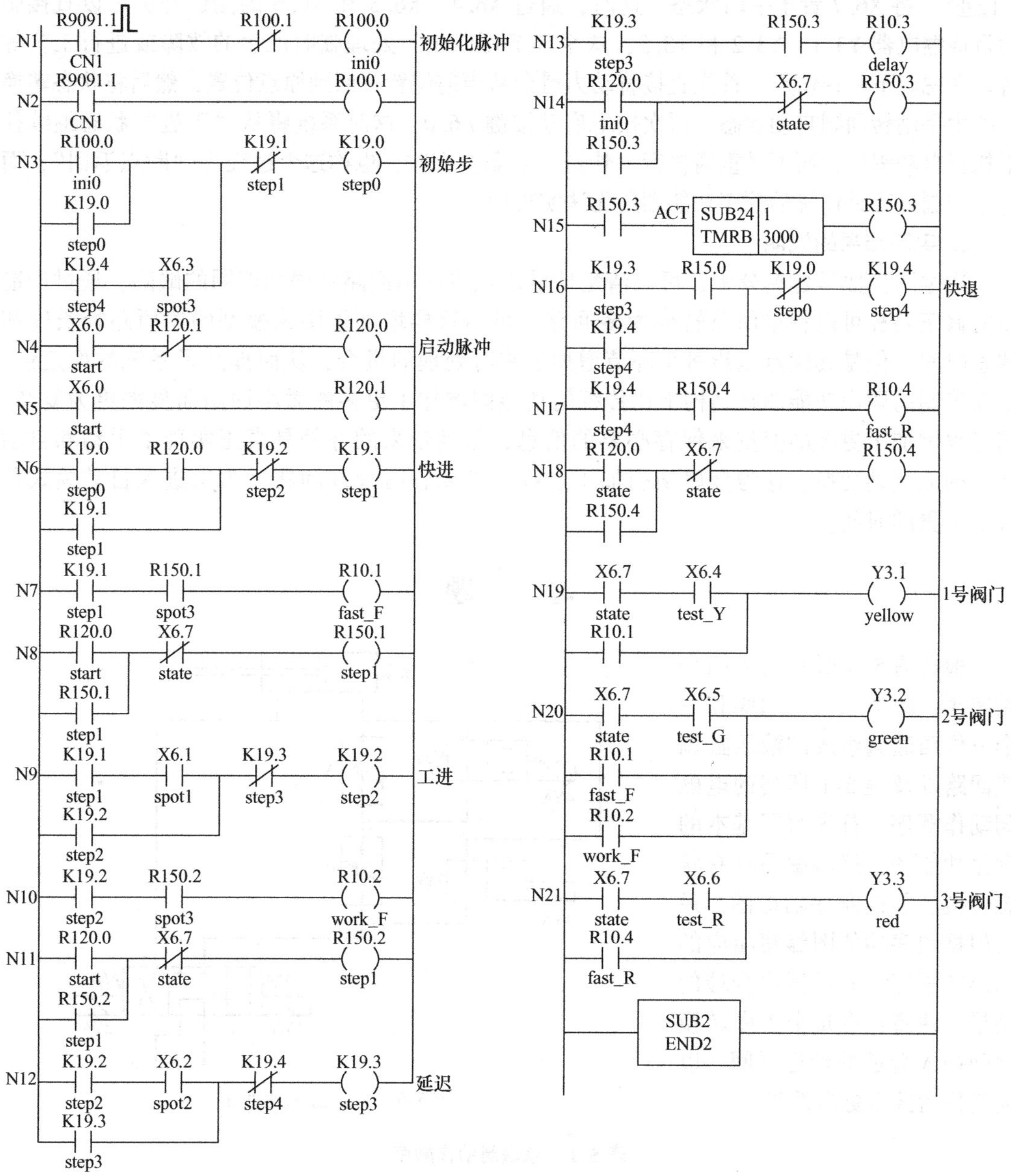

图5-4　具有状态转换功能的梯形图程序

5.4.2　动作验证与说明

1. 动作验证

将编制好的梯形图程序下载到数控单元的编辑区中进行编辑、调试并生成可执行程序，然后按照以下步骤进行动作验证。

1）自动循环状态的验证。将X6.7置于“自动”状态，按下启动按键X6.0，程序将执行自动循环过程：快进、工进、延迟和快退，然后回到初始状态，该动作可以反复执行。

2）自动转换成手动状态的验证。在自动循环的某一步，如第二步，该阶段的名称为“工进”，将 X6.7 置于手动状态，这时，通过 X6.4、X6.5 和 X6.6 的测试开关可以直接驱动目标继电器 Y3.1、Y3.2 和 Y3.3，这个环节可以用于处理临时产生的故障或进行工艺等待。考虑以下一种情形，首先直接将动力滑台从当前位置拉回到原点位置，然后将状态转换开关由手动转回到自动状态，再次按下启动按键 X6.0，这时系统将从“工进”状态继续往下执行自动程序，而不是重新执行“快进”步骤。有时，也称这个过程为“断点返回”，而这个控制过程是传统的顺序功能图所无法实现的。

2. 实验结果的说明

通过图论数学建模分析，可以清楚地看出经典的单回路顺序功能图的缺陷，通过构造新的修正路径可以将单回路转变为多回路，虽然这样增加了图论模型的遍历路径长度和搜索时间，但是其优点是给每个环节增加了临时处理的机会，从而提高了系统的稳定性。重新编制的顺序功能图在结构上比传统的功能图增加了更多的微小回路而显得更为复杂，同时也增加了更多的变量来保存必要的信息，但其带来的好处是真正实现了手动和自动之间的无扰动切换，这为金属切削加工过程中需要临时处理问题后再次进入自动模式节省了宝贵的时间。

习　　题

根据图 5-5 所示的由两个调速阀、两个二位二通阀和一个三位四通阀组成的液压缸调速回路以及表 5-1 所列的电磁阀动作顺序，首先编写基本的顺序功能图，然后编写具有状态转换功能的顺序功能图，最后根据顺序功能图编写相应的梯形图程序，并调试出合理的结果。注意：在每个工序转换之间插入合适的延迟时间，以使动作衔接得更为柔和。

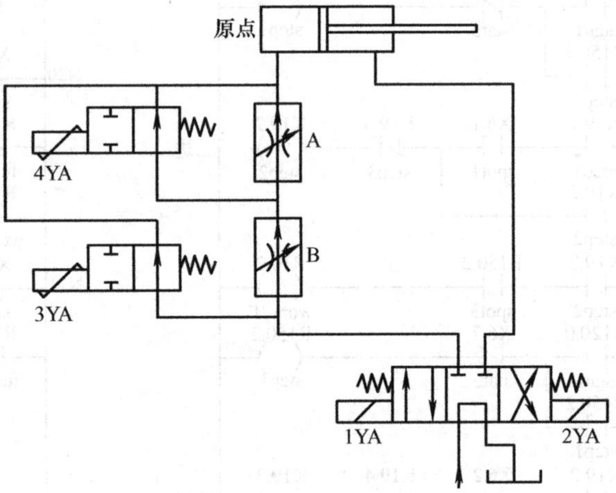

图 5-5　液压缸调速回路

表 5-1　电磁阀动作顺序

动作 \ 电磁阀	1YA	2YA	3YA	4YA
快进	+	−	−	−
一工进	+	−	+	−
二工进	+	−	+	+
快退	−	+	−	−
停止	−	−	−	−

第 6 章　数控车床梯形图的编制

数控车床是一种高精度、高效率和可编程的自动化金属切削设备，该设备通常装有多工位刀架以实现工件的一次装夹和多次换刀，具有圆弧和直线插补功能，能够实现加工圆柱、圆锥、螺纹、蜗杆、轴及槽等复杂操作。从结构上来看，PMC 是嵌入在 CNC 中的一种可编程工具，它具有对加工程序中的 M 指令、S 指令和 T 指令等进行译码的功能，通过译码后的代码来控制外部设备（如冷却泵）的启动和停止、主轴的调速以及刀架的旋转等。从加工程序的角度上看，这些功能指令的格式是相对固定的，甚至不同数控系统的指令几乎也是相同的，但是，从 PMC 梯形图层面上看，这些辅助功能的实现方法却有很大的不同，其需要从工作任务的具体要求和复杂程度来审视。本章主要研究 PMC 在数控车床制造、调试和性能改进方面的作用，通过一个完整的数控车床梯形图程序，试图总结出一些有用的方法，以便于在今后的工作中举一反三。

6.1　工作方式的选择

工作方式的选择

数控车床上电后会以一定的形式停留在某种工作方式上，如手动、编辑或者 MDI 方式等，根据用户的要求选择所需的方式进行后续工作。工作方式是指机床进行工作的稳定形式。数控机床常见的工作方式有 7 ~9 种，这里讨论的属于 7 种类型的工作方式。一般情况下，机床只能工作在一种工作方式下，但可以根据要求随时切换不同的工作方式，因此要注意每种工作方式的按键的定义。数控车床目前有两种形式的键盘，一种是位于机床侧的键盘，另一种是数控单元上的键盘，这里仅讨论供一般用户使用的机床侧的键盘，其功能定义与外观形式由机床生产厂家确定。不同数控车床的键盘的外观有一定的差别，但是其键盘基本功能是相同的。在掌握了硬件的原理和正确连接之后，可以编写一段程序来扫描和定义这些按键的功能。在编写该程序之前，首先要掌握数控系统对于用户键盘编码的定义方法。

6.1.1　键盘的功能定义

下面根据一台数控车床的键盘分布情况，将每个功能键做一个简要的说明。其独立定义的功能键有 7 个，表 6-1 根据按键排列顺序给出了键盘输入/输出信号定义。从机床制造、调试和性能改进的角度看，通过归纳功能键的基本作用，并进一步理解其功能，对于编写梯形图很有帮助。

表 6-1　键盘输入/输出信号定义

序号	功能键	输入信号	G43.7	G43.5	G43.2	G43.1	G43.0	K	输出信号	F
1	EDIT	X2.5	0	0	0	1	1	K0.1	Y1.6	F3.6
2	MDI	X1.6	0	0	0	0	0	K0.2	Y1.4	F3.3
3	AUTO	X1.2	0	0	0	0	1	K0.0	Y1.2	F3.5

（续）

序号	功能键	输入信号	G43.7	G43.5	G43.2	G43.1	G43.0	K	输出信号	F
4	JOG	X1.1	0	0	1	0	1	K0.5	Y0.6	F3.2
5	M_X	X0.5	0	0	1	0	0	K9.6	Y0.2	F3.1
6	M_Z	X0.0	0	0	1	0	0	K9.5	Y7.0	F3.1
7	REF	X0.1	1	0	1	0	1	K0.4	Y0.5	F4.5

EDIT：将加工程序读入到CNC系统中，并对这些程序段进行插入、修改或删除等编辑操作。

MDI：用于手动输入数据的按键，包括单条指令的输入与执行。

AUTO：机床按照存储的程序进行加工，并对存储程序的序号进行检索。

JOG：用于手动方式下控制一些设备的运动，如主轴、伺服或者冷却等，常用于检测设备。

M_X：手轮控制X轴的伺服移动。

M_Z：手轮控制Z轴的伺服移动。

REF：用于返回参考点。这里的参考点有以下两种：第一种是软限位原点，由光电编码器的数据指定；第二种是硬限位原点，由接近开关或者行程开关指定。

6.1.2 输入变量分配

键盘信号一般通过50芯扁平电缆插座连接到输入/输出信号接口板，并送达数控单元。对于PMC梯形图来说，输入信号变量是X大类，表6-1中在对应的功能键旁边列出了相应的值，如X2.5、X1.6和X1.2等，需要说明的是，不同厂家生产的机床中这些值可以是不同的。从硬件上来说，先将机床侧按键变化传输到输入/输出信号接口板，然后再传送到数控单元中，因此这些信号可以根据需要进行编排，一旦设置好，后面的程序就可以直接引用。输入变量分配的作用是对这些键盘信号进行合理编排，以方便后续的引用。

6.1.3 关于G和F信号的定义

工作状态的正确转换是机床键盘的重要功能，由于这里定义了7种不同的功能，因此，它比前面讨论的仅仅有“自动循环”与“手动操作”两种方式的处理要更为复杂。实际上，这里涉及PMC与CNC进行信号交换的工作，其中G信号是PMC发往CNC的信号，如果G43 = 00H，则表示键盘扫描的结果是MDI方式，CNC则使F3.3 = 1，这是一个“刺激反应”过程，只有这个关系符合了，MDI方式才正式成立，其他各个按键都有这样的规律，具体见表6-1，这个对应关系通常被称为键盘编码过程。编码技术的引入为多种工作方式的转换提供了很好的途径。

6.1.4 信号流分析

在编制键盘扫描程序之前，一定要认真分析表6-1中的内容，如果还觉得不够直观，最好绘制一张信号流图，这样可以清楚地了解各类变量之间的映射关系，也是在探究一种新设备的工作方法。图6-1所示为键盘信号流之间的映射关系。其中，X和G信号之间形成编码关系，其编码规律由表6-1 确定；K 和 Y 信号又形成另一组映射关系，Y 信号是对应功能的面板指示灯，其由 K 信号来控制，该信号的特点是具有保持功能。

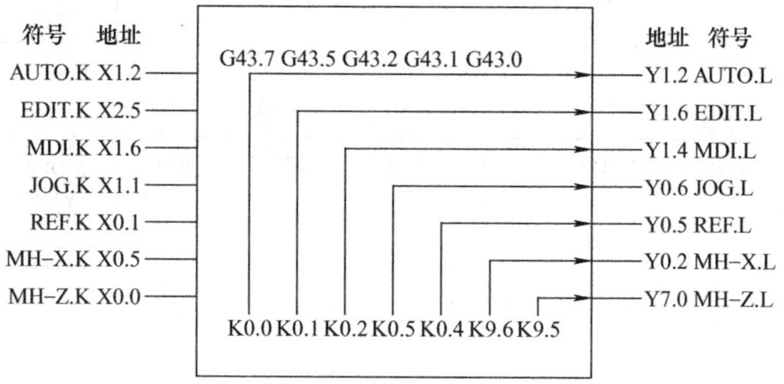

图6-1　键盘信号流之间的映射关系

6.1.5　分段互锁的实现

在编制键盘扫描程序时，首先要考虑以下几种情形：如果没有键按下，则系统会继续扫描按键，直到有键按下；如果有单个按键按下，则保存这个键值到相应的 K 存储器中，同时点亮相应的按键指示灯，这里采用续流方式来保存信息；在容错处理方面可以这样考虑，如果有两个或两个以上的键按下，则做无效处理。为了实现以上功能，需要编制一段 7 键“互锁”程序，每一次有效的按压，只有一个对应的 K 值有效，这个值不仅在当前有效，而且在当前情况下即使断电重新启动，该值还是有效的，这样就实现了按键功能的断电保护。另一方面，为了提示操作者，指示灯会在操作者的按压下发亮。图6-2 所示为按键的互锁程序，为了便于阅读，每一个元件有两种显示方式，元件的上方是以地址方式显示的，元件的下方是以符号方式显示的，这样方便对照和查看。由于篇幅所限，图6-2 中只列出了 EDIT、MDI 和 REF 三个按键的处理方法，其他部分以此类推。

6.1.6　键盘编码的实现

按键编码是指对 G43 的 8 位二进制实现不同规律的赋值，由此数控系统就会“认定”目前所处的工作状态，将表6-1 把与 G43 相关的信号都列了出来，不难发现真正有效的信号是 G43. 7、G43. 2、G43. 1 和 G43. 0，而 G43. 5 无论在任何一种状态下都是0，实际上它并不参加编码。这里之所以将其列出是考虑到这 7 种方式之外的方式中有可能会用到这个变量，所以将其作为备用状态列出来。编码过程就是依据表6-1 中显示的信息对 G43 的指定位进行置位或复位，如使 G43. 1 和 G43. 0 同时为1，即表示系统定义的编辑（EDIT）状态。

另外，程序中的 K 值起传递信号的作用，它们以图6-3 所示的规律向 G 信号赋值，以便使 CNC 系统获得所需要的键盘功能。同时，由于 K 具有失电保护功能，因此它具有记忆关机的工作方式的功能，并在开机时再现该功能，如关机时处于编辑工作状态，则开机时也是这个状态。依据类似的原理，也可以设置成开机就处于指定的工作模式，如 MDI 工作模式。

按键的容错说明。由于机床操作面板空间的限制，机床功能键（或者说是工作方式键）的设置是有限的、独特的和排他的。在实际操作中，如果同时按下两个或两个以上的键，会

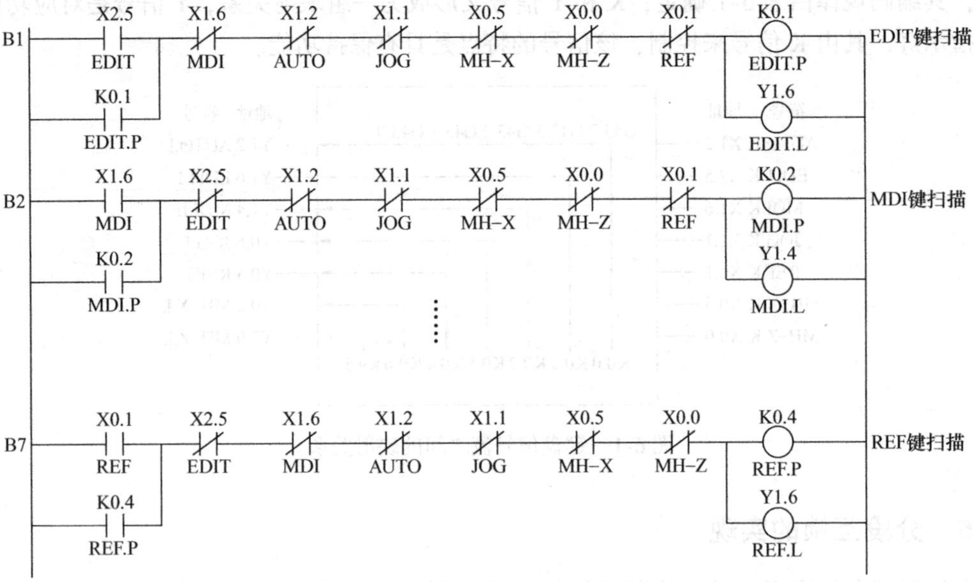

图 6-2 按键的互锁程序

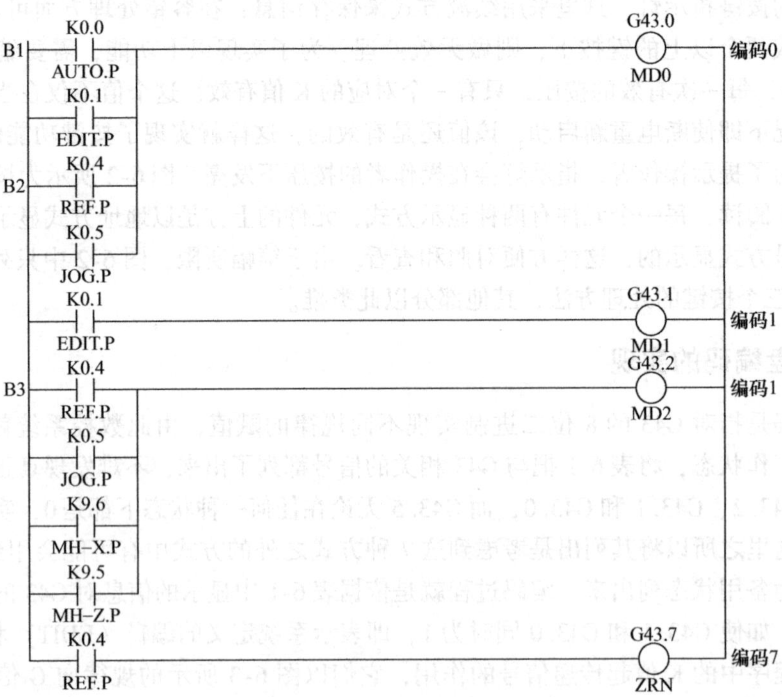

图 6-3 键盘编码的程序

出现什么情况呢？实际上，该段程序中并没有列出如何解决这些按键的处理方法，显然，有限的按键处理规律（编码方式）对于其超出的按键的非法组合是“视而不见”的，因此该编码方式是具有容错功能的。

6.1.7　键盘编码方式的改进

各种数控车床在按键定义上有很大差异，这里选用 7 个按键的数控车床，还有 9 个按键的数控车床。梯形图界面对于列数的编辑有限制，一般是 8 列，本例中 7 个按键用去 7 列，还有 1 列用于线圈，因此 7 键互锁处于饱和状态。如果 8 个以上的按键再进行互锁就需要进行适当的处理，也就是在两行中进行类似的处理，这里还要引入两行之间变量的联络值，在两行以上编写多按键互锁是有共同规律的。

该机器的原版程序采用的是两行之间的互锁，其优点是直接可以扩充到 14 种工作方式。作为一种研究方法，用一行来实现互锁则比较清晰，这也正是程序编制的魅力。此外，也有一些机床面板并非采用按键方式来选择工作方式，而是采用波段开关，通过地址线组合状态的不同来实现状态编码，因此，梯形图的编写在形式上就会有许多不同，但是编码原理相同。

6.2　机床功能的实现

机床功能是指分布于零件加工各个阶段（如前期、中期或后期）、为特种目的而实行的中途介入并能够影响加工进程的一组环境设置方法。从零件加工者的角度来看，将特定地址的 G 信号进行系统预定的赋值就设置了所需要的机床功能；从程序编制者的角度来看，就是建立一个按键的输入变量、中间变量以及输出变量之间的软件代码环境；从一般操作者的角度来看，可以自由地使这些功能生效或禁止。

6.2.1　单步

首先置机床于自动工作方式，按下单步功能按键，按下“循环启动”按键，加工指令只执行当前光标处的一条完整指令，只有再按一次“循环启动”按键，数控系统才执行下一条指令，以此类推，该方法可以检查加工程序。

1. 信号流程分析

图 6-4 所示为单步功能的信号流程图。单步的功能按键为 X0.7，中间采用的过渡变量是 R50.0 和 R50.1，输出变量有两组，一组是按钮指示灯 Y1.0，另一组是 G46.1，这是数控系统定义的关键变量值。

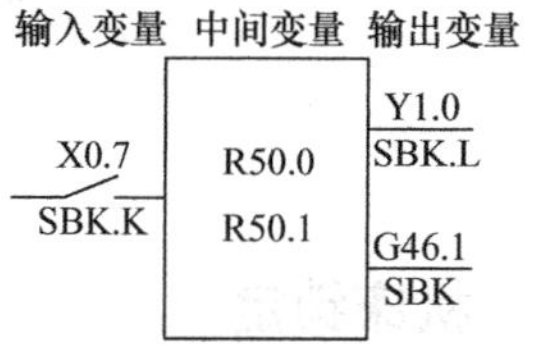

图 6-4　单步功能的信号流程图

2. 程序编制

图 6-5 所示为单步功能的梯形图程序，从整体上来看，这是“交替”型变量设置环节，B1 和 B2 模块产生一条瞬间的短脉冲，B3 是续流和终止模块。当单步功能有效时，G46.1 被设置为“1”，按钮指示灯 Y1.0 亮。

6.2.2　跳步

跳步功能是指当加工程序指令中出现“/”符号时，这条指令将跳过不执行，转而执行其后的一条指令。

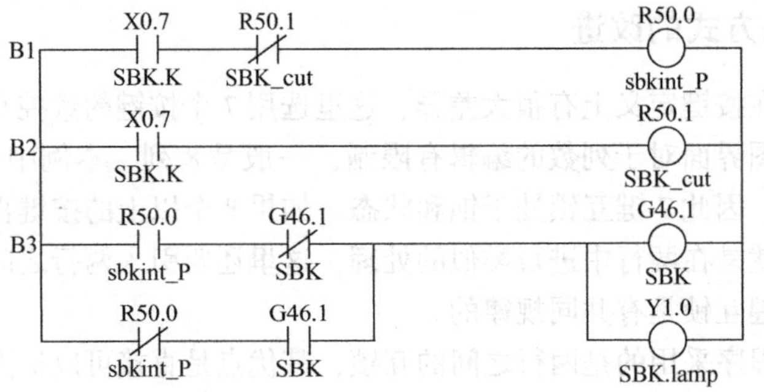

图 6-5　单步功能的梯形图程序

1. 信号流程分析

图 6-6 所示为跳步功能的信号流程图。跳步的功能按键为 X1. 0，中间采用的过渡变量是 R50. 2 和 R50. 3，输出变量有两组，一组是面板指示灯 Y1. 5，另一组是 G44. 0，这是数控系统定义的关键变量值。

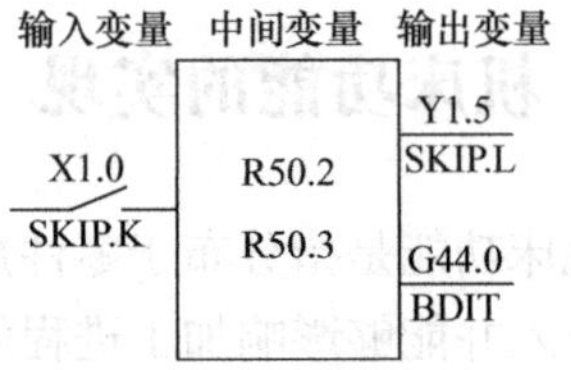

图 6-6　跳步功能的信号流程图

2. 程序编制

图 6-7 所示为跳步功能的梯形图程序，从整体上来看，这是“交替”型变量设置环节，B1 和 B2 模块产生一条瞬间的短脉冲，B3 是续流和终止模块。当跳步功能有效时，G44. 0 被设置为“1”，面板指示灯 Y1. 5 亮。

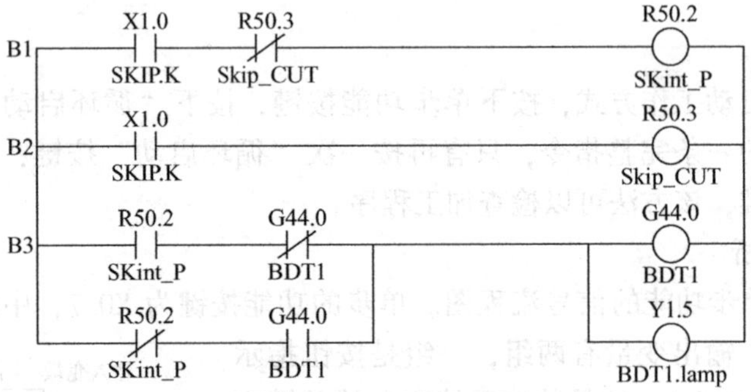

图 6-7　跳步功能的梯形图程序

6. 2. 3　机床锁定

当按下机床锁定功能按键时，对应的指示灯亮，表示机床锁定功能生效，此时刀架以及伺服进给系统等都不能运动，但是机床的显示和执行看起来是正常的，再按一次该按键，机床锁定功能被禁止。

1. 信号流程分析

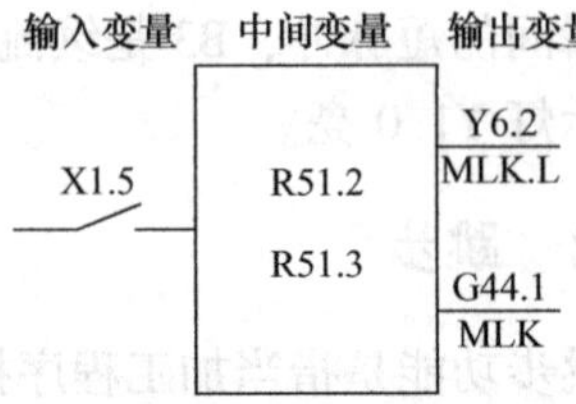

图 6-8　机床锁定功能的信号流程图

图 6-8 所示为机床锁定功能的信号流程图。机床锁定的功能按键为 X1. 5，中间采用的过渡变量是 R51. 2 和

R51.3，输出变量有两组，一组是面板指示灯 Y6.2，另一组是 G44.1，这是数控系统定义的关键变量值。

2. 程序编制

图6-9所示为机床锁定功能的梯形图程序，从整体上来看，这是“交替”型变量设置环节，B1和B2模块产生一条瞬间的短脉冲，B3是续流和终止模块。当机床锁定功能有效时，G44.1被设置为“1”，面板指示灯 Y6.2 亮。

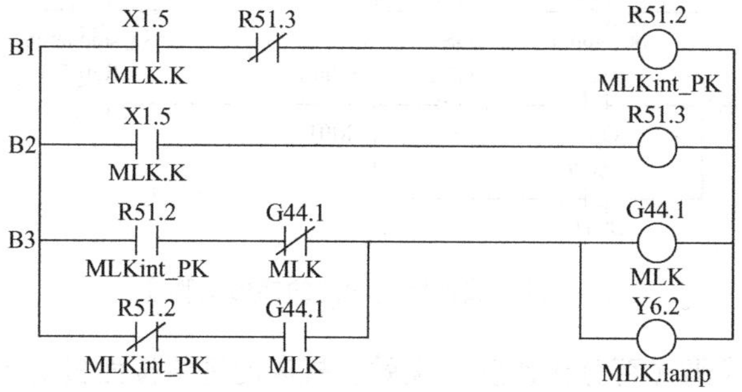

图6-9　机床锁定功能的梯形图程序

6.2.4　选择停止

在自动运行过程中，如果按下“暂停”按键，机床会呈现如下状态：① 机床进给减速停止；② 在执行暂停指令G04时，执行完该指令后才暂停；③ 模态功能和状态被保存；④ 按下“循环启动”按键后，程序继续执行。

1. 信号流程分析

图6-10所示为选择停止功能的信号流程图。选择停止的功能按键为X0.3，中间采用的过渡变量是R50.4、R50.5和R50.6，输出变量有两组，一组是面板指示灯Y6.0，另一组是R50.7。注意，这里不再是控制G信号，而是控制中间变量R50.7，其是一个选择性暂停信号。

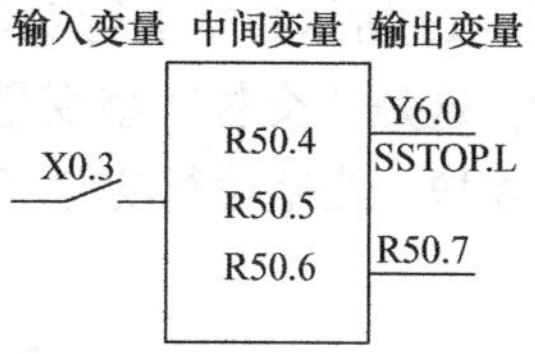

图6-10　选择停止功能的信号流程图

2. 程序编制

图6-11所示为选择停止功能的梯形图程序，从整体上来看，这是“交替”型变量设置环节，B1和B2模块产生一条瞬间的短脉冲，B3和B4是续流和终止模块。在B4模块中，有一个R200.1（M01）信号，当加工程序执行到这一条时，操作者又同时按下选择停止功能按键，从而使加工程序进入选择性暂停状态。此时，机床操作者可以对机床或工件进行临时性的处理，实际上相当于按下了“进给保持”按键，但是在程序中设置选择停止比在外部按“进给保持”按键要精确。当选择停止功能有效时，M01信号有效，面板指示灯Y6.0亮。

6.2.5　空运行

当按下空运行功能按键时，对应的指示灯亮，表明空运行机制生效。在空运行状态下，

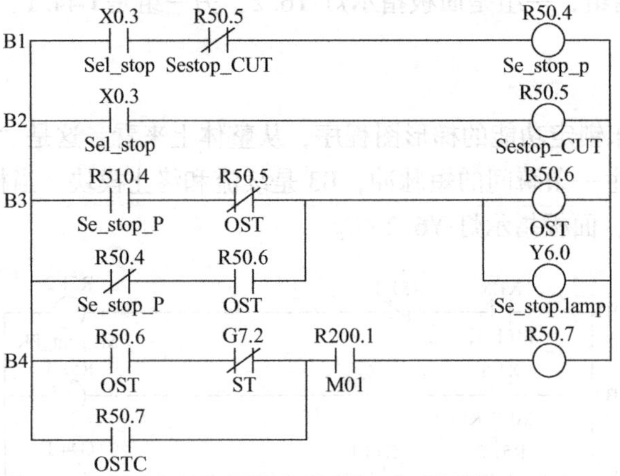

图 6-11　选择停止功能的梯形图程序

加工程序中的所有 F 代码（百分比速度）失效，机床的进给按面板上的波段开关（线速度）设定的速度运行。

1. 信号流程分析

图 6-12 为空运行功能的信号流程图。空运行的功能按键为 X1.4，中间采用的过渡变量是 R51.0 和 R51.1，输出变量有两组，一组是面板指示灯 Y1.1，另一组是 G46.7，这是数控系统定义的关键变量值。

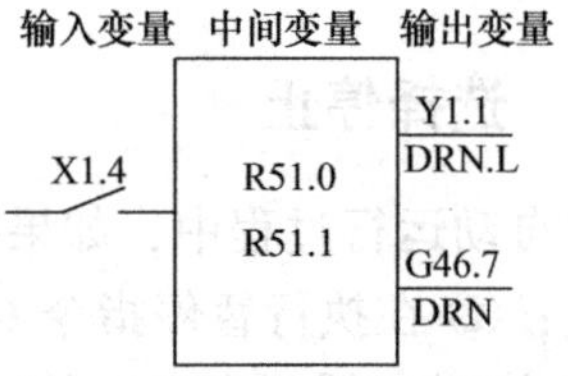

图 6-12　空运行功能的信号流程图

2. 程序编制

图 6-13 所示为空运行功能的梯形图程序，从整体上来看，这是“交替”型变量设置环节，B1 和 B2 模块产生一条瞬间的短脉冲，B3 是续流和终止模块。当空运行功能有效时，G46.7 被设置为“1”，面板指示灯 Y1.1 亮。

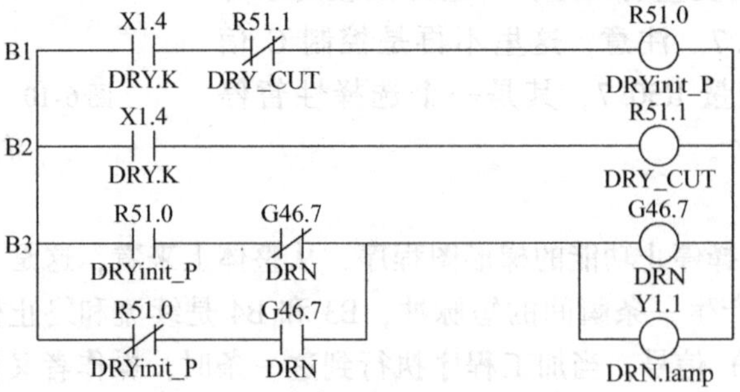

图 6-13　空运行功能的梯形图程序

6.2.6　程序重新启动

程序重新启动功能主要是为了解决加工过程中由于意外情况，诸如刀具损坏、临时停电或者暂停状态后，使程序从当时的断点处重新启动以提高加工效率而设置的一种辅助机床功能。在使用该功能时必须十分小心，操作不当容易发生撞刀事故。

1. 信号流程分析

图 6-14 所示为程序重新启动功能的信号流程图。程序重新启动的功能按键为 X2.1，中间采用的过渡变量是 R55.0 和 R55.1，输出变量有两组，一组是面板指示灯 Y6.7，另一组是 G6.0，这是数控系统定义的关键变量值。

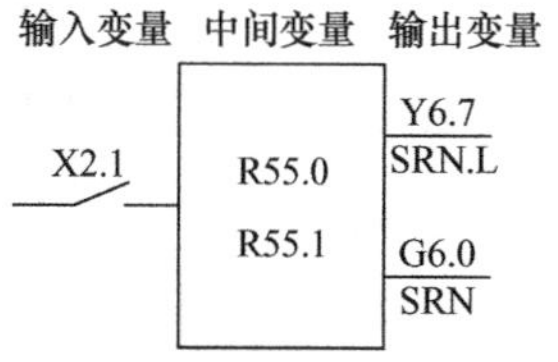

图 6-14　程序重新启动功能的信号流程图

2. 程序编制

图 6-15 所示为程序重新启动功能的梯形图程序，从整体上来看，这是“交替”型变量设置环节，B1 和 B2 模块产生一条瞬间的短脉冲，B3 是续流和终止模块。当程序重新启动功能有效时，G6.0 被设置为“1”，面板指示灯 Y6.7 亮。

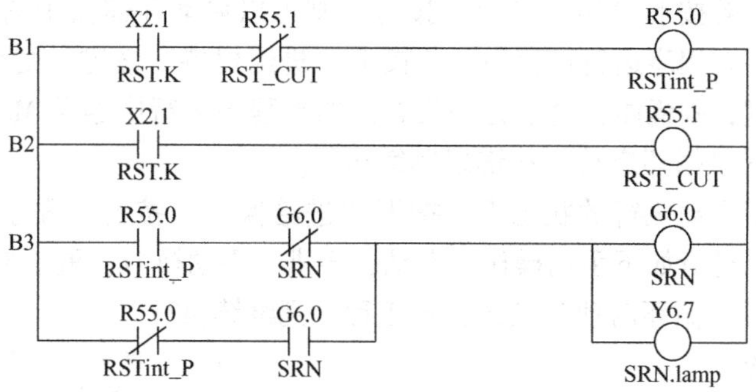

图 6-15　程序重新启动功能的梯形图程序

6.2.7　程序保护

程序保护是指通过一个钥匙来控制 PMC 中指定的 G46.3 ~ G46.6 各个位的信号，使用户允许或禁止加工程序中的一些操作。在保护模式有效的情况下，不允许输入刀具偏置量、工件原点偏置量，不允许输入系统参数和宏变量，不允许程序登录和编辑加工程序，不允许输入 PMC 数据。

1. 信号流程分析

图 6-16 所示为程序保护功能的信号流程图。程序保护的功能按键为 X2.4，没有采用中间过渡变量，输出变量有 4 个，分别是 G46.3、G46.4、G46.5 和 G46.6，这是数控系统定义的关键变量值。

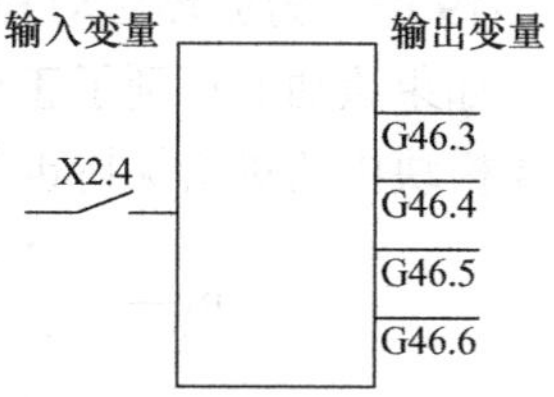

图 6-16　程序保护功能的信号流程图

2. 程序编制

图 6-17 所示为程序保护功能的梯形图程序。当 X2.4 处于断开状态时，即逻辑“0”，保护模式有效；当 X2.4 处于合上状态时，即逻辑“1”，保护模式禁止，使用时一定要正确识别这两种状态。

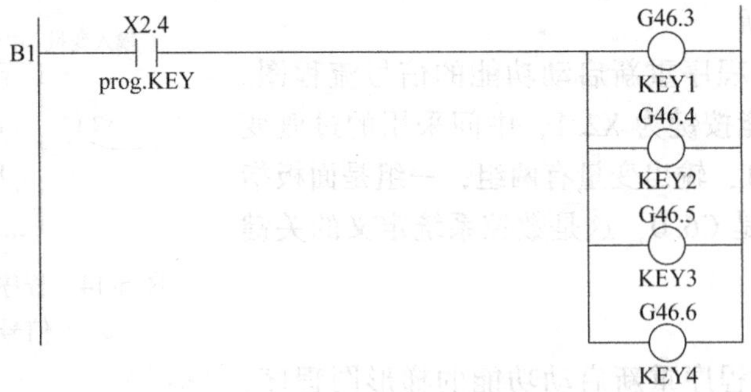

图 6-17 程序保护功能的梯形图程序

6.2.8 循环启动与进给保持

在自动模式下，若按下“循环启动”按键，则可以启动存储器中的加工程序或者进行程序图形模拟运行。在程序运行过程中，若按下“进给保持”按键，则程序处于暂停状态；若按下单步功能按键，则程序也处于暂停状态；如果程序运行中遇见 M00 和 M01 指令暂停后，则需要再次按下“循环启动”按键以继续运行。

在加工程序处于自动执行的状态下，按下“进给保持”按键，程序则处于暂停执行状态，在此状态下可以进行如下手动操作：点动、步进、手动换刀、重新装夹刀具、测量工件尺寸等。若再次按下“循环启动”按键，加工程序则继续执行。

1. 信号流程分析

图6-18 所示为循环启动和进给保持的信号流程图。该信号流程由上、下两个部分组成，上半部分为循环启动，其控制按键是 X2. 2；下半部分为进给保持，其控制按键为 X2. 3。其中，G7. 2 是系统定义的自动运行启动信号，而 F0. 5 是自动运行启动中的确认信号，其时间顺序是先有 G7. 2，后有 F0. 5，显然，后者也是一种“刺激反应”；同理 G8. 5 是系统定义的自动运行停止信号，F0. 4 是自动运行停止中的确认信号，其时间关系同前。

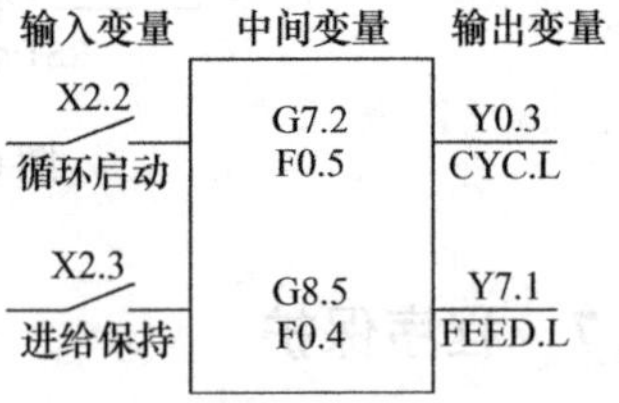

图 6-18 循环启动和进给保持的信号流程图

2. 程序编制

图 6-19 所示为循环启动和进给保持的梯形图程序。对于 B1 和 B2 模块，X2. 2 是循环启动按键，如果该功能得到了正确的响应，则 F0. 5 被设置为“1”并点亮按键指示灯；对于 B3 和 B4 模块中的进给保持也可以用同样的方式来理解。

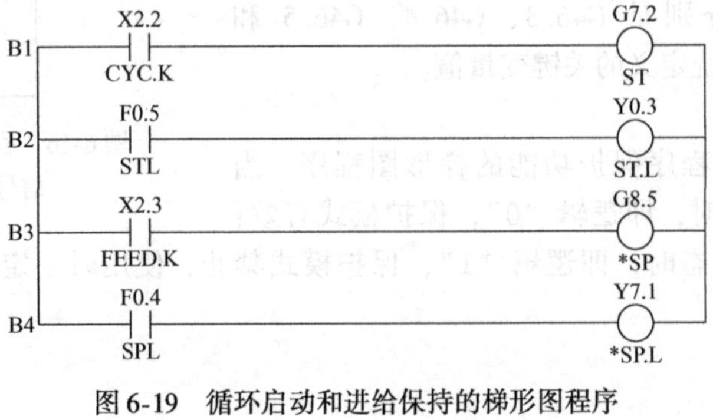

图 6-19 循环启动和进给保持的梯形图程序

6.3　伺服控制

伺服控制

6.3.1　手轮控制

1. 手轮的连接

手轮也称为手动脉冲发生器（Manual Pulse Generator，MPG），主要用于伺服直线轴的步进微调或者加工中的中断插入等操作。由于其使用方便、移动精确以及结构简单等而广受用户欢迎。图6-20所示为手轮的连接与功能分配，手轮装置通过连接线1与数控机床信号接口板的MPG端口相连，信号接口板上的I/O-LINK口与数控单元的一个专用接口连接，因此当手轮上有任何操作时都会在数控单元上接收到相应的信号。

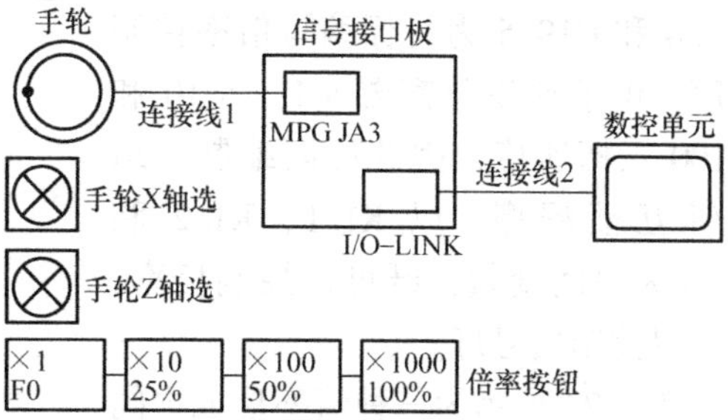

图6-20　手轮的连接与功能分配

2. 手轮的功能

如图6-20所示，与手轮相关的功能是倍率选择，手轮的倍率与伺服的快速移动倍率被集成在同一个按钮上，形成了按钮“复用”。其中，按钮上面的×1（分辨率为0.001mm）、×10（分辨率为0.01mm）和×100（分辨率为0.1mm）作为手轮倍率来使用，而且×1000由于速度太快而被禁止；另一个相关功能就是选择哪一个手轮，称为轴选择。所以，一旦确定了轴选择（X或Z）以及倍率（×1、×10、×100），只需摇动手柄，指定的伺服直线轴就可以在规定的范围内移动。手轮倍率关系见表6-2，手轮轴选择关系见表6-3。

3. 手轮的程序编制

上述所讨论的仅仅是手轮的基本操作方法，只有认真分析表6-2和表6-3中的数据，才能编制好手轮控制程序。首先要正确区分输入信号和输出信号的分布。输入信号应该是倍率信号，如表6-2中的X2.0、X1.7、X1.3和X0.6，而输出变量则是G19.5和G19.4，其他可以看成是中间变量。依据该思路，可以绘制出信号流程图（图6-21），以进一步看清楚各变量之间的关系。

表6-2　手轮倍率关系

序号	输入信号	X2.0	X1.7	X1.3	X0.6
1	倍率	×1000	×100	×10	×1
2	信号灯	Y0.7	Y1.7	Y0.1	Y0.0
3	中间变量	K1.4	K1.3	K1.2	K1.1
4	去CNC	G19.5	G19.4	控制精度	
5	*1/F0	0	0	0.00x	
6	*10/25	0	1	0.0x	
7	*100/50	1	0	0.x	
8	*1000/100	1	1	无	

表 6-3 手轮轴选择关系

序号	G18.1	G18.0	状态	辅助条件
1	0	0	未选择	
2	0	0	X 轴	K9.6
3	1	0	Z 轴	K9.5
4	1	1	车床无	

通过观察图 6-21，首先可以以 G19.4 和 G19.5 为目标编写倍率控制程序，由于这里只需要 ×1、×10 和 ×100 三档速度，因此可以编制一组三键互锁程序。以 K1.1、K1.2 和 K1.3 为中间变量，既可以控制倍率，又可以控制信号灯。

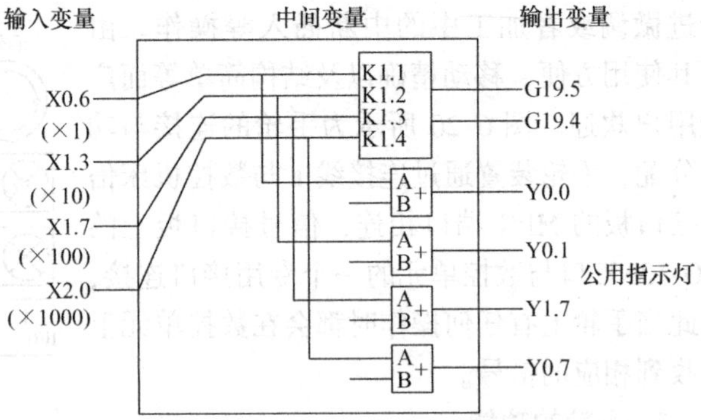

图 6-21 手轮控制信号流程图

图 6-22 所示为三种倍率形成中间变量的梯形图程序，其中间变量分别存放在 K1.1、K1.2 和 K1.3 中，然后，通过二进制形成规律，将组合二进制值送入 G19.4 和 G19.5 中，于是就产生了不同的倍率值。图 6-23 所示为形成倍率信号的梯形图程序，图的旁边列出了 G 信号组合与倍率的关系。轴选择信号一般存放在 G18.0 和 G18.1 中，如图 6-24 所示，其二进制形成规律是由轴选择按键（X0.5 和 X0.0）的组合规律控制的，也可以用工作方式 K9.5 和 K9.6 来选择，这两种方式是一样的，也可以只采用其中的一种方式。至于 K0.5，它是一个手动连锁信号，也就是说在手动方式下不允许使用手轮进行工作。以上程序一旦编写好并装入数控单元，选择合适的倍率和轴名称，摇动手柄，即可使十字滑台移动。

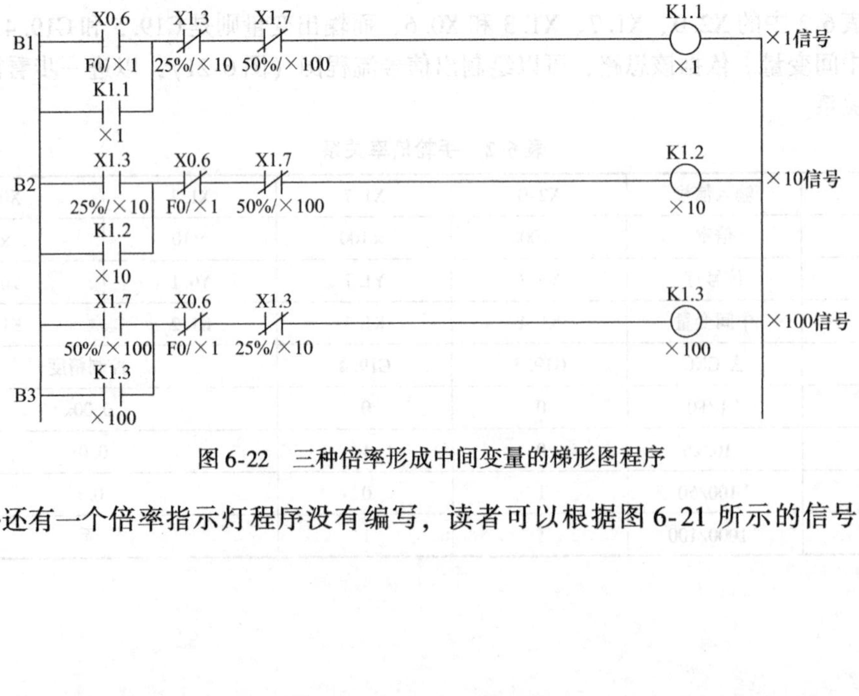

图 6-22 三种倍率形成中间变量的梯形图程序

另外还有一个倍率指示灯程序没有编写，读者可以根据图 6-21 所示的信号流程自行编写。

图 6-23　形成倍率信号的梯形图程序

图 6-24　形成轴选择信号的梯形图程序

6.3.2　手动控制

将机床的工作方式置于手动位置，调整倍率开关至合适的位置，按下方向控制键，十字滑台可以在指定的方向以规定的速度运行。

伺服手动控制信号流程图如图 6-25 所示，首先采集倍率波段开关位置信号，该位置是以二进制规律进行编码的，为了使断电后保持位置信号，这里还要将其存入 K 变量单元，通过一个二进制-十进制转换模块，将速度信号以补码方式存放在表格中。在合适的倍率下，手动按下伺服方向控制键，十字滑台将会运行。

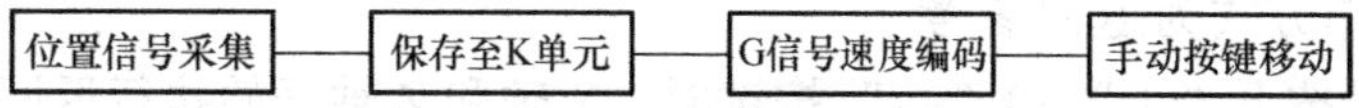

图 6-25　伺服手动控制信号流程图

图 6-26 是根据信号流程图编写的最简伺服手动控制梯形图程序，B1 模块采集的是 X7 开关信号，由于只采集了低 5 位，高 3 位就被屏蔽掉了，采集到的数据保存到 K5 单元中；B2 模块是速度信号保存值，该梯形图中只列出了部分参考值，其余值可以依据规律逐个单元写入；B3 ~ B6 是通过手动开关（方向箭头）控制十字滑台朝指定的方向运行的最简控制回路。实际上，在控制这四个方向的运动过程中需要设置各种条件，后续章节将涉及相关内容。

6.3.3　返回参考点控制

两种返回参考点方法的比较。十字滑台可以通过 3.7.3 节所介绍的方法编制返回参考点

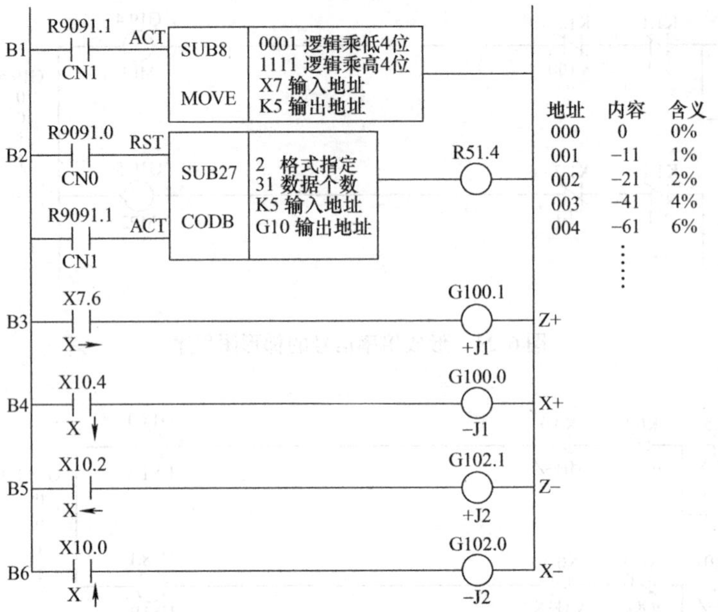

图 6-26　伺服手动控制梯形图程序

程序，这里是以光电编码器环境为基础的，上一次返回参考点的程序编制完全是用最基本的梯形图语句来完成的，其明显的不足是在运行中有过冲现象，虽然过冲可以控制在比较小的范围内，但如果不采取进一步的措施，该过冲误差还是很难消除的，主要原因是当十字滑台的动点在逐渐接近参考点时其速度是恒定的，如果将程序编写成变速控制，在接近参考点时会以最佳速度靠近，这就需要在梯形图程序编制上写出非常复杂的算法。在实际应用中，该算法已经由数控系统厂商内部编写好并以指令格式提供给用户，如 G00 X0 Z0；就是典型的返回参考点指令，其允许以 MDI 方式或者 AUTO 方式执行。另一种方式如图 6-27 所示，当设置工作方式为返回参考点，同时或者先后按下“↓”和“→”按键时，X 轴和 Z 轴开始执行返回参考点操作，当 F94.0 和 F94.1 分别为逻辑“1”时，系统确认 X 轴和 Z 轴已经返回参考点，而这种方式称为手动方式返回参考点。

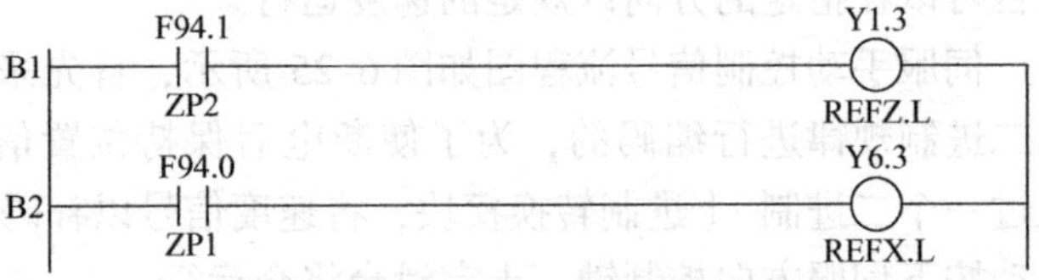

图 6-27　十字滑台返回参考点程序

自主编写返回参考点程序的意义。这里有一个问题需要讨论，前面已编写过一个返回参考点的程序，不仅有一定的过冲量误差，而且程序也做得比较复杂，而现在，我们只要引用数控系统内部已经编写好的资源并且直接调用即可，其性能上可以实现无误差地返回参考点，控制性能非常优越，那么，自主编写程序还有什么意义呢？实际上，如果采用自由配置的伺服硬件和梯形图环境，系统并没有提供精确的返回参考点程序段，需要自己编写这段专用程序。在这种情况下，依靠自己的能力来编写好这段程序是非常有意义的。例如，开发一个钢板自动切割装置，则这个参考点返回程序是需要自主编制的，这样可以解决切割中的几何原点确定问题。

6.3.4　快速移动控制

在维修机床或者在加工工件之前，当需要长距离和大范围移动直线轴而不需要精确定位时，则采用快速移动是比较好的方法。

为了编制一个实现快速移动的梯形图程序，首先要分析一下快速移动的输入/输出信号以及中间变量之间的关系，见表6-4，其与表6-2非常相似，但由于其目的不同，所以涉及的K信号和G信号不同，同样可以绘制出对应的信号流程图（图6-28），以便于看清楚信号的流向，这对于程序的编制很有帮助。

表6-4　快速移动输入/输出信号分布

序号	输入信号	X2.0	X1.7	X1.3	X0.6
1	倍率	100%	50%	25%	F0
2	信号灯	Y0.7	Y1.7	Y0.1	Y0.0
3	中间变量	K2.0	K1.7	K1.6	K1.5
4	去CNC	G14.1	G14.0	控制精度	
5	*1/F0	0	0	100%	
6	*10/25	0	1	50%	
7	*100/50	1	0	25%	
8	*1000/100	1	1	F0	

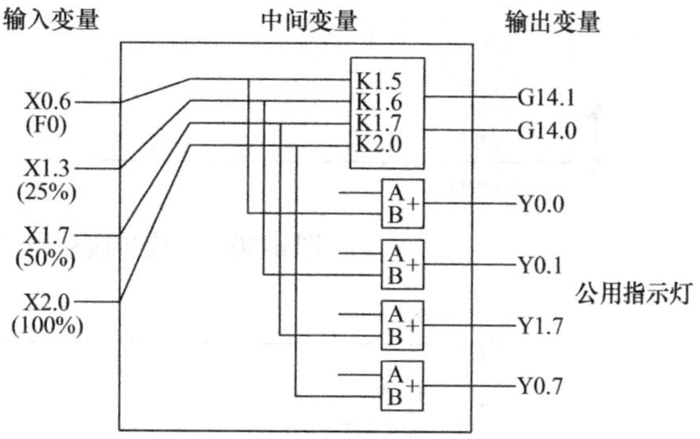

图6-28　快速移动信号流程图

通过观察图6-28所示的信号流程图，在同一组按键下，按键定义已经变为F0、25%、50%和100%，中间变量分别对应K1.5、K1.6、K1.7和K2.0，输出变量控制的是G14.0和G14.1，这是与快速倍率有关的参数设置，在公用信号灯控制中，输入口均接入B端，显然，A端已经被手轮倍率信号灯占用了。

图6-29所示为快速移动信号按键互锁形成中间变量的梯形图程序，图6-30所示为形成快速移动倍率的梯形图程序，共分成4档速度，其中F0是快速移动中的最基本速度，该速度值是在数控系统中的1421单元写入的，该单元的名称是快进调节量，如果在该单元中写入数值250，则25%的倍率值是500，50%的倍率值是1000，100%的倍率值是2000，因此，F0只是一个初始速度，后一个倍率数值是前一个的倍增关系。

同时要注意，快速移动是通过复合按键来实现的，也就是需要同时按下“∽”与方向控制键（→、↓、←、↑）才能实现快速移动，梯形图程序中的X10.5就是快速定义按键，G19.7就是数控系统定义的快速移动功能确认，图6-31所示为快速移动与手轮倍率信号灯复用的梯形图程序。一般情况下，快速移动功能是在伺服返回参考点之后才能生效的。

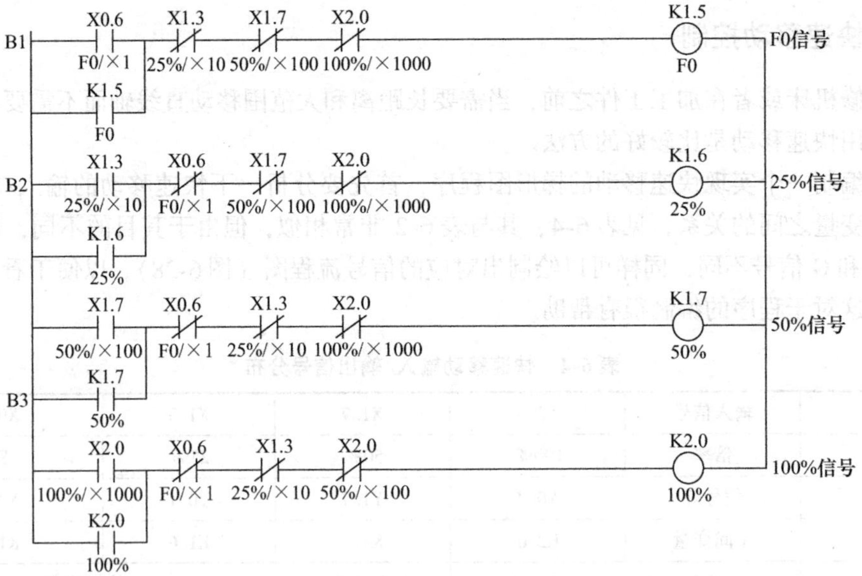

图6-29　快速移动信号按键互锁形成中间变量的梯形图程序

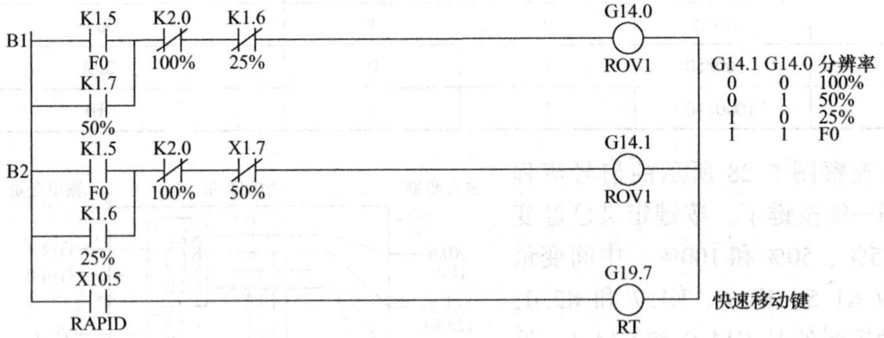

图6-30　形成快速移动倍率的梯形图程序

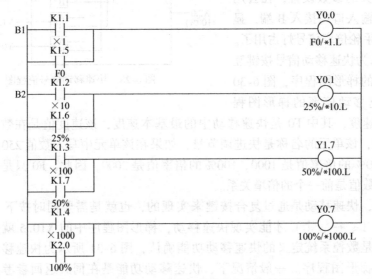

图6-31　快速移动与手轮倍率信号灯复用的梯形图程序

6.4　冷却控制

冷却控制

冷却是数控车床中一种基本但是非常重要的控制程序。冷却最基本的控制方式是手动状态下的一键启动/停止，此外，也可以在自动加工过程中通过 M 指令调用或者在 MDI 方式下通过辅助功能指令 M08 和 M09 来启动和停止冷却电动机。

6.4.1　手动控制

手动控制冷却信号流程图如图 6-32 所示，其中 X11.4 是机床操作面板上的冷却控制按键，通过中间变量的转换，其输出由两部分组成，Y3.7 是冷却输出，具体形式是一个微型继电器节点，该节点用于控制接触器与冷却电动机，同时输出的还有按键指示灯信号 Y6.6。

根据该信号流程图编写的梯形图程序如图 6-33 所示。该梯形图程序在实际使用中还存在一定的缺陷，因为无论在何种工作状态下都可以启动该冷却控制，实际上，该功能只要求在特定的工作方式下才允许操作，通常是手动状态下允许启动和停止，此外，如何通过 M08 和 M09 指令来启动/停止冷却控制在该梯形图程序（图 6-33）中也没有呈现出来，因此，该程序需要进一步改进，改进后的冷却梯形图程序如图 6-34 所示。

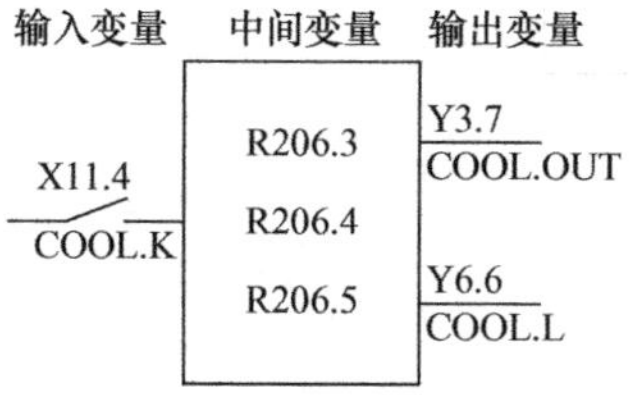

图 6-32　手动控制冷却信号流程图

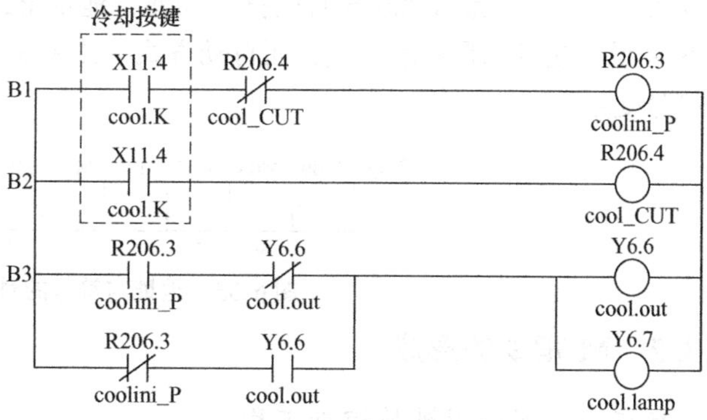

图 6-33　纯手动控制的冷却梯形图程序

图 6-34 中，B1 和 B2 模块中增加了 F3.2 信号，该节点的增加相当于给冷却控制设置了“手动”控制的条件，也就是在手动状态下 F3.2 才可以接通，从而冷却的手动控制才允许执行。通过 R203.5 信号的延伸，图 6-34 中增加了 B4 模块，其目标控制对象是冷却输出和指示灯，但是，其左边的控制条件比原来复杂些，其中 F1.1 是复位信号，也就是在冷却输出过程中，如果按下数控单元上的 Reset 键，则冷却输出过程被停止。另外，图 6-34 中增加了两个新的工作方式选择：F3.3 和 F3.5，它们分别代表 MDI 和自动存储器方式。总之，该模块实现了手动、MDI 和自动三种方式下控制冷却电动机的逻辑组合。

在加工程序中，通过 M08 和 M09 指令可以控制冷却电动机的启动和停止，但其条件是要在 PMC 梯形图中编写这段支撑程序。解决该问题的关键是依据地址值正确地设置 M 值，下面以 R200 为例来说明这种方法。在系统的梯形图内，R200 只是一个变量，该变量可以整体（8 位）方式参加寻址，也可以某一位作为寻址。在以位为寻址方式的情况下，该变量有两种访问方式，一种是地址访问方式，另一种是符号访问方式，它们之间的对应关系如

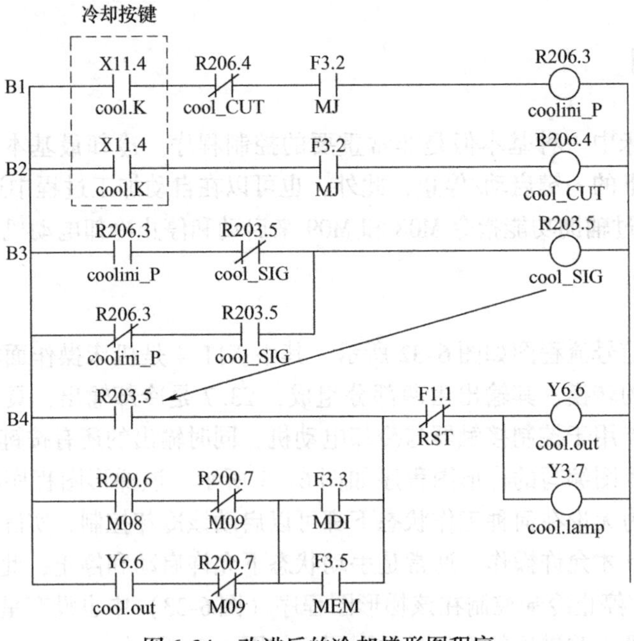

图 6-34　改进后的冷却梯形图程序

图 6-35所示，如地址 R200.6 对应符号 M08，地址 R200.7 对应符号 M09。梯形图中访问的是 R 变量，或者说是地址变量，而自动方式下或者 MDI 方式下则访问的是 M 变量，或者说是符号变量。

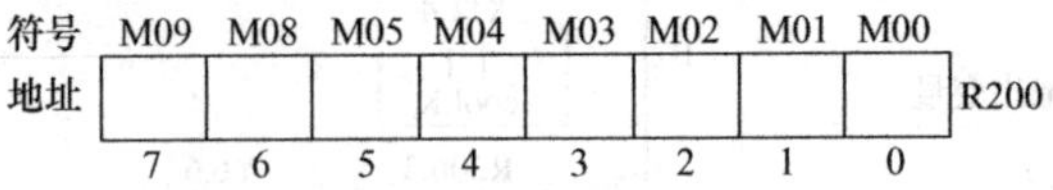

图 6-35　地址与符号的对应关系

6.4.2　M 指令的形成

M 指令不但可以被数控加工程序调用，而且可以在 MDI 方式下单独使用，更重要的是 M 指令还可以根据外部设备要求自由增加，以对现有 M 指令进行合理的补充。当现有数控系统外挂一些毛坯运送、装夹或卸载设备时，通过 M 指令可以实现这些设备的动作控制。下面以人们熟悉的 M08 和 M09 指令来说明 M 指令的形成。

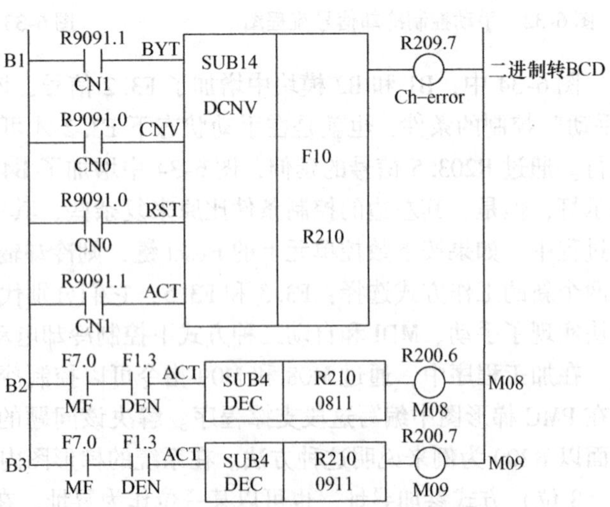

图 6-36　数据转换与比较的梯形图程序

图 6-36 所示为数据转换与比较的梯形图程序。首先分析 B1 模块，SUB14 是二进制与 BCD 码双向转换模块，BYT 设置为 1 时，所处理的

数据是2字节，CNV设置为0时，表明现在是将二进制转换成BCD码，RST设置为0表示不进行复位，ACT设置为1表示转换恒有效，F10存放由键盘输入的二进制码，R210存放的是转换后的BCD码。R209.7是转换出错标志位，正常为0，有错误时会置1，如转换后的BCD越界，就属于出错的一种情况。

B2和B3模块的功能是相同的。对于B2模块，F7.0是辅助功能选通脉冲信号，F1.3是分配结束信号，这两个信号都与启动M指令信号相关，SUB4是两组BCD码一致性比较指令，当ACT端为1时，比较指令有效，否则禁止，R210存放着被比较的BCD码数值，0811应拆分成两组来理解，08指的是比较值，11是译码位数指定，现在的含义是高低位都进行译码。当R210中的数据与08完全相同时，R200.6（M08）输出为1，这就是冷却启动信号。

下面分析M指令的执行过程。将工作方式设置为MDI，在编程界面输入“M08；插入”，再按下“循环启动”按键，这时，冷却电动机启动。实际上，当按下M08时，F10单元中接收到的数值是二进制08，该数值通过SUB14模块被转换成BCD码并存放在R210中，在按下“循环启动”按键的一瞬间，F7.0和F1.3信号均有效，这时SUB4模块将R210中的数据与08进行比较，如果相等，则在R200.6线圈上输出一个启动脉冲，该脉冲即可启动图6-36所示梯形图程序的冷却电动机，从而冷却电动机开始运行。同理，用M09指令可以终止冷却电动机的运行。

6.4.3　M指令的结束

通过上述方法，已经能够运用M08指令在MDI方式下启动冷却电动机，然而，当按下“循环启动”按键后，虽然冷却电动机启动了，但是循环启动的指示灯依然亮着，而并不是瞬间亮一下以后马上熄灭，这是什么原因呢？

首先分析一下CNC处理该问题的过程。功能指令的申请与回复如图6-37所示，当向CNC发出M、S和T指令时，伴随两种情况，一种是设备运行，如冷却电动机启动；另一种是发出一个短脉冲去触发G4.3内部继电器，其是埋设在CNC内部的任务结束信号，通过该信号才能关闭循环启动的指示灯，该过程就是CNC的回复，正确回复的标志是在执行完启动任务后循环启动信号灯的瞬间熄灭。

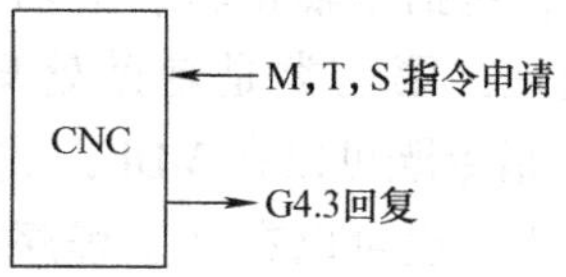

图6-37　功能指令的申请与回复

结束信号的梯形图程序是非常程式化的，如图6-38所示，其中模块B1是许多数控机床所采用的结束形式，G4.3是数控系统定义的结束信号变量。归纳起来，这里有三类信号：辅助功能、刀具功能以及主轴速度功能，有些是通过F信号显式地发出，有些是经过前期的收集之后通过R变量发出。为了预防系统不能正常结束，这里还特别设置一个F1.1信号用于人工强制复位，其程序编写思想非常明确，每一步的申请和回复都成对出现。也就是说，有外部信号申请，CNC就一定要有正确的回复，如果没有回复，则需要查找原因，或者先强制回复，然后继续查找原因。

关于各类辅助功能这里只涉及R200.6（M08）和R200.7（M09），其是通过R208.5变量归纳到结束信号中去的，以后所用到的主轴正转（M03）、主轴反转（M04）和主轴停止（M05）也以此类推进行处理。而且这类信号很多，可以根据要求慢慢进行添加，直到所有功能满足为止，添加这些指令的方法是一样的。

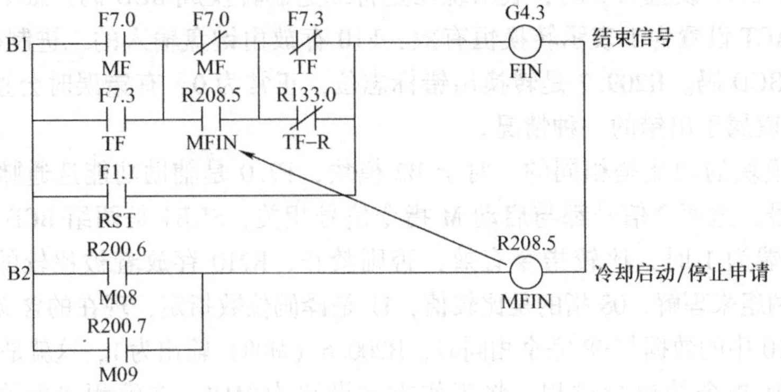

图6-38　结束信号的梯形图程序

6.5　主轴控制

数控机床主轴的主要作用包括：保证支承刚性，保证回转精度（径向圆跳动精度及轴向窜动精度），通过连接作用（卡盘、花盘）来夹持工件，使工件与刀具产生相对运动等。

6.5.1　输入/输出信号定义

主轴控制要处理的信号包括三类：第一类是倍率处理，一般情况下，主轴的基本倍率为50%～120%，共有8种，因此只需采用三根地址线译码即可；第二类是手动处理，包括主轴正转、主轴反转和停止信号的处理；第三类是辅助处理，M03、M04和M05指令既可以在MDI方式下以手动数据方式输入，也可以在加工程序中以调用的方式来使用。主轴信号的处理流程如图6-39所示。主轴的输出信号包括正转/反转继电器以及面板指示灯控制。

主轴控制

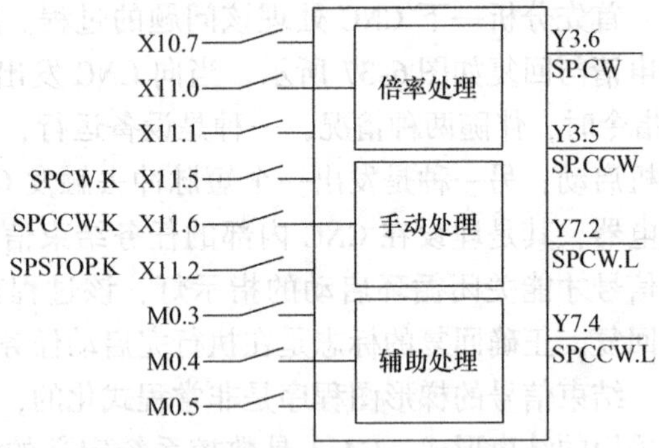

图6-39　主轴信号的处理流程

主轴信号的程序编制与伺服倍率控制有相似的风格，图6-40所示为主轴信号处理的典型梯形图程序，B1～B3模块是采集倍率开关信号，其中X10.7、X11.0和X11.1是三条接入到波段开关中的译码地址线，共有8种不同的地址组合，这些变化的信号被保存到R55.0、R55.1和R55.2单元中；B4模块是进一步屏蔽掉R55.7～R55.3位，因为这些是无效信号，同时将地址信号保存在K10继电器单元中；B5模块是以二进制地址编码规律存放速度倍率值，存放地址是G30，这是数控系统单元规定的存放主轴倍率的地址。在图6-40的右下角写出了转换地址、内容及含义的对应关系，这部分内容是需要在梯形图开发环境中逐条写入的，在运行过程中可以通过转动波段开关来观察地址是否正确变化，同时观察主轴的转速是否发生变化。

目前，主轴倍率开关有两种常见的形式：一种是二进制输出形式，如上例；另一种是格雷码输出形式，如果采用了这种形式，则数据的存放规律就不同于二进制的顺序规律，需要按照格雷码的规律进行速度值的存放，如果还是按照二进制存放，则速度调整会出现不正常现象，如速度没有增加，反而减少了。因此，无论是机床的设计人员、制造人员还是调试人员，都需要认真弄清楚外部设备的型号，根据这些型号编写对应的程序，只有这样才能得到符合机床控制要求的梯形图程序。

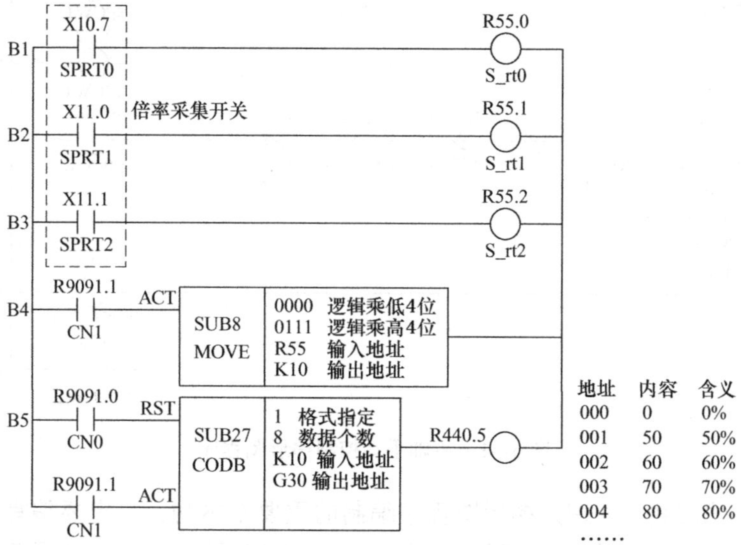

图 6-40　主轴信号处理的典型梯形图程序

6.5.2　手动控制

主轴的手动控制只是一个基础，它首先需要确保主轴正/反转继电器和信号指示灯是正确受控的。由于没有施加初始速度，主轴此时是不会运转的。图 6-41 所示为主轴手动控制梯形图程序。该梯形图程序主要有以下特点：① 设置了手动工作方式的确认信号，也就是说，这段程序是在手动工作模式下执行的，其他工作方式是无法启动的，该确认信号是 K0.5，是前面讨论过的工作方式选择信号，也可以采用 F3.2，但 K 信号是可以断电保存的，可以确保断电并重新启动后仍然保持手动状态；② 可以通过 Reset 按键使当前的主轴运转停止；③ 控制信号是通过 R150.0 和 R150.1 间接输出的，其目的是为后面增加其他控制方式留出足够的编辑位置，使前后的程序编写有统一的风格。此外，还要处理好正反转的互锁关系，这在该程序中已经有所体现。

6.5.3　其他控制方式的加入

在主轴手动控制的基础上，还可以增加其他的约束条件来使这段程序能够符合自动或 MDI 环境的需要，其程序编写的方法有很多，比较经典的方法是引入 F3.3（MDI）和 F3.5（AUTO），这是对应的两组工作环境 F 信号，还有一种更简洁的方式是采用 F0.5（STL）信号，它是自动运行中的一个确认信号，可以同时满足自动和 MDI 两种工作方式，这样可以使梯形图程序更为简化。

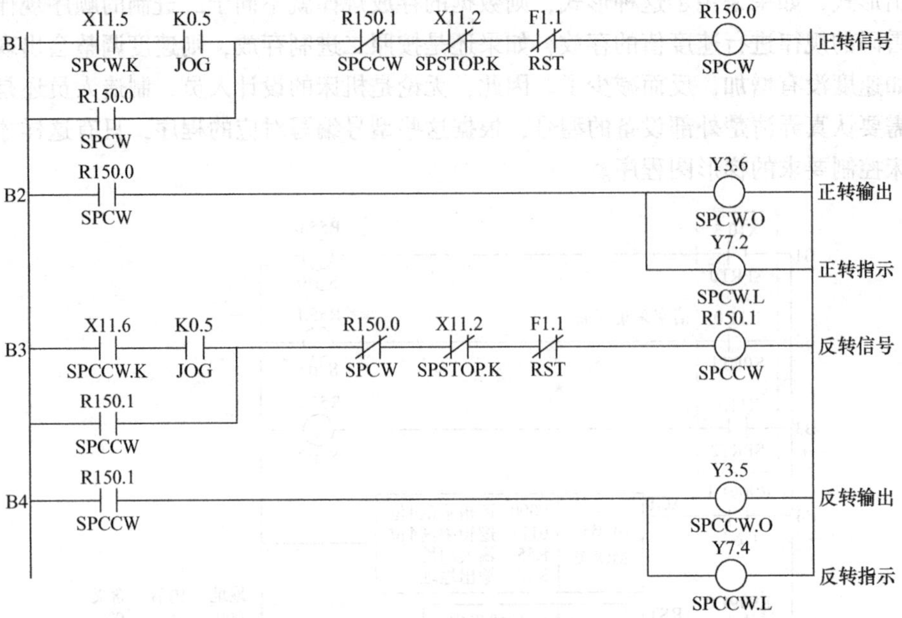

图 6-41　主轴手动控制梯形图程序

多种工作方式的共存处理是梯形图程序编制的重要基本功，一定要编写好逻辑互斥环节，图 6-42 所示是为了增加自动环节的主轴正转控制梯形图程序，K0. 5 是手动信号，F0. 5 是自动信号，在 B1 模块的第一行中，这两者只能满足手动方式，因此走（1）方向线；当 F0. 5 有效时，第二行中的（2）方向线有效，执行的是自动过程。图 6-43 所示为主轴反转控制梯形图程序，其原理与图 6-42 相似，这里不再赘述。

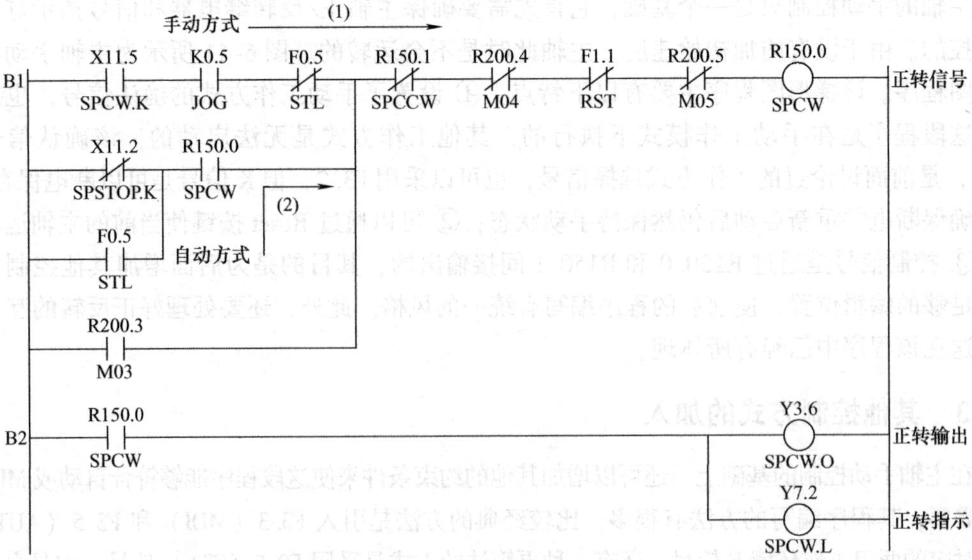

图 6-42　主轴正转控制梯形图程序

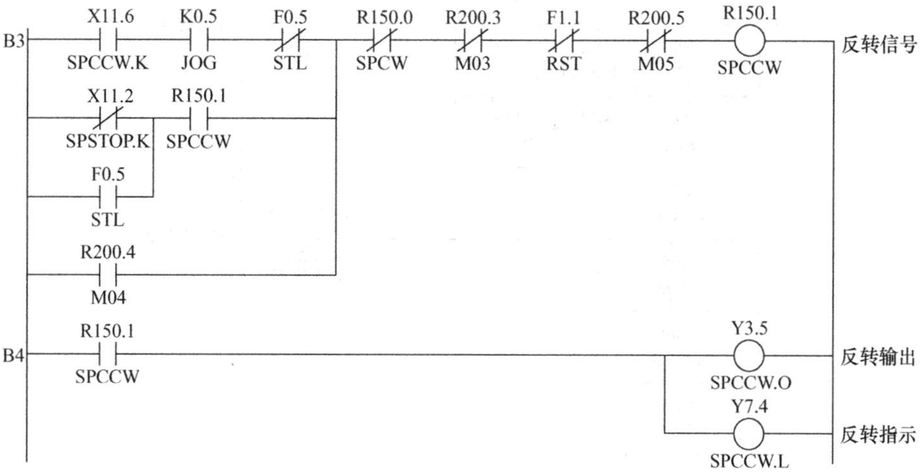

图 6-43　主轴反转控制梯形图程序

6.5.4　辅助功能的添加

与冷却控制添加 M08 和 M09 辅助功能指令一样，主轴的正转、反转和停止也需要在相应的位置上添加 M03、M04 和 M05，其驱动信息也要在 R208.5 线圈前依次添加，它们呈现“或”的逻辑关系，即只要有任意一个申请，R208.5 线圈就得电并激发后面的 G4.3 结束信号，以保证主轴辅助功能的申请与应答信号的封闭性。图 6-44 和图 6-45 所示为参考的梯形图程序。由此可知，添加冷却和主轴的辅助功能命令的格式都是统一的，其他需要添加的辅助功能命令的格式也如此。

由于该数控系统采用变频器控制主轴，但原数控系统中默认的还是串行主轴控制，因此需要加上图 6-46 所示的核心语句，其中 G29.5 是主轴定向信号，G29.6 是主轴停止信号，G70.7 是串行主轴机械准备就绪信号。只有正确地添加这些程序段，主轴的各类控制才可以正确地实现。

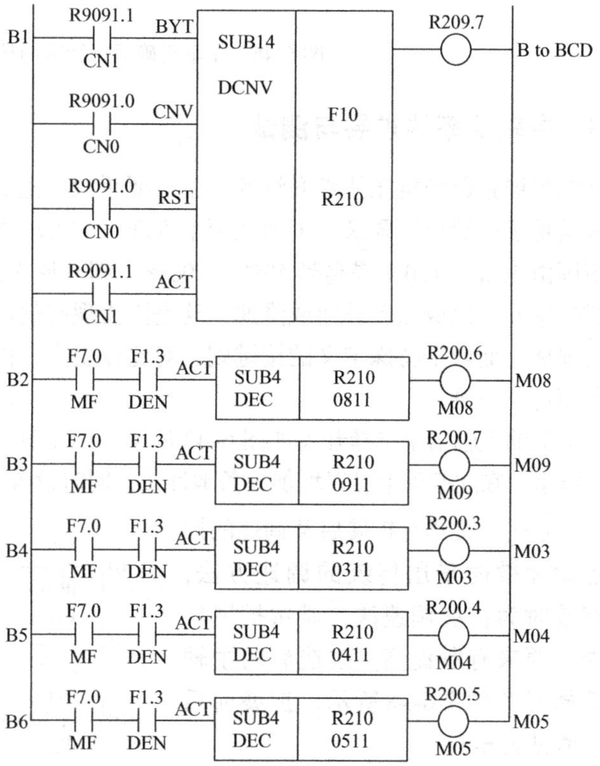

图 6-44　比较信号增加的梯形图程序

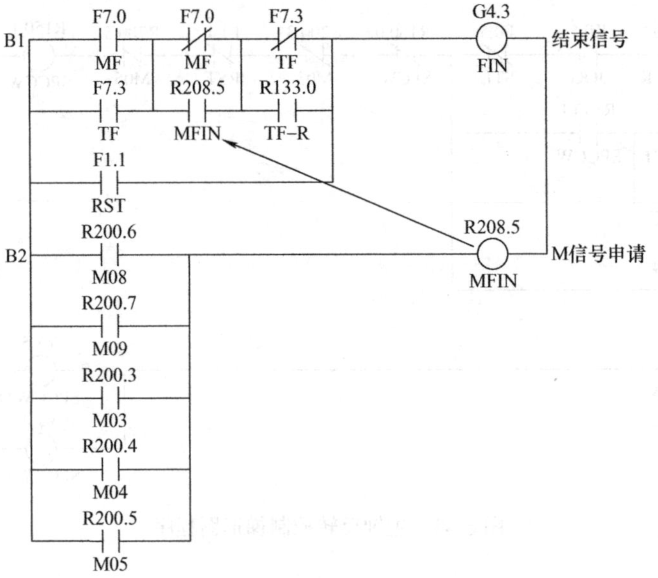

图 6-45　结束信号增加的梯形图程序

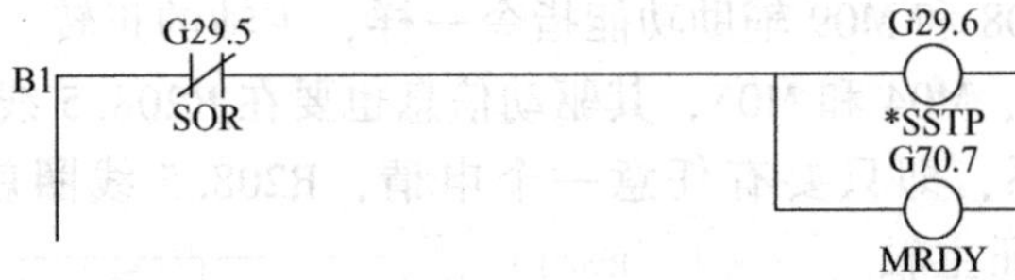

图 6-46　主轴正确运行所需的核心语句

6.5.5　主轴倍率的扩展与测试*

功能扩展是数控机床技术升级的一个重要手段。通过前面有关主轴的梯形图程序编制，使主轴满足了一般控制要求，下面从两个方面来试着增加主轴的其他性能，其一是将现有的倍率范围由 50% ~120% 提高到 50% ~200%，即从原来的 8 种提高到 16 种倍率；其二是将旋转式倍率开关改成点动升速或降速，这是因为现有的波段开关、调速开关在频繁操作时触点容易损坏，而两个特殊定义的按键则相对比较安全，而且操作也更加方便，这两个按键可以在备用件中找到。

改造前的主轴倍率选择开关如图 6-47 所示，由于其只有 3 条地址线，所以只能译出 8 种不同的倍率。在此基础上可以增加一条地址线，同时设置一个点动功能按键，这样既保留了原有的调速方式，又具有扩展后宽调速的性能。点动无效时采用传统的调速方法，点动有效时为扩展调速法，显然扩展后的性能比原来有所提高。改造后的主轴倍率选择开关如图6-48所示，扩展前后的倍率值见表 6-5。

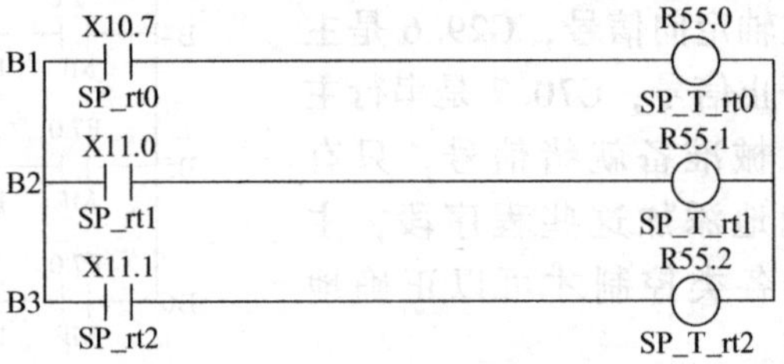

图 6-47　改造前的主轴倍率选择开关

图 6-48 所示的梯形图程序是一个倍

率数据传送程序段，由 B1 ~ B4 四个模块组成，这里需要分析两种情况。情况一，如果每个模块的上半部分有效，则数据区 R55.0、R55.1 和 R55.2 接收的是传统的波段开关（X10.7、X11.0 和 X11.1）发出的主轴倍率；情况二，如果每个模块的下半部分有效，则数据由 R900.0 ~ R900.3 送出倍率信号控制值，而这部分数据是通过后面的点动开关来设置的，由于扩展了地址总线，共可以译出 16 种不同的倍率，目标数据地址也存放在 R55 内部，至于采用的是原始倍率还是扩展倍率，则需要通过 R800.0 来控制。

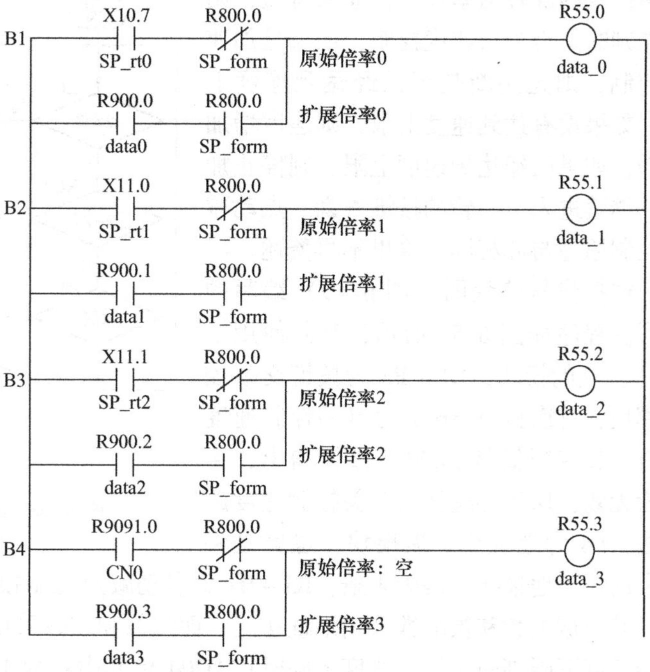

图 6-48 改造后的主轴倍率选择开关

表 6-5 扩展前后的倍率值

序号	R50.3	R50.2	R50.1	R50.0	倍率	备注
1	0	0	0	0	50	正常倍率
2	0	0	0	1	60	
3	0	0	1	0	70	
4	0	0	1	1	80	
5	0	1	0	0	90	
6	0	1	0	1	100	
7	0	1	1	0	110	
8	0	1	1	1	120	
9	1	0	0	0	130	扩展倍率
10	1	0	0	1	140	
11	1	0	1	0	150	
12	1	0	1	1	160	
13	1	1	0	0	170	
14	1	1	0	1	180	
15	1	1	1	0	190	
16	1	1	1	1	200	

要在数控机床原有 PMC 程序中嵌入一段可以工作的梯形图程序，首先应编制一个流程图，然后据此绘制出信号流程图（图 6-49）。首先应检测点动控制是否有效，如果无效，则

采用传统的旋转倍率控制；如果有效，则首先判断是否为加速度控制，如果是加速度控制，则先判断是否已经达到速度上限，如果没有达到速度上限，则速度增加一档，如果已经达到速度上限，则停止加速，继续进入下一轮的按键查询。点动减速控制原理与此相同，这里不再赘述。

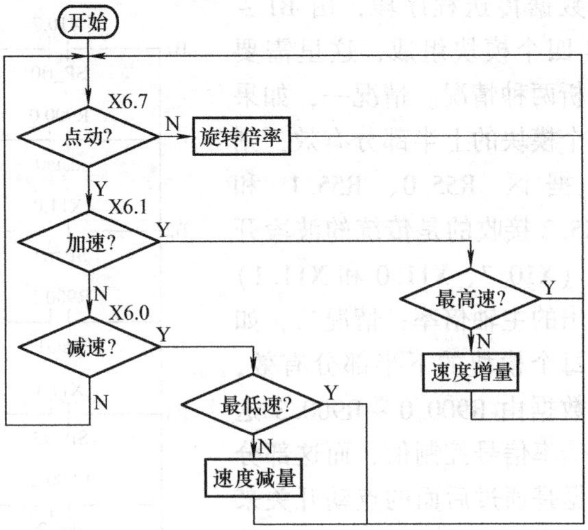

图6-49　改造后的主轴倍率控制流程图

根据信号流程图（图6-49）编写的梯形图程序如图6-50所示，其共使用了12个独立的模块，B1～B3为按键交替控制模块，首次按下X6.7为点动控制速度有效，其特征值是R800.0线圈得电，否则为无效，保持传统波段开关控制速度的方法；B4为地址线扩展模块，也就是将原来的3条地址线扩展为4条；B5～B7为点动减速控制模块，B8～B10为点动加速控制模块，其中被加数和被减数采用地址访问，而加数和减数采用直接访问；B11和B12为速度上限和速度下限判断模块，速度上限时在D204单元中存放15，速度下限时在D214单元中存放0，这是速度控制的地址范围。

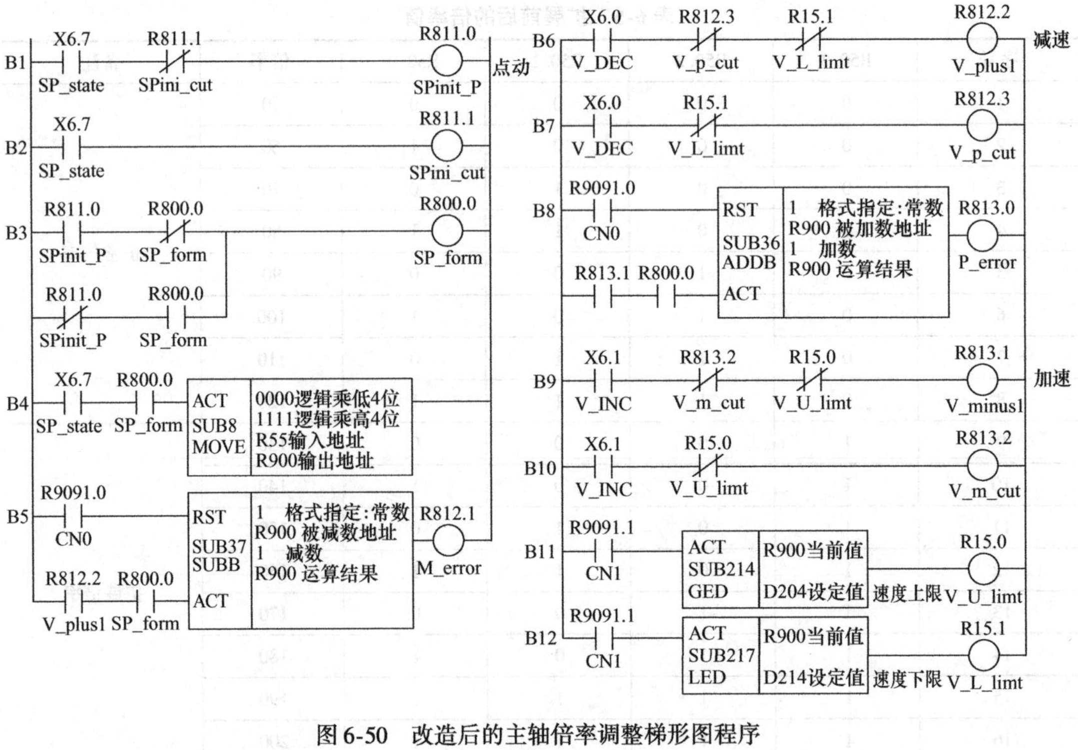

图6-50　改造后的主轴倍率调整梯形图程序

在正常工作的梯形图程序中插入扩展调速程序为检测主轴性能提供了方便，在正常加工过程中该程序处于休眠状态，如果需要对主轴在更宽广的量程范围内进行主轴电动机性能测试，并且在主轴上接入各类测量仪表，则该测试程序将会起到很大的作用，这也是对主轴性能进行自动化测试的一种有效方法。

6.6　刀架控制

刀架控制

数控车床刀架是一种储备刀具和实现换刀的装置，它可使数控车床在工件一次装夹中完成多种甚至所有的加工工序，以缩短加工的辅助时间，减少加工过程中由于多次安装工件而引起的误差，从而提高机床的加工效率和加工精度。

6.6.1　输入/输出信号定义

这里以四工位电动刀架为例绘制了如图6-51所示的刀架设备输入/输出信号定义。图中X3.0～X3.3为刀架的4个位置信号，以低电平有效，X0.2为手动状态下的刀架测试按键，X1.1为手动工作方式键，X1.6为MDI工作方式键；Y3.4和Y3.0为刀架的正转和反转继电器输出信号，Y6.1为按键指示灯信号。

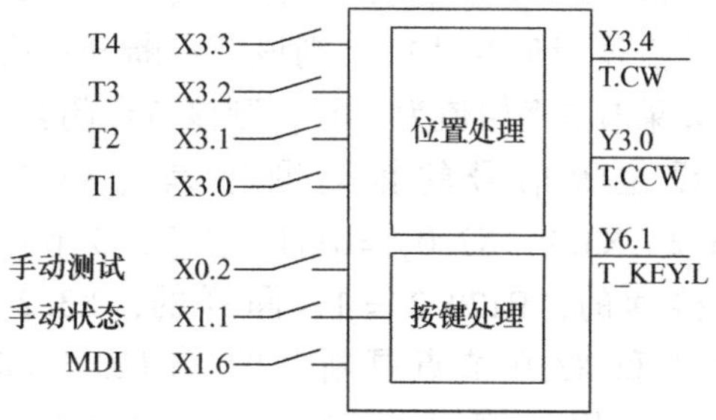

图6-51　刀架设备输入/输出信号定义

6.6.2　刀架位置信号的处理

电动刀架的位置信号用霍尔元件来采集，其供电电压为DC 24V。为了在元件的输出端呈现出正确的电位信号，这里外接了上拉电阻R，其值在数百欧姆到2kΩ均可。当运动物体的磁钢到达霍尔元件的信号作用范围时，该元件会产生低电平，利用这个特点，经过特殊埋设的霍尔元件可以可靠地测量出刀架所在的位置。图6-52所示为刀架位置信号的测量原理。

表6-6所列是刀架位置信号与二进制数值之间的对应关系，输入信号从高位到低位依次为X3.3、X3.2、X3.1和X3.0，在刀架每个有效位置转换后四位数中总是只有一个位是逻辑“0”，如位置值为1时，输入信号排列为1110，位置值为2时，输入信号排列值为1101……，虽然这些字符由“0”和“1”组成，但它并不是二进制数值，并不能直接进行整数方面的判断和运算，因此需要将其转换成二进制数值。将位置码转换成二进制数值的方法有许多种，考虑到转换的通用性，这里采用逻辑组合方式来实现其转换。根据表6-6中输入信号与输出信号的对应关系可以编制出图6-53所示的数值转换梯形图程序。

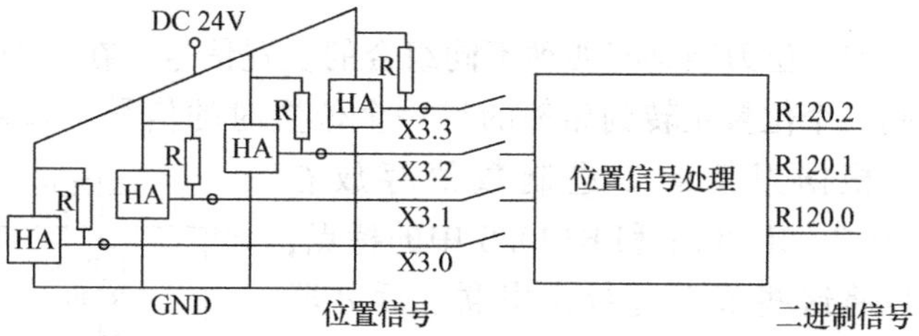

图6-52　刀架位置信号的测量原理

表 6-6　刀架位置信号与二进制数值之间的对应关系

序号	信号分类							
	输入信号				位置值	输出信号		
	X3.3	X3.2	X3.1	X3.0	K19	R120.2	R120.1	R120.0
1	1	1	1	0	1	0	0	1
2	1	1	0	1	2	0	1	0
3	1	0	1	1	3	0	1	1
4	0	1	1	1	4	1	0	0

该梯形图是典型的负逻辑表达式。如果节点逻辑值为“1”，则该节点断开；反之如果节点逻辑值为“0”，则该节点闭合。假设位置信号的排列顺序是（X3.3，X3.2，X3.1，X3.0）=0111，则 X3.3 节点是接通的，R120.2 =1，同样的，X3.2、X3.1 和 X3.0 节点是断开的，R120.1 和 R120.0 均为逻辑 0，综合得（R120.2，R120.1，R120.0）=100B，这就是二进制 4，也就是 4 号刀架位置，其他情况的演算方法是一样的。因此，该段梯形图程序的功能就是把刀架的位置信号转换成二进制数值并存放在指定的继电器中，这些数值可以方便地进行算术运算。

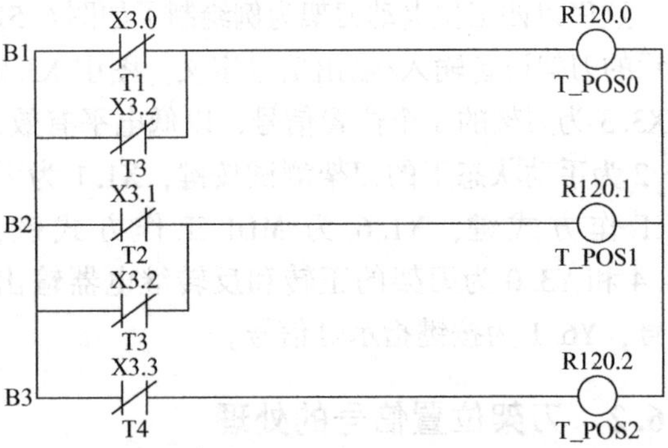

图 6-53　位置码转换成二进制数值的梯形图程序

6.6.3　位置信号突变的判断

四工位刀架具有四种不同组合的位置信号，在刀架寻位过程中，数据采集系统应能够识别一个位置正转到相邻的另一个位置时的信号，以便正确统计刀架到底转过了几个位置。根据刀架的二进制数值存放在 R120.2、R120.1 和 R120.0 中的特点，可以将这些节点进行先串联、后并联的组合，并将其输出到一个特殊的继电器 R140.1 中，该信号就是位置突变信号，它可以准确地反映刀架的位置变化情况。利用该信号可以达到启动正转寻位和反转锁紧的目的。图 6-54 所示为检测刀架位置信号突变的判断逻辑梯形图程序。

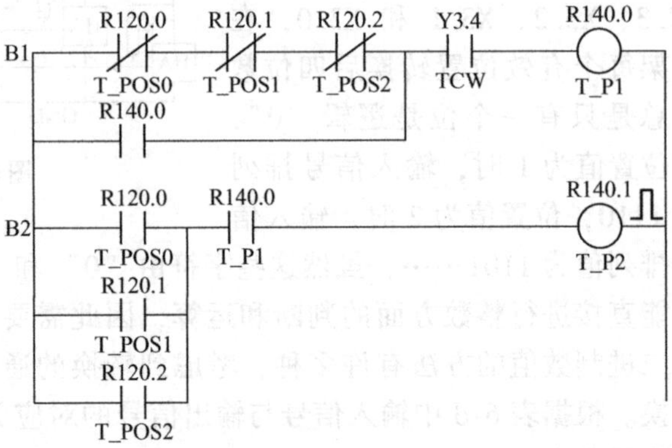

图 6-54　检测刀架位置信号突变的判断逻辑梯形图程序

6.6.4　刀架测试

在手动工作方式下，按下刀架启动功能按键，刀塔将从当前位置开始正转，当转过一个有效位置，适当再前进一个微小的偏移量，然后执行反转，其功能是锁紧刀架，至此手动刀架测试完毕。图6-55所示为手动刀架测试时序图，从该图中可以进一步观察到刀架测试过程中的细节。首先，可知启动刀架的控制信号是X0.2，而Y3.4是启动正转，Y3.0是启动反转，两者是互锁的。

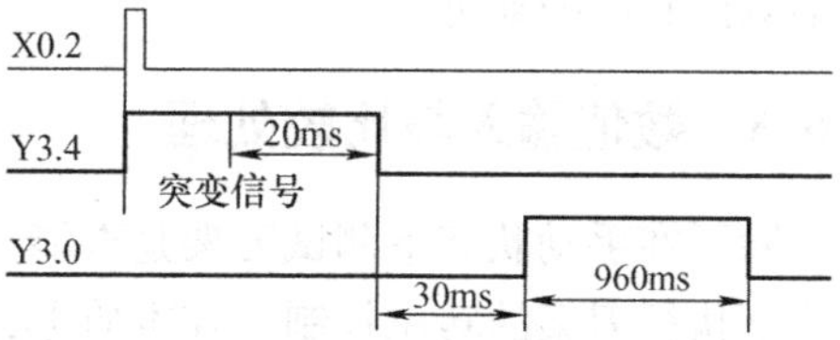

图6-55　手动刀架测试时序图

当刀架正转后一旦遇到突变信号，表示已经转过了一个有效的位置，但刀架并没有立即停下来，而是继续旋转20ms后才停止发出正转指令，此后，延迟30ms后才执行反转动作，反转的持续时间是960ms。至此，一个完整的测试动作结束。根据需要，这样的测试动作可以多次执行，以便观察与刀架相关的设备的动作情况。

在遇到突变信号后刀架电动机继续转动20ms，其目的是使电动机在反转过程中有一个可靠的行程作为缓冲，并有效地锁紧电动机。在电动机正转指令撤销后，电动机因存在惯性而继续前行30ms，其为正转接触器主触点的释放提供了可靠的时间，为反转电动机提供了可靠的连锁，另外，该时间间隙也有消弧的作用。

根据所给的时序图可以编制出对应的梯形图程序，而这样的梯形图程序可能不是唯一的。图6-56所示为手动刀架测试部分梯形图程序，该程序由10个模块组成，其中B1和B2是按键启动模块，F3.2是对手动条件的设置；B3是20ms延迟模块；B4是30ms延迟模块；

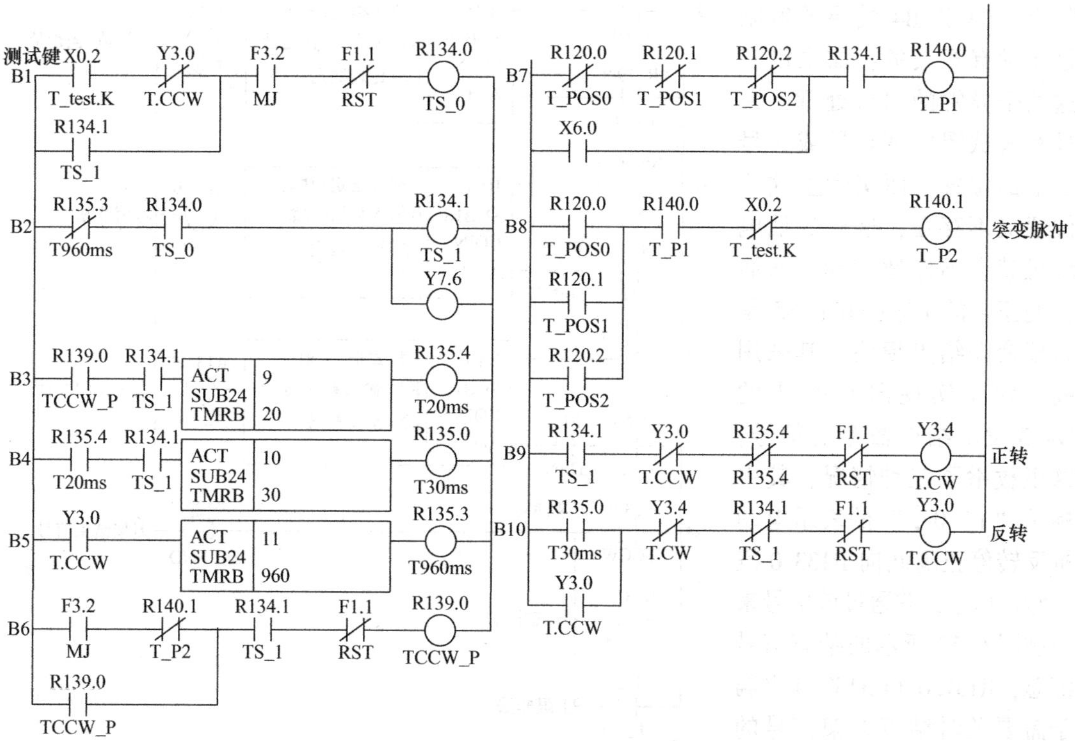

图6-56　手动刀架测试部分梯形图程序

B5 是 960ms 电动机反转延迟模块；B6 是检测到位置突变后发出停止信号的模块；B7 和 B8 是检测位置突变的模块；B9 和 B10 是刀架正转和反转控制模块，两者之间是电气互锁的。这里只提供了其中一种编写该程序的方法，读者也可以根据自己的理解重新编写，只要符合刀架测试时序图即可。

6.6.5 数值输入与比较处理

除了在手动状态下测试刀架是否能正常工作外，还可以通过加工程序的调用或者在 MDI 方式下执行刀架的转位控制。在本质上，这两种工作方式下刀架的动作执行过程完全一样，只是在 MDI 方式下可以单独执行指定位置的刀架控制程序，以更进一步检验刀架是否能够正常工作。图 6-57 所示为刀架信号的数据采集与处理梯形图程序，B1 模块是将采集到的位置信号经过适当屏蔽处理后存入到 K19 单元，这是一个带有断电保护的单元；B2 是一个判断刀架申请值与当前值是否相等的比较模块，其比较数值的形式是 BCD 码，其存放方式是地址指定的，K19 是当前刀架位置值，F26 存放的是操作人员的手动数据输入值，当按下循环启动按键后，如果发现这两个值相等，则 R130.0 被设置为逻辑“1”，用于控制后续的操作，如停止电动机正转、延迟时间、启动反转锁紧等；B3 是一个零值判断模块，由于刀架定义的最小位置是 1 号，如果试图寻找 0 号刀架位置，那么通过这里的判断就可以终止所有后续的操作；B4 是判断申请号大于实际的最大位置号 4 时，也作为出错的情况进行处理，实际上，B3 和 B4 模块的编制是非常有意义的，如果没有这两个异常的出口处理，一旦有人试图申请 0 号或 5 号以上的位置，而实际上这些位置又不存在，这样的话电动机就会不停地转动，从而影响正常的工艺操作；B5 是刀架命令结束模块，其采用枚举法来实现向 CNC 中的 G4.3 发出结束命令的信号，这里枚举了三种情况，其中标示“Y3.0↓”的表示电动机反转停止瞬间向 R133.0 发出脉冲信号，并通过该信号来控制图 6-57 所示的结束信号汇总，R131.0 和 R132.0 也属于需要及时结束刀架信号的情况。

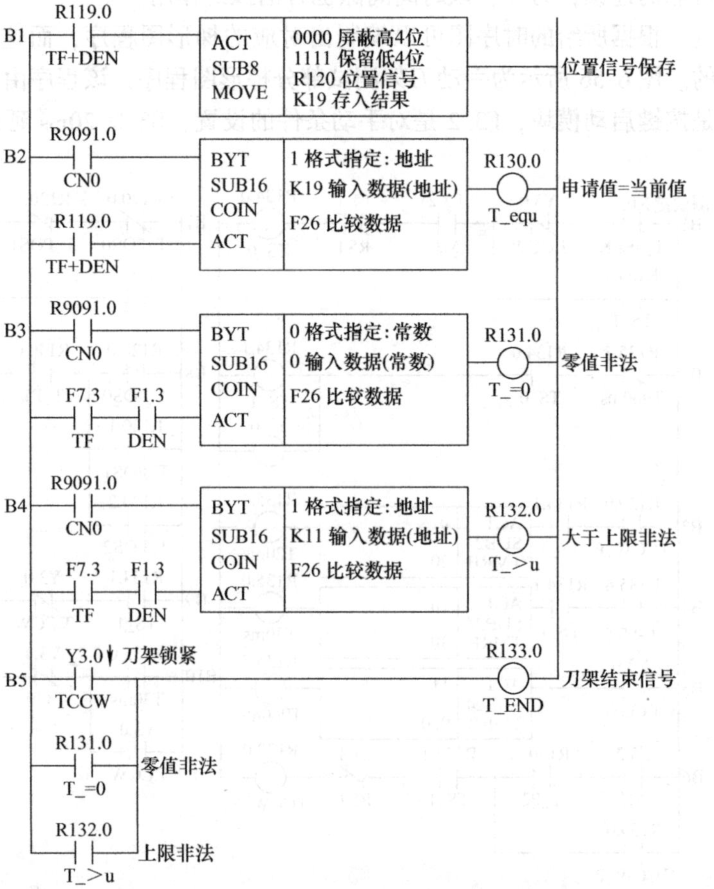

图 6-57　刀架信号的数据采集与处理梯形图程序

6.6.6　刀架完整的控制算法

目前，数控车床刀架控制算法有许多种，这些算法都有各自的特点，但是有些程序写得比较晦涩，不太容易看懂。事实上，在理解刀架动作原理的基础上，也可以写出符合加工工艺要求的算法框图和梯形图程序。图 6-58 所示为刀架控制算法框图，以下分三种情况进行分析。

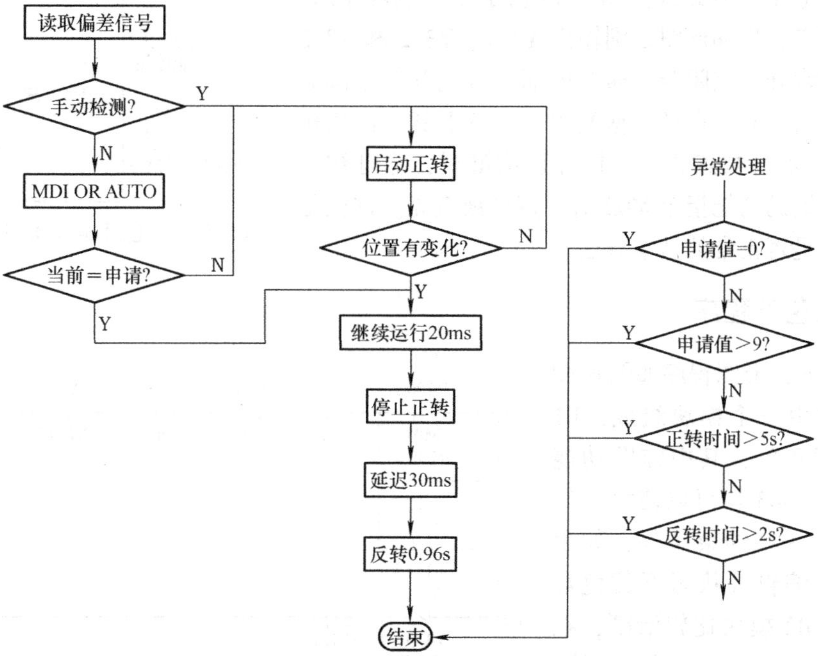

图 6-58　刀架控制算法框图

1）刀架测试。在手动状态下，按下刀架测试按键，刀架启动正转，如果位置没有发生变化，则继续运行；如果位置发生变化，说明已经到达检测点，则刀架继续运转 20ms，然后发出停止正转指令，延迟 30ms，执行刀架反转锁紧动作，当前动作结束。

2）在 MDI 或自动方式下启动刀架运转指令，首先读取位置偏差信号，判断当前的刀架位置值与所申请的位置值是否相等，如果不相等，则继续转动；如果相等，则做后续处理并停止，这些动作与前面的刀架测试情况一样。

3）试图申请一个不存在的刀架位置，如 0 号或者 5 号，以及位置信号异常，刀架在正转过程中的持续时间超过 5s，或者反转时间超过 2s，这些情况都属于异常情况，需要通过适当的语句将其引导到结束状态。由于篇幅所限，完整的刀架控制程序由读者根据框图自行编制。

6.7　三色灯控制

三色灯控制

三色灯是数控机床中最显性的一种设备工作状态指示器。即使没有观察到屏幕上的信息，也能够通过指示灯状态判断机床所处的状态。通常情况下，当绿灯亮起时，表明机床处于无故障、准备就绪或者正在加工过程中的状态；黄灯表示机床处于暂停状态；红灯则表示机床处于某种故障状态，故障的种类可以通过屏幕信息进行查询，这样可以方便针对故障进行相应的维修。

6.7.1 输入/输出信号定义

三色灯的输出控制是通过一个专门的多路继电器板发出的，其输出形式为常开节点，指示灯的供电电压为DC24V。图6-59所示为三色灯输入/输出信号定义，当梯形图分别输出Y3.1、Y3.2和Y3.3时，对应的常开节点闭合，通过内部的直流开关电源驱动指示灯发出亮光。在日常检测中，当按下紧急停止按键X8.4时，红灯被点亮；当松开该按键时，绿灯被点亮；当使用辅助功能指令M02时，黄灯被点亮。这些是测试指示灯是否正常的基本方法。

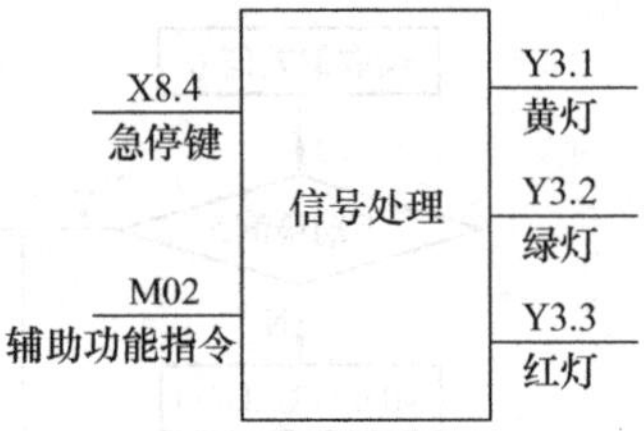

图6-59 三色灯输入/输出信号定义

6.7.2 三色灯程序

三色灯的梯形图程序如图6-60所示，通常由三个模块组成，B1模块控制黄色灯，其中辅助功能指令M02和M03均可以使黄色灯点亮，另外一些约束条件，如手轮、手动和编辑等状态下黄色灯是不亮的；B2模块比较清晰，在既没有黄色灯也没有红色灯时显示绿色灯；B3模块用于显示红色灯，红色灯包括电池电量低、系统认定的报警以及紧急停止按键被按下的情况。在不同种类的数控设备中，该段信号灯控制程序会有一些差异。

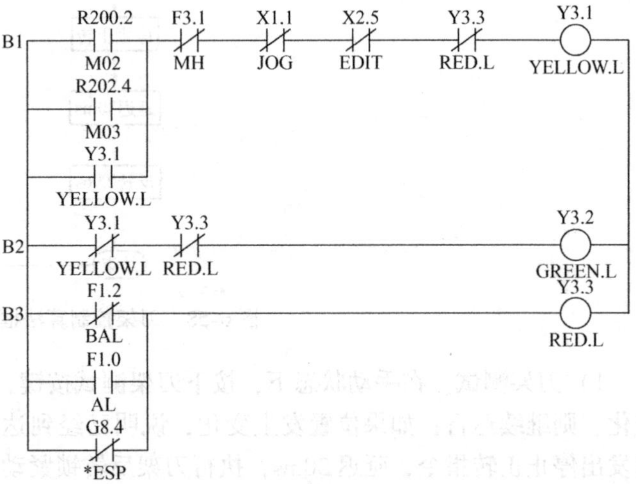

图6-60 三色灯的梯形图程序

6.7.3 信号灯的功能扩展

三色灯的应用非常广泛，除了上述各种环境下的状态显示外，还可以对信号灯的功能进行扩展，如可以编制一个开机后三色灯无条件地亮-灭三次的程序，以告知操作人员机床已经正常启动，之后，机床恢复原来的指示功能。要实现这样的功能，首先需要对原有的三色灯控制程序进行适当的改造，注意应在保留原有程序功能的基础上增加其他的代码。

图6-61所示为改进后的三色灯梯形图程序，与原有程序相比，其增加了一组R500.2共轭节点，开机瞬间，若R500.2的常闭节点断开，则将原来的三色灯程序屏蔽，而R500.2的常开节点闭合，通过秒脉冲发生器R9091.6来控制三色灯亮灭次数，这里的计数器虽然设置了四次，但实际上有效地使三色灯亮-灭三次。这样做的优点是保留了原有程序的结构，

也方便新程序与老程序融合。图 6-62 所示为三色灯初始化与计数器脉冲形成的梯形图程序，B1 和 B2 模块是初始化脉冲形成，并使计数器处于正常工作状态，在有效计数期间，正式接管三色灯的控制权，当到达设定值后，将三色灯的控制权转交给数控系统。

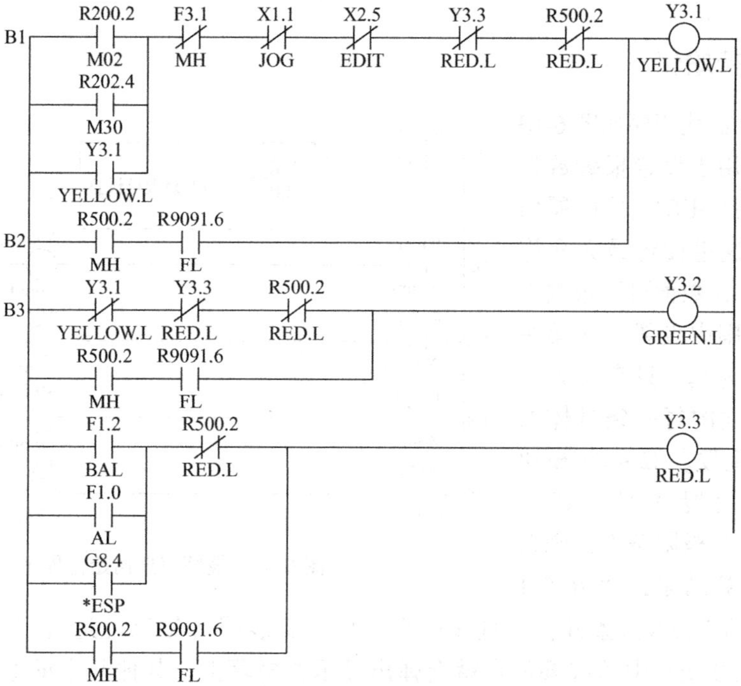

图 6-61　改进后的三色灯梯形图程序

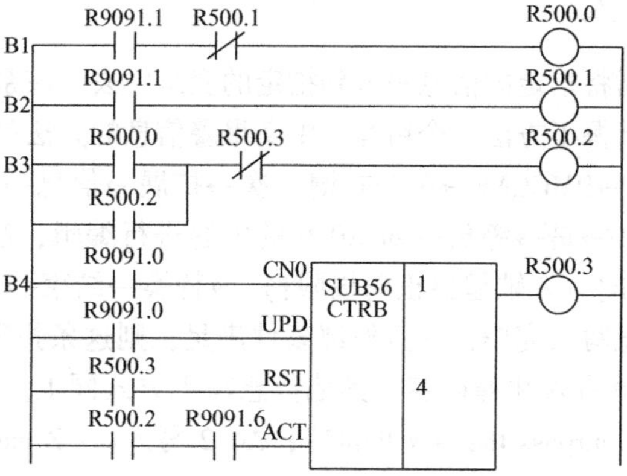

图 6-62　三色灯初始化与计数器脉冲形成的梯形图程序

6.8　用户报警信息处理

数控机床的报警分为两类，一类是由数控系统厂商根据一定的报警条件预先定义好并埋设在设备中的，一旦外部条件符合触发条件就立即产生报警信息；另一类是由数控机床生产厂家或者用户自己设定的，最常见的是直线轴的行程报警，这类报警的设置对机床在加工过程中的安全操作至关重要。常见的行程报警有两类，一类是在端点处安装行程开关，并将该开关信号接入到数控系统的输入端，通过梯形图来处理报警问题；另一类是利用光电编码器采集数据。本书主要讨论以光电编码器采集数据为基础的端点行程报警设置方法。

6.8.1 信息初始化

报警信息初始化程序如图6-63所示。B1模块用于设置报警数目的上限值，其中SUB41是扩展信息显示模块，这里设定最大允许条目数为200，该数值可以根据需要在合适的范围内设置，该模块运行条件永远为真。只有设置了这条语句，后面的每一条具体的报警信息才能生效。B2～B5模块是极限报警设置条件，其中R15.1～R15.4是极限条件，来自其他模块的计算结果，如R15.1是来自计算中的报警极限条件，一旦该位为“1”，就表明Z轴已经运行到正向极限位置，同时填写在A0.0变量中的报警信息就会弹出显示在屏幕上，其他几个继电器变量的原理同上。

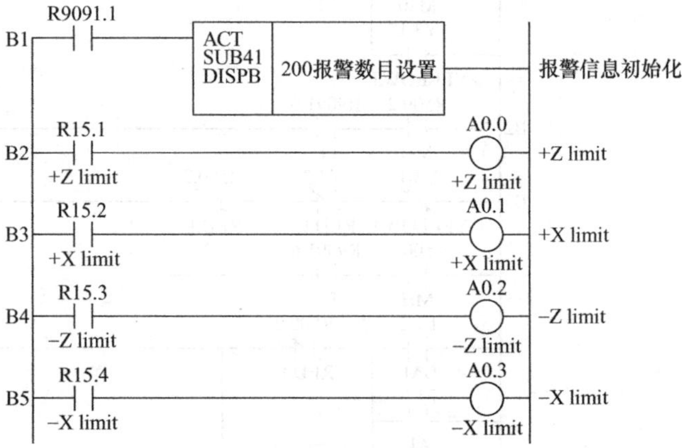

图6-63 报警信息初始化程序

6.8.2 报警信息的写入

报警信息的写入是指将指定的信息写入到指定的变量中去。该系统虽然只允许写入英文报警信息，但是，只要掌握了方法，今后写入中文报警信息的方法是一样的。写入报警信息的基本流程是：SYSTEM→PMCCNF→单击右键一次→扩展→信息→操作→编辑→出现提示信息：要停止此程序吗？→是→缩放→对A0.0的内容进行编辑，注释行内写出如下信息：Z axis surpass the +z limit!（Z轴超出正向极限!）→替换→结束→Y→允许程序执行→是，至此，其中一条报警信息写入完毕，一旦外部条件满足，则这条报警信息将显示在屏幕上。这样就可以对指定的变量写入注释内容，其他信息写入方式同上。同理，可以完成下列操作：A0.1写入：“X axis surpass the +x limit!”；A0.2写入：“Z axis surpass the -z limit!”；A0.3写入：“X axis surpass the -x limit!”。

6.8.3 报警控制的实现

在进行报警控制之前，首先要设置轴的当前值、比较上限和比较下限之间的对应关系，见表6-7。各个轴的三种参数都是由4字节组成的，这里要注意比较上限和比较下限的填写位置，表6-7中显示了极限范围为-39～39mm的比较关键值的写入方法，这里将其化成以微米为单位，以4字节存放数据，负数是按照其补码形式存放的。

表 6-7　轴当前值与极限位置值的对应关系

轴名称	地址	当前值/mm	地址	比较上限	对应值	地址	比较下限	对应值
X	D80	32.665	D100	58	39000	D110	A8	-39000
	D81		D101	98		D111	67	
	D82		D102	00		D112	FF	
	D83		D103	00		D113	FF	
Z	D84	-18.965	D104	58	39000	D114	A8	-39000
	D85		D105	98		D115	67	
	D86		D106	00		D116	FF	
	D87		D107	00		D117	FF	

图 6-64 所示为数值比较与控制梯形图程序，其作用是分别判断十字滑台在 X 轴和 Z 轴的正/反两个方向上是否超过规定的位置极限值，一旦超过，则发出相应的信号，用以产生报警信号或发出停车动作。其由 4 个模块组成，B1 模块是判断十字滑台在 Z 轴的正方向是否超过极限，如果超过极限，则 R15.1 发出控制信号；B2 模块是判断十字滑台在 X 轴的正方向是否超过极限，如果超过极限，则 R15.2 发出控制信号；B3 和 B4 模块分析同理。SUB214 是对两个指定的整数进行“大于含等于”的比较模块，比较结果通过相应的信号继电器输出。

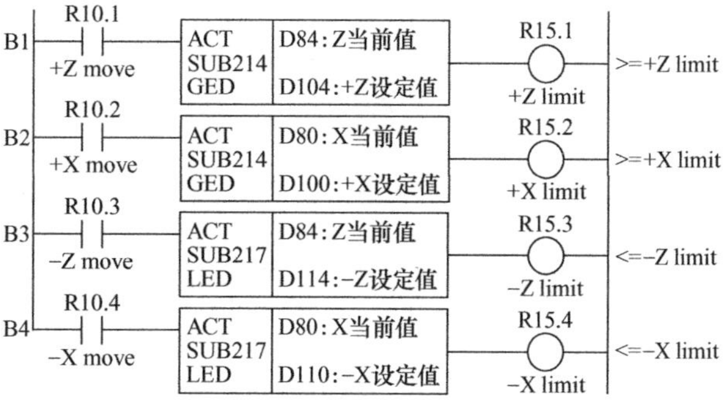

图 6-64　数值比较与控制梯形图程序

习　　题

数控机床故障检测与维修综合作业，由 3 ~ 4 人组成一个团队，每组有一骨干。按模块完成如下功能。为安全起见，建议保留一级程序，其他二级程序全部删除，并按照如下要求重新编写梯形图程序。

1. 编制完整的机床扫描程序。

2. 编写单步、机床锁定、空运行、程序保护四个功能程序，其他必要的，自己添加。

3. 编写伺服手轮、快速移动、手动和返回参考点程序。

4. 编写主轴手动、MDI 控制程序，扩展调速范围至 50% ~ 160%（12 档位），按“液压启动”为切换键，双向柔和切换，设置一信号灯，按 X7.7 升速，按 X10.1 降速，两端速度锁定。

5. 写出基本三色灯程序，编写一个开机后三色灯整体亮灭三次的程序，以提醒现场人员开始工作，此后，三色灯按当前状态显示，设置“门锁”键为该功能测试键盘。

6. 重新设定十字滑台零位，要求位于正中间，两端设置：-21.050 ~ +21.050mm。

7. 编写伺服端点极限位置显示程序（四种情况）。Warning：X surpasses the +x limitation.

位置极限设置为 -21 ~ +21；到达极限位置时停止运行，允许反方向安全运行。

8. 编制冷却电动机一键启动/停止控制，MDI 方式下的 M08 和 M09 控制，M18 下的间隙控制，2s 开，2s 停，M19 停止该功能。

9. 磁盘操作：先格式化，然后分别写入整体备份、CNC 数据、PMC 程序、PMC 参数和加工程序文件各一个。

10. 编写一段加工程序来验证你重新编写的数控车床梯形图的正确性，并根据情况改进或者优化你的程序代码。

第 7 章　刀库接口与程序编制

前面所述的关于梯形图程序的编制是在所有的硬件接口及相关连线都已经固定好，所有的输入/输出信号也都已定义完整的情况下，丝毫不必担心设备的情况，但是，实际生产中会更多地遇到需要在现有系统中增加新设备的问题，尤其在柔性生产流水线中，这些新设备的功能确定、正确接入以及软件编制都需要进行周密的考虑。本章将以 0i-mate-TD 信号数控单元为背景，将其与 24 工位圆盘刀库进行设备接口，同时编写出可以正确动作的刀库控制程序，此外，还可以进一步测试刀库的各种工作性能。

7.1　总体方案的考虑

首先考虑功能设计问题，该设计主要考虑两个层面的功能应用。第一个层面是基本功能，即该设备应包括刀盘的寻位、刀套的升降以及刀臂的旋转等单项功能测试；第二个层面包括刀盘的寻位时间测试（精度为 ms）、电动机温升测试以及刀库整体功能测试等。显然，第二个层面比第一个层面更复杂和精确。通过这些过程的编制、安装和调试，能提高接口技术、算法实施以及程序调试等方面的工作能力，并讨论规范的工作方法。

7.1.1　对象的基本描述

在对刀库进行系统接入之前，首先要认识刀库的基本特性。立式加工中心的圆盘式刀库大多数采用普通异步电动机控制刀盘旋转，位置计数通常采用接近开关。图 7-1 是经过简化后的 24 工位圆盘刀库示意图，从性质上可以将其分为运动部件和测量点两个部分，其中运动部件可以分为三个有机的组成部分：第一部分是刀盘，该设备由能够沿顺时针和逆时针方向旋转的刀盘及电动机组成，电动机则是通过蜗杆传动来驱动刀盘运动的；第二部分是刀臂，它是一个专用机械手，其电动机是通过齿轮传动来控制刀臂一系列动作的；第三部分是刀套，它是用于存放刀柄的装置，其传动机构是双作用气缸。信号测量点主要包括原点信号 PS_R、数刀定位 PS_C 和刀套位置信号（PS_U 和 PS_D）等，这些信号是通过接近开关来采集并输入到控制器内部的。支承座通过螺栓与机床或测试台的立柱进行连接。

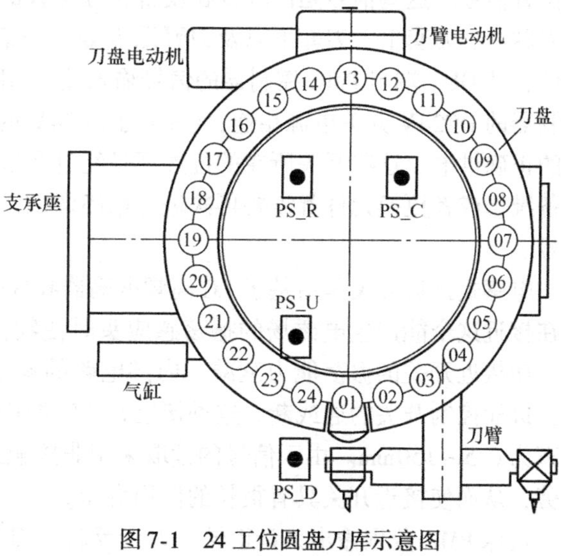

图 7-1　24 工位圆盘刀库示意图

7.1.2 刀库设备的参数分析

通过上述对刀库的定性分析，已经对该设备的基本组成、工作原理和信号分布方式有了基本的认识，在进行接口配置之前，还需要进一步对运动部件和测量点的元件列出详细的型号与参数，以获得更为精确的定量信息，目的是为后面的工程实施提供依据。表 7-1 所列为典型的 24 工位刀库设备的测量和控制信息。

表 7-1 典型的 24 工位刀库设备的测量和控制信息

序号	元件名称	型号	规格	性质
1	刀盘电动机	SVB18	0.2kW，4P，星形联结，传动比为 1:20	运动部件
2	刀臂电动机	CV-2	0.55kW，4P，星形联结，传动比为 1:10	运动部件
3	刀套气缸	S150	ϕ50×150L TYPE-CA	运动部件
4	原点位置	M12-PNP-NO-2mm	DC24V	测量点
5	数刀定位	M12-PNP-NO-2mm	DC24V	测量点
6	刀具确认	M12-PNP-NO-2mm	DC24V	测量点
7	刀套上	M12-PNP-NO-2mm	DC24V	测量点
8	刀套下	M12-PNP-NO-2mm	DC24V	测量点

从表 7-1 中可以看出，刀盘和刀臂都是采用三相交流电动机驱动，功率均小于 1kW，星形联结，由于其转轴上还连接了齿轮箱，这里也列出了传动比；刀套采用的是双作用气缸，行程为 150mm，导气管内径为 10mm；测量点全部采用 PNP 型接近开关，作用距离为 2mm。以上参数的获取为选择合适型号的可编程序控制器、辅助电气元件以及进行接口电路设计提供了依据。

7.1.3 信号接口方案的考虑

图 7-2 所示为典型的数控机床 PMC 与刀库信号的接口关系，其有 8 个与刀库系统有关的位置信号。这些信号是由埋设在设备相应位置的接近开关发出的，它们分别是刀盘原点、数刀脉冲、刀套上、刀套下以及刀臂原点等。采集元件是 PNP 型接近开关，它是一种三端元件，其 OUT 端与 PMC 控制器的信号输入端 X 相连，信号的读取由程序进行处理；Vcc 与控制器的 DC24V 开关电源相连；GND 与 DC24V 的 GND 同名相连，这样可以形成对接近开关的正确供电。这些开关所在的位置都是经过严格动作测试并最终固定下来的，一旦进行了设备维修或者更换元件都需要再次进行精确调试，以满足在规定的位置能够迅速发出正确的信号。

电感式接近开关是由基于 LC 高频振荡器和放大处理电路组成的，其基本原理是金属物体在接近这个能产生电磁场的振荡感应头时使物体内部产生涡流，该涡流反作用于接近开关，使接近开关的振荡能力衰减，内部电路的参数发生变化，由此识别出有无金属物体接近，进而控制开关的通或断。这种接近开关所能检测的物体必须是金属物体，其检测的有效距离为 0.5~150mm。由于信号的读取采用非接触式，所以避免了因机械接触而产生的金属疲劳，从而使接近开关具有很长的使用寿命。

机床 PMC 分别输出刀盘正转、刀盘反转、刀臂旋转、刀套上升和刀套下降的信号，这

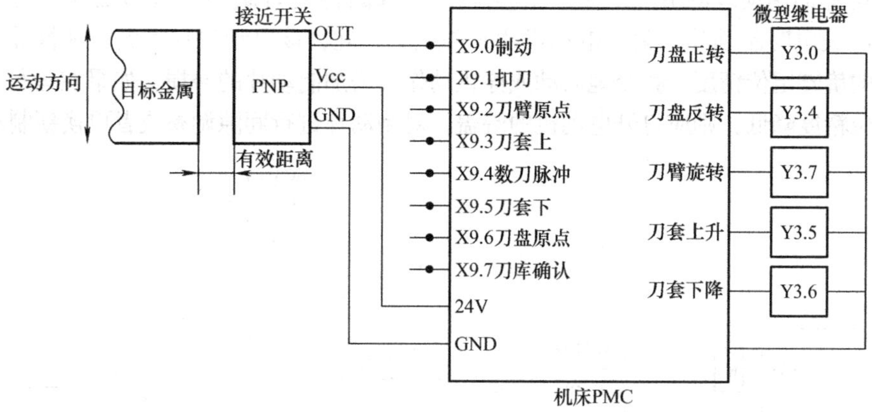

图 7-2　典型的数控机床 PMC 与刀库信号的接口关系

些信号首先作用在微型继电器上，通过这些继电器的辅助触点去控制接触器的接通或断开。这些接口关系的确立为在数控系统中采集刀库信号以及控制刀盘、刀套和刀臂的动作打下了基础。

输入信号采用由 DC24V 供电的接近开关与导线，而输出部分虽然采用了 DC24V 供电的微型继电器作为隔离元件，但是其触点上还是带有 AC110V 电压，接触器的主触点也带有 AC380V 电压，这些设备在接通或断开的瞬间都会产生火花并对信号输入端产生干扰，致使设备发生误动作。因此，这些信号的输入端最好单独敷设，采用屏蔽导线并在一端进行接地，输出的交流动力线要与这些信号线分开，以避免接触器动作时对系统产生扰动。

7.2　主要环节设计

7.2.1　刀盘电路设计

刀盘是刀库设备中能够产生可逆旋转和准确定位的重要部件。刀盘机械系统由支承结构、传动结构、定位结构和夹紧结构组成。编制程序之前，对刀盘接口和控制电路进行设计和调试是一项非常重要的工作。图 7-3 所示为刀盘位置测量与控制回路，其主要包括机床 PMC、接近开关和微型继电器等弱信号处理部分，此外，空气开关、接触器和三相异步电动机组成了强电回路，而蜗轮、蜗杆和刀盘则组成了机械执行机构，三者之间的正确连接是实现合理动作的基础。

Y3.0 和 Y3.4 为机床 PMC 输出的刀盘正转和反转控制信号，通过特殊的 I/O 接口模块，这些信号作用在对应的微型继电器 R1 与 R2 上，其线圈供电为 DC24V；将其常开节点串联进接触器线圈回路，并在线路上进行互锁，控制回路的供电电压转换为 AC110V，该电压则作用在交流接触器线圈上，代号为 KMF 和 KMR，是接触器主触点，其供电电压为 AC380V；P_M 为刀盘电动机，采用的是星形联结方式，为了改善制动效果，还增加了一个制动控制模块 RE，其输入回路取自电动机的一条相线 U1 与中性点（U2、V2、W2），这样可以对模块形成 AC220V 的输入电压，经过桥式整流后其输出电压的典型值为 DC95V。将该电压施加到电动机尾部的制动线圈 B 上，其工作状态是：线圈得电时制动片瞬间松开，电动机开始运行；线圈失电时制动片锁紧，电动机瞬时停止。因此，该电动机在失电时惯性非常小，以保证足够的旋转定位精度。频繁地启动或停止动作会增加制动片的磨损，如果在运行过程中发现旋转定位精度降低，则应打开电动机的端盖，对制动片进行间隙调整或者更换新制动片。

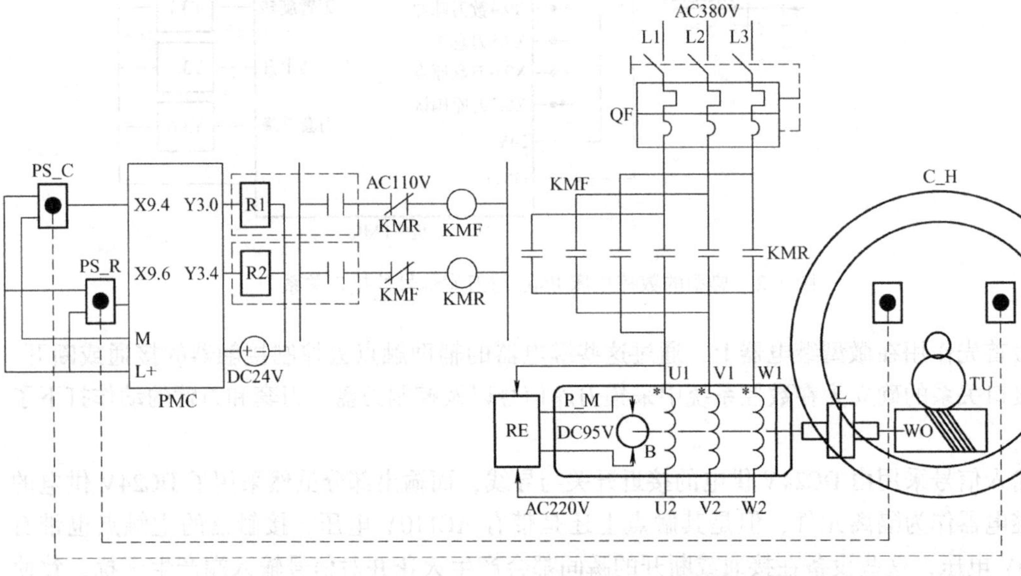

图 7-3　刀盘位置测量与控制回路

电动机在运行过程中，通过联轴器 L、蜗轮 WO 和蜗杆 TU 驱动刀盘 C_H 旋转，在旋转测试过程中，要正确设置方向，如从正面观看刀盘，假设顺时针方向为正，则逆时针方向为反，据此可以设置 PMC 的两个输出信号关系，并在软件上也同时实现互锁。QF 是空气开关，起短路或过载保护作用，其额定工作电流应根据电动机的容量进行计算和选择。

与刀盘控制相关的位置测量信号是数刀定位 PS_C 和原点定位 PS_R 脉冲信号，它们是通过接近开关接入的，由于该接口板仅仅适合 PNP 型号的接近开关，因此要注意正确的连接方式。另一方面，该元件在刀库中所占的空间比例非常小，为了正确标示信号的位置，在图 7-3 中将其直接绘制在可编程序控制器的输入端，以表示实际的连接方式，其中 L + 表示 DC24V，M 表示直流电源参考端，X9.4 和 X9.6 为信号输入端，其含义分别代表数刀脉冲和刀盘原点位置信号。

7.2.2　刀套电路设计

自动换刀气动控制系统的主要控制内容为主轴准停、刀套倒刀、拔刀、主轴松刀以及机械手下降等环节，其中刀套倒刀采用的是气动控制。加工中心所在的厂房附近都建设有专门的空气压缩机站，其设备的容量和压力应该在满足全负载的情况下略有余量，新建的空气压缩机站和管道在初次使用之前应该进行严格的泄漏测试，以及时检查出泄漏点并进行修复，通过吹扫环节驱除管道中的颗粒性杂质，以避免换向阀的阀芯和气缸活塞等设备的损伤。

图 7-4 所示为刀套测量与控制回路，它是一个由气压传动、机械传动、信号测量与控制组成的混合原理图。由空气压缩机输出的空气经过油水分离器分离出空气中的油性物质以及

粗大颗粒物，再经过气动三联件进行进一步的油水分离和压力控制，干净气体被送入二位三通气动阀门，其逻辑过程由可编程序控制器（PLC）进行控制，以使气缸产生前进或后退的动作，通过换向机构将动作转化为刀套上升和下降的动作。刀套位置是否正确是由对应的接近开关（PS_U 和 PS_D）检测的。

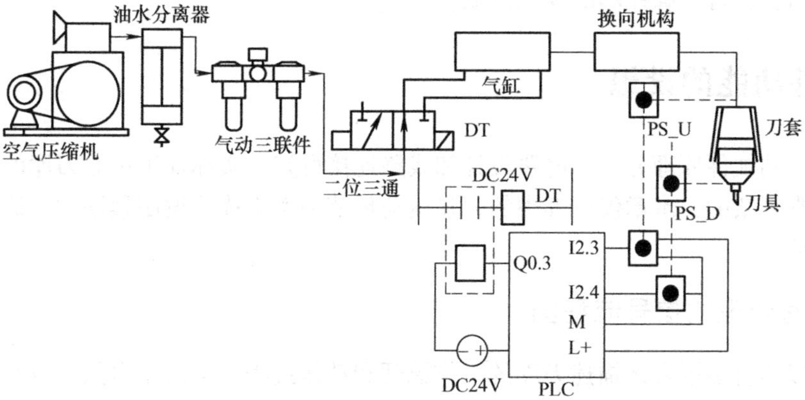

图 7-4　刀套测量与控制回路

选用的气缸工作压力为 0.5MPa，因此气源压力应至少恒为 0.6MPa 以上。气动三联件的调整：调节压力时首先将调节手轮拨至调节位置，转动手轮至所需要的压力（0.5MPa），然后垂直压下，锁定手轮，即可保持压力稳定。

7.2.3　刀臂机械手动作时序分析

刀臂机械手动作的测量与控制电路设计与刀盘有类似之处，这里不再详述，仅分析刀臂机械手的动作时序。刀臂机械手在实际加工中心上的动作可以描述为：三相异步电动机带动凸轮机构，完成扣刀→交换刀具→机械臂回原点的一系列动作，这些动作都是在特定的数控机床中由程序执行的。为了正确编写刀臂旋转控制程序，需要测量刀臂旋转过程中三个相关变量的关系，观察三个相关变量的变化规律，并将其绘制成时序图。

图 7-5 所示为刀臂机械手动作时序图，其中 A_M 是刀臂驱动电动机，G_B 是齿轮箱，

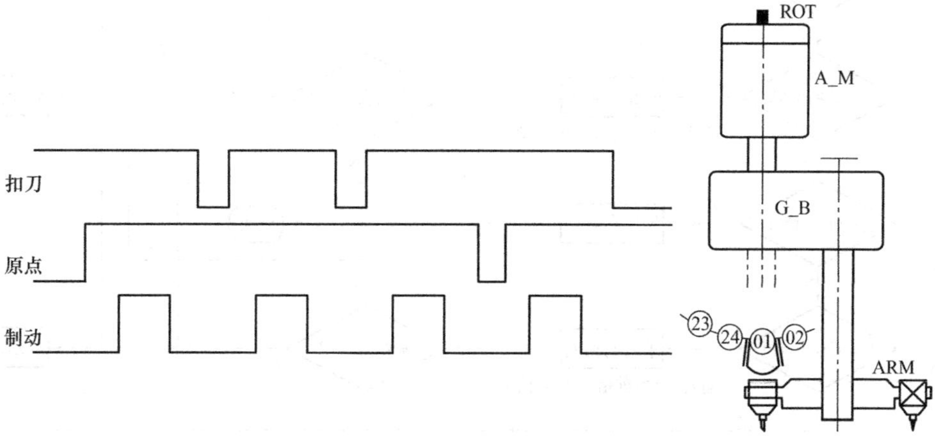

图 7-5　刀臂机械手动作时序图

ARM 是刀臂机械手，为了获得扣刀、原点和制动三个信号的时序关系，需要在这三个接近开关上连接逻辑分析仪，然后用扳手转动刀臂电动机端点的手柄 ROT，通过观察逻辑分析仪，首先寻找到刀臂的原点位置，其实际上是一个比较小的区间，然后继续转动手柄，使刀臂从“原点区域”旋转一圈，在手工转动过程中观察并绘制出如图 7-5 所示的时序图。该图是测试台对刀臂进行正确控制的理论依据。

7.3 软件功能的设想

通过前面的硬件原理分析、电路设计和线路连接可知，实际加工中心刀库的梯形图程序的编制是非常复杂的，本章仅以其中的刀盘运动环节为例来描述编制程序的方法，并从中总结出一些规律。

7.3.1 编写合理的信号流程图

虽然可以用自然语言来描述刀库的工作原理和动作过程，但由于自然语言在描述过程中存在一些不确定的、模糊的甚至歧义的理解，因此有必要编写一个合理的信号流程图，其可以比较规范地约束信号名称、信号流向、时序分配和汇集方式。图 7-6 所示为刀盘控制信号流程图，涉及刀盘的手动步进测试、返回参考点测试及 MDI 工作方式。在编写和存放程序时，应该尽量按照图 7-6 所示的顺序进行，以方便检查、测试和进行标注，其中椭圆框表示信号的初始化入口，菱形框是动作的条件执行，它具有一个入口和两个出口，矩形框代表动作执行过程，同时，还要正确标示出程序的结束位置，使程序的开始和结束具有相互呼应的

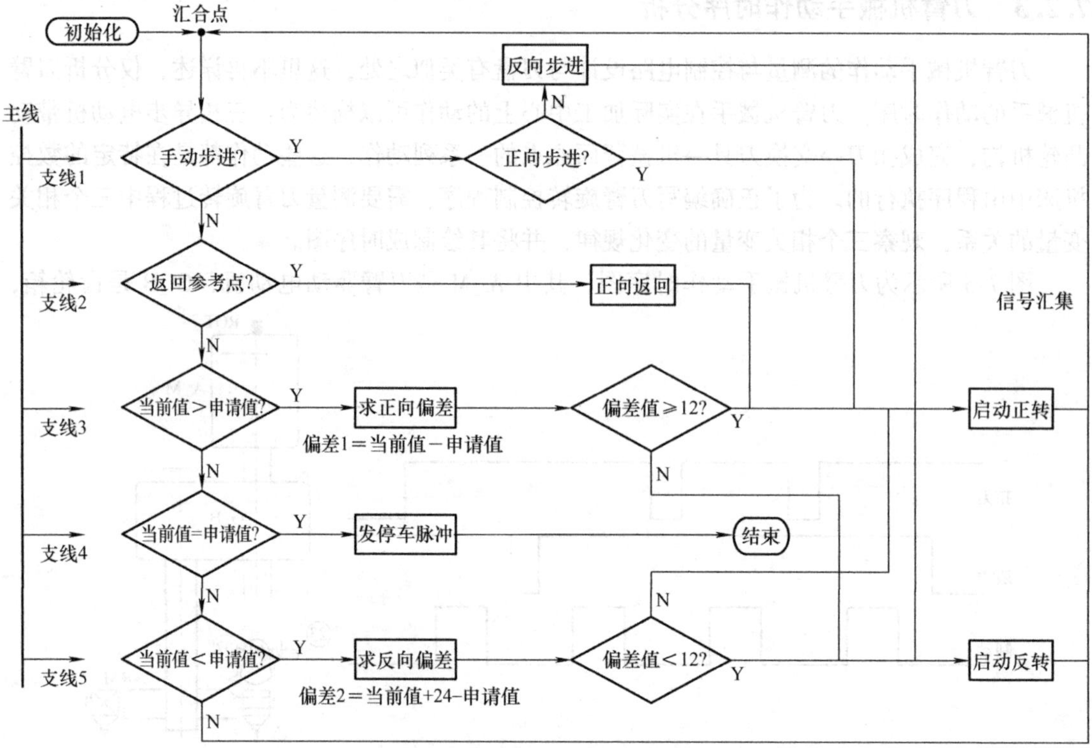

图 7-6 刀盘控制信号流程图

关系，这表明程序是可以反复执行的。注意，信号流程图有时不是一次就可以考虑周到并编制好的，而是需要多次的修订和完善。

编制信号流程图时应遵循的一些原则：① 在垂直方向描绘最重要的主线工作任务，如手动步进、返回参考点及 MDI 工作方式等，也将其称为 No 线；② 在水平方向描绘一些分支任务，如正向步进、反向步进或者偏差计算等；③ 在最右侧绘制一条垂直的信号汇集线，最后这条线返回到该程序的汇合点。该信号流程图有两个重要特点：一是这些任务是可以随时添加和删除的，无论是添加还是删除，其结构和组成方式都是完整的；二是作为一个独立程序所具有的封闭性，要将所有涉及的可能性均包括在流程图内，以确保程序执行的安全性。

7.3.2　实现步进测试

刀盘控制程序的编写可以根据先易后难的原则进行。首先要让刀盘能够正确实现正转和反转，然后利用数刀脉冲实现正转一位或反转一位，这样就可以使刀盘电动机处于正确的受控状态。同时注意，应将该段程序编写得经典一些，因为它将成为后续复杂控制的基础程序。图 7-7 所示为刀盘步进测试程序段。B1 模块控制刀盘正转一个位置，X0.2 是刀盘正转的启动按键，F3.2 是手动状态确认代码，也就是说，该测试是限定在手动状态下才允许操作的，R10.1 是数刀脉冲处理后的信号，每次越过一个位置该信号将动作一次，以使刀盘电动机停止，R10.7 是互锁信号，R10.0 是正转一个位置的中间控制信号，注意这里并没有直

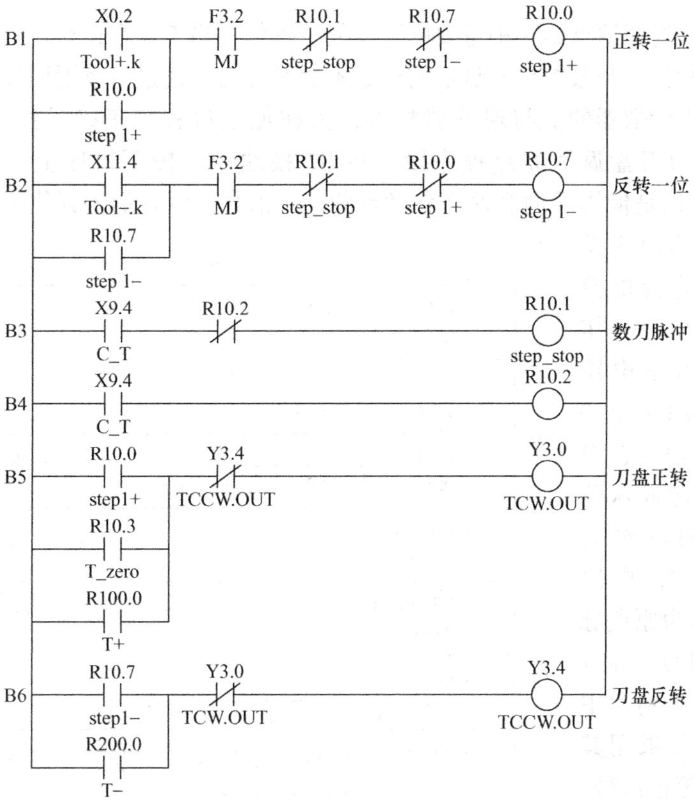

图 7-7　刀盘步进测试程序段

接给出目标代码 Y3.0，而是将这个符号集中写在了 B5 公共单元，这样做的目的是其他中间控制变量也可以驱动 Y3.0；B2 模块是实现反转一个位置的程序段，其原理同上，注意这两个模块是互锁的。

B3 和 B4 模块是对数刀脉冲的窄幅处理过程。通过对该信号进行时间截取的观察，该信号可以持续数十毫秒，如果通过该信号进行计数和控制刀盘转动，则刀盘在制动时会有一个比较大的滞后，因此，比较好的方式是对其由宽幅进行窄幅处理，并且将这个信号作为计数器的输入信号。B5 和 B6 模块是目标控制单元，其中 Y3.0 是刀盘正转输出信号，Y3.4 是刀盘反转输出信号，其信号控制端表现为逻辑“或”的形式，这表明它可以接收各类控制信号，如 R10.0 是刀盘正转一个位置的控制信号，R10.3 是刀盘沿顺时针方向返回参考点的控制信号，R100.0 是通过数学计算而得出的正转控制信号，这些信号各司其职，互相独立，可以根据要求添加或删除，符合模块化的程序编制思想。

为了方便读懂程序代码，可以用英文单词和缩写标注主要变量的含义，如 X0.2 是刀盘正转一个位置的启动按键，其符号名字可以写成 Tool+.k，同样，X11.4 是刀盘反转一个位置的控制键，该变量可以标示为 Tool-.k，这样，当阅读到这些符号时就可以很快明白该段程序是在描述刀盘的手动测试功能。同样地，Y3.0 是刀盘正转输出信号，将其标示为 TCW.OUT，这也有利于理解其相关的含义。注意，这些符号变量的字符最多为 8 个，因此要用紧缩代码来描述，必要时在文件档案中做出说明，以备查考。

7.3.3 刀盘返回原点

加工中心刀盘返回原点是一种重要的强制复位操作。当刀盘在运行过程中因为一些意外的原因而造成刀盘位置与数控单元显示的位置不相符合时，通过刀盘返回原点操作可以使数控单元中采集刀库计数器的值与现场值相等，为在加工过程中正确寻找刀套位置做好准备。图 7-8 所示为刀盘返回原点程序段，在 B7 模块中，按下机床上的返回参考点键，F4.5 有效，这里只是借用了伺服返回参考点的一个信号，以有别于其他工作模式，然后再按下 X0.2 按键，R10.3 发出刀盘正向返回原点的控制信号，该控制信号将作用于刀盘的 Y3.0 继电器（图 7-7）；B8 和 B9 模块是原点脉冲处理信号，根据现场测试，该脉冲从开始到结束持续时间约为 660ms，因此，如果以 X9.6 的上升沿作为原点脉冲信号去停止刀盘，则 1 号刀套中心还没有到达中心缺口，反之，如果用其下降沿作为刀盘停止信号，则 1 号刀套中心又越过了

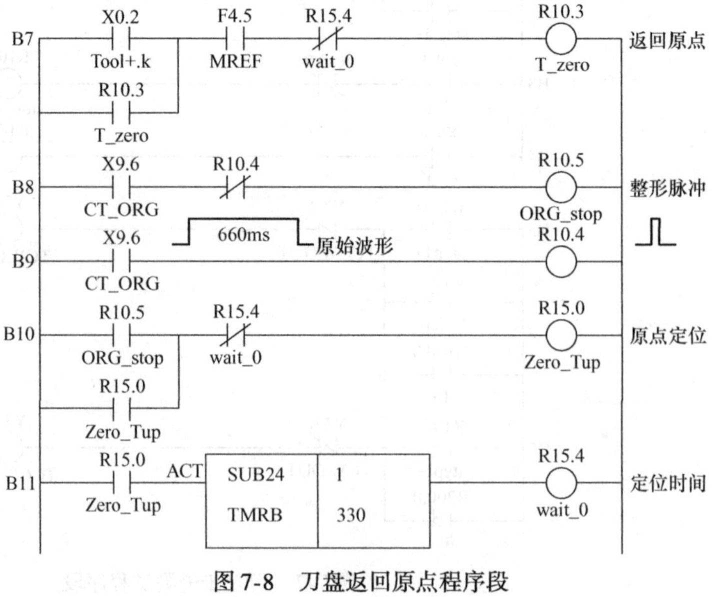

图 7-8 刀盘返回原点程序段

中心缺口，在这种情况下，只有将该宽脉冲信号整形成短脉冲信号，再用该信号去触发一个延时逻辑 B10 和 B11，经过反复试验，当时间常数设置为 330ms 时，1 号刀套中心与中心缺口重合，这才是真正的刀盘原点。

7.3.4 编写合理的计数器程序

作为 24 工位圆盘刀库，在 PMC 梯形图中还要编写一个与之相对应的计数器程序。该计数器应该具有以下特点：① 是一个 1～24 循环计数器；② 是一个可逆计数器；③ 采用十六进制数进行计算。图 7-9 所示为刀盘计数器程序段。在 B12 模块中，SUB5 是外置式计数器，CN0 端设置为逻辑“1”，表明该计数器从 1 开始计数，而非先前常用的从 0 开始；UPD 端决定了计数器的方向，当刀盘电动机正向运行时实现加法计数，反之则是减法计数；R15.4 是 1 号刀套到达缺口中心线的信号，即原点信号，此时，计数器强制为 1，R10.1 也是经过整形后的数刀脉冲信号，由于这里采用的是 1 号外置式计数器，则计数器的当前值为 C0002，其数值范围是十进制数 1～24。在 B13 模块中，SUB14 是一个数制转换模块，BYT 端设置为逻辑“0”，表示待转换的数据长度为 1 字节；CNV 端设置为逻辑“1”，表示将 BCD 码转换成十六进制；RST 设置为逻辑“0”，表示不进行复位；ACT 设置为逻辑“1”；表示该模块处于恒转换中，被转换的数据存放在 C0002 单元中，这就是计数器的当前值，转换后的十六进制数存放在 D0002 单元中，该数据用于参加后续的相关运算。

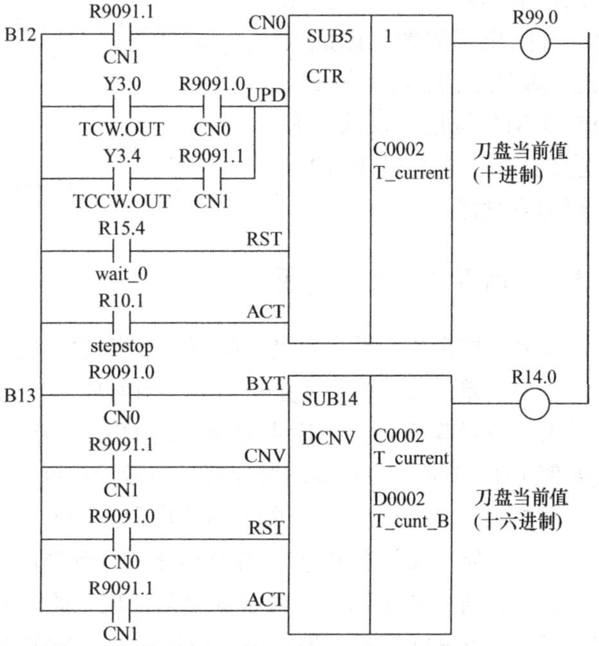

图 7-9 刀盘计数器程序段

7.3.5 情况 1：相等判断

在 MDI 方式下，输入刀具命令，其形式为 T 位号 + 补偿值，其位号将作为申请值被存入到 F0026 单元中。关于相等有两种情形：其一，当刀盘处于静止状态时，刀盘当前位置正好与申请值相同，此时发出停车信号，刀盘不应该有任何动作；其二，当刀盘处于正转或反转过程中，遇到当前值与申请值相等，此时发出的停车信号将使运行的刀盘由运动变为停止。图 7-10 所示为相等情况的判断程序段。B14 是实现数值比较的模块，在 SUB200 功能块的 ACT 端存在两种情形：一种是 F7.3 和 F1.3 组成的串联信号，这两个信号仅仅在 T 指令输入后，并且按下循环启动按键的瞬间才接通，这是判断静止状态下的相等情况，只是一种特例；另一种是刀盘电动机正转或反转时的数值相等判断，被比较的数据是 D0002 和 F0026，它们分别代表刀盘当前值位置和申请值位置，该模块仅仅在两者相等时才使R110.0线圈有效，而且该模块是整个程序的一个重要出口，无论正转还是反转，这两个值一定有相等的机会，如果电动机转个不停，则这条判断语句可能出了问题，因此要认真调试该模块。同理，B15和B16是整形模块，其产生的窄脉冲通过R110.1去控制刀盘停止。

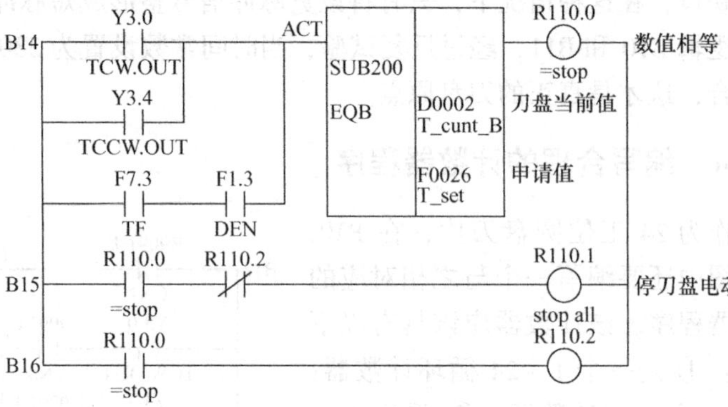

图7-10　相等情况的判断程序段

7.3.6　情况2：大于判断

如果数控系统测量到刀盘当前值大于申请值时，根据图7-6所示的信号流程图，首先要计算正向偏差，其计算公式是：偏差=当前值-申请值，该偏差值是一个大于零的正整数，当其大于或者等于12（刀库中刀套个数24的一半）时，刀盘电动机执行正向运行指令；当偏差值小于12时，刀盘电动机执行反向运行指令。

图7-11所示为大于情况的判断程序段。B17是数值大于比较模块，其中SUB206用于实现对两个一字节整数的比较，当D0002（刀盘当前值）大于F0026（申请值）时，R130.2发出信号；通过B18和B19模块的整形处理，通过R100.2发出计算偏差请求；B20是计算偏差模块，SUB37实现二进制码的减法运算，RST设置为逻辑“0”，表示永不进行复位操作，ACT端接收计算偏差的请求信号，被减数存放在D0002单元中，减数存放在F0026单元中，差值存放在D0100单元中；B21是进行小于比较的模块，存放于D0100中的偏差值如果小于D0012中的常数12，则R99.6线圈有效，该信号经过B22和B23模块的整形后通过R220.0发出刀盘反转请求脉冲，通过B24模块的R200.0启动刀盘反转的恒定信号，当接收到相等条件时通过R110.1将刀盘电动机停止。同理，B25~B28是判断当偏差值大于12时启动刀盘正转的程序实现方法，这里不再赘述。

7.3.7　情况3：小于判断

如果数控系统测量到刀盘当前值小于申请值时，根据图7-6所示的信号流程图，如果继续采用公式：偏差=当前值-申请值，其偏差值是一个负数，由于用负数计算刀盘应越过的数刀脉冲数容易出错，因此这里采用一个新的修正方法，新的计算公式为：偏差=当前值+24-申请值，这样计算出来的偏差值仍然是正整数，而且数值性质与情况2相同，可以共用一个存储单元，给计算带来很大的便利。

图7-12所示为小于情况的判断程序段。B29是数值小于比较模块，在T指令有效作用的一瞬间，当D0002（刀盘当前值）小于F0026（申请值）时，R130.1线圈有效；通过B30和B31模块的整形处理，R100.3发出如下请求计算，B32模块实现当前值加上常数24的计算，并将计算的临时结果暂时存放在D0026单元；B33模块实现将刚才临时单元中的内

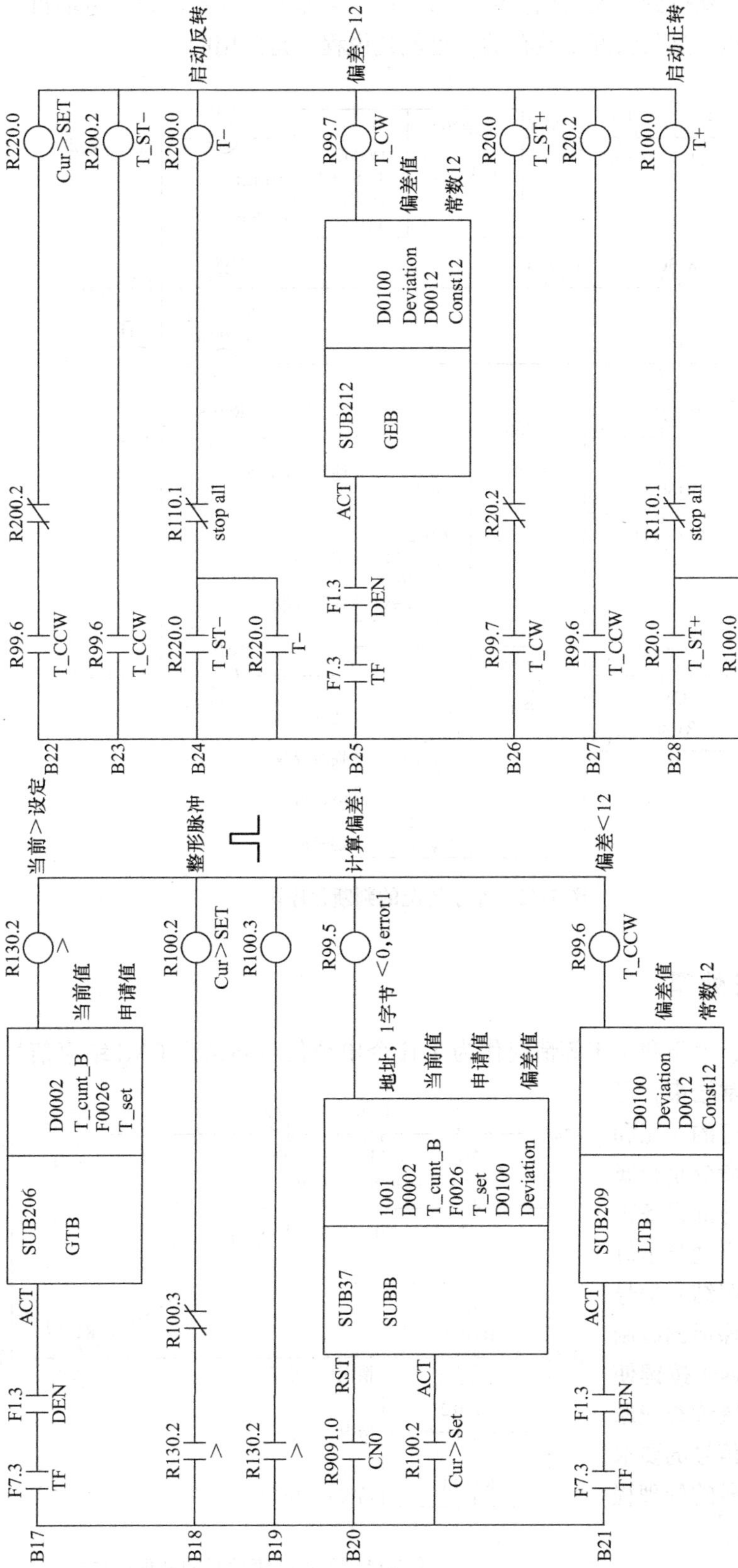

图 7-11　大于情况的判断程序段

容减去申请值，这样就得到了新的偏差值，通过这个偏差值再去控制刀盘电动机的正转与反转过程，而这部分程序是与情况 2 共存的，也就是说程序是共用的。

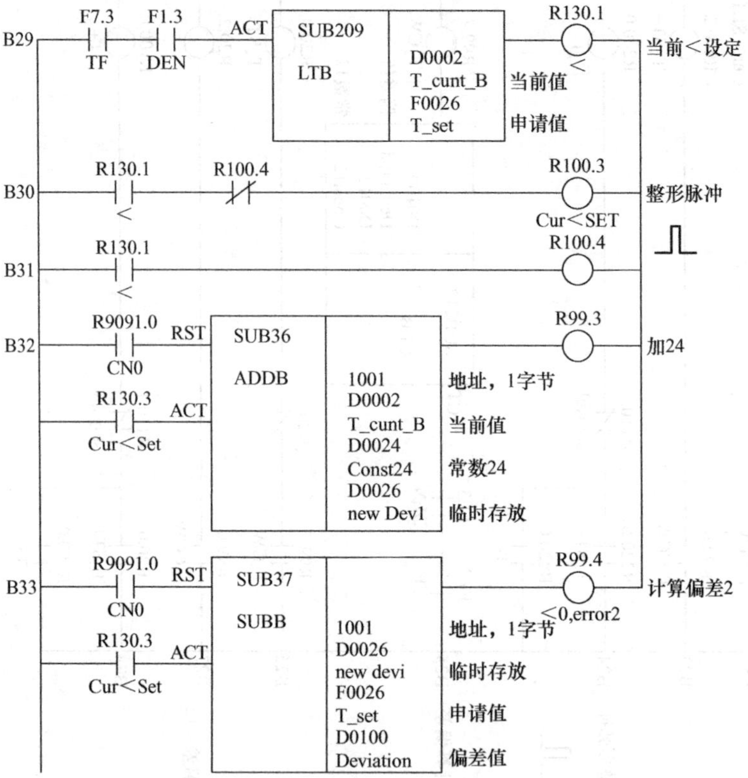

图 7-12　小于情况的判断程序段

7.3.8　结束信号处理

将前述的相等、大于和小于等情况作为 T 命令申请信号归纳到 CNC 结束信号中，以告知该动作命令的正常结束，可以从循环启动指示灯的一亮和一灭的过程判断该命令是否属于正常结束。如果外部设备正常启动，但是循环启动指示灯一直亮着，这就说明结束信号没有处理好，根据梯形图编制特点，可以按下 Reset 按键使指示灯熄灭，然后继续查找原因，直到符合结束信号的要求为止。刀库结束信号的处理程序段如图 7-13 所示。

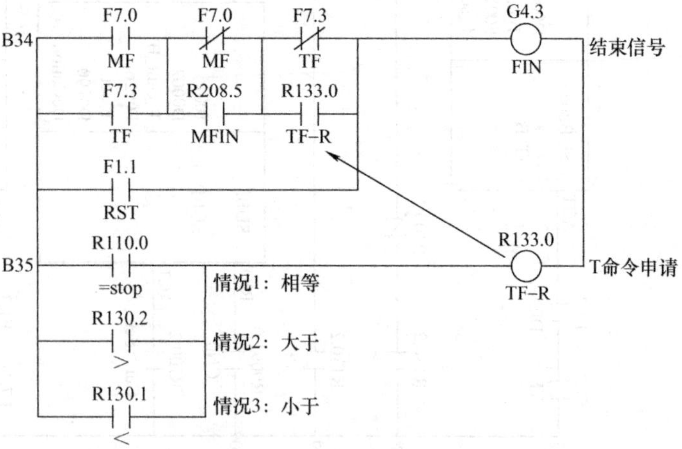

图 7-13　刀库结束信号的处理程序段

7.4　刀盘旋转与数学建模

该测试台有五大功能，这里以“刀盘旋转与寻位测试”为例来说明测试台的一种应用方法。该项测试以刀库在旋转过程中转过不同组合位置所消耗的时间变量进行数理统计，建立数学模型，通过样本数据与模型分析来深入了解刀盘机构可能存在的机械或电气缺陷。

7.4.1　识别问题

刀盘运转状况主要与电动机运行、数刀定位脉冲和原点定位脉冲等特性有关，而这些特性状况可以通过刀盘的寻位控制来分析和评估。寻位控制是指刀盘从某一个位置出发以正转或反转形式移动到另一个位置的运动过程，表征该运动过程的变量是时间，由于刀盘电动机受启动、制动、齿轮啮合以及定位脉冲信号采集与控制等方面因素的影响，其寻位时间会发生微妙的变化，通过这些变化来检查刀盘运行中可能存在的问题。

7.4.2　做出假设

这里假设刀盘从测试点开始运行到某一终点的运行时间与刀盘的位置变化可能存在如下的函数关系：刀盘运行时间 $=f$（位置变化），为了检测刀盘的运行特性，通常使其以某个规定的位置为起点，在程序的控制下开始正转或反转。为了分析方便，这里首先假设是正转运动，每转过一个由数刀脉冲确定的位置都会消耗一定的时间，转过的位置数不同，所消耗的时间也不同，通过可编程序控制器可以记录刀盘转过的位置变化量和所消耗的时间。由于刀盘具有 24 工位，如果从数学的排列方式来进行逐一检测，其检测数量将是 $2^{24}-1$，这个数量非常巨大，显然，这在时间和经济上都是不合理的。因此，这里存在着选择合理自变量的问题。

自变量构造的第一个原则是数量要合理，如以 10 个左右为适宜；第二个原则是能够满足特定的测量要求。根据圆盘刀库共有 24 工位的几何特点，其自变量的个数选择应考虑以下情况：

1）等分点的检测。选择 8、16 和 24 为检测划分点。

2）密集点的选择。选择典型偏差量为 1、2、3、4、5。

3）插补点的位置选择。选择 10、20。

4）测量位置的选择。从 1、8 和 16 三个典型位置开始。

5）因特殊检测可以从任意一个点开始进行增补测量，这样就形成了如下 10 个自变量，分别标记为：D1、D2、D3、D4、D5、D8、D10、D16、D20、D24。

7.4.3　求解模型

根据所提供的自变量 D1 ~ D10 的分布情况，在测试台上对刀盘进行运动状态测试，刀盘旋转数据见表 7-2，从表中可以看出，一共进行了 10 次测试，字母 D 后面跟的是偏移量，如 D5 表示从当前位置正转 5 个位置，由数刀脉冲传感器确认其计数状态，运行持续时间为 3956ms。图 7-14 所示为根据表 7-2 内容绘制的散点图，通过该图可以求得其数学模型。

表 7-2　刀盘旋转数据

序号	偏移量	持续时间/ms
1	D1	798
2	D2	1583
3	D3	2367
4	D4	3172
5	D5	3956
6	D8	6316
7	D10	7885
8	D16	12623
9	D20	15762
10	D24	18902

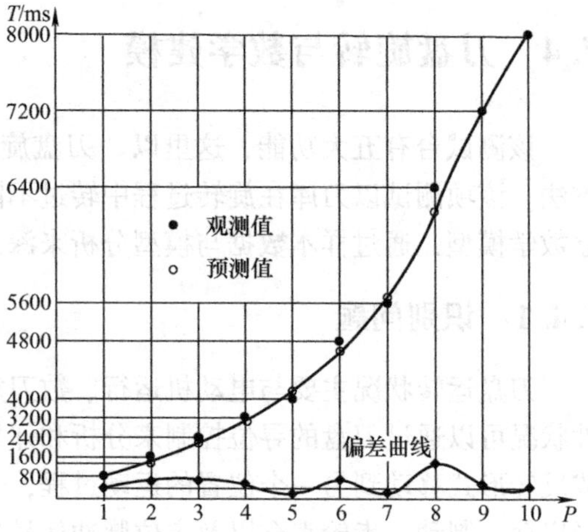

图 7-14　刀盘旋转运动数据散点图

首先观察图 7-14 中的曲线变化趋势，通过几何相似性关系得出以下一些假设模型：

$$T \propto P^3 \tag{7-1}$$

$$T \propto P^2 \tag{7-2}$$

$$T = aP^3 + b \tag{7-3}$$

$$T = cP^2 + d \tag{7-4}$$

其中，式(7-1) 是基于图形为微S形曲线，故推测其是3 次型曲线；式(7-2) 推测其为2 次型曲线；式(7-3) 和式(7-4) 则在原来假设的基础上添加了参数，以使模型更加精确。通过对以上四个模型进行线性回归，可以得出如下四组解：

$$\begin{cases} T_1 = 8.2476P^3 + 100.91P^2 + 27.067P + 798 \\ R_1^2 = 0.9926 \end{cases} \tag{7-5}$$

$$\begin{cases} T_2 = 14.133P^3 + 5.0242P^2 + 586.14P \\ R_2^2 = 0.9917 \end{cases} \tag{7-6}$$

$$\begin{cases} T_3 = 215.68P^2 - 332.01P + 798 \\ R_3^2 = 0.991 \end{cases} \tag{7-7}$$

$$\begin{cases} T_4 = 191.64P^2 - 29.157P \\ R_4^2 = 0.9871 \end{cases} \tag{7-8}$$

经过计算发现，四种数学模型的 R^2 值都比较大（接近于1），显示出很强的相关性，但是相比之下，式(7-5) 的 R^2 值为0.9926，是四个值中最大的，所以式(7-5) 为所求的数学模型。该模型的机械意义：从原点出发，在 D1 ~ D10 之间选取 10 个检测点并依次运行，其刀盘的偏移量 P 与运行时间 T 之间呈现3 次型多项式关系，并且这种关系比较稳定，曲线的畸变程度可以初步判定刀盘的基本运行特性。

7.4.4　验证模型

验证模型可以通过图 7-14 所示的刀盘旋转运动数据散点图进行观察，显然预测值。与观测值•比较接近，并且观测值分布在预测点曲线的上下部分，表明模型曲线具有很好的拟合性，偏差曲线显示了预测值与观测值之间的偏离程度，偏离程度过大，表明该测量点可能存在机械配合或电气测量方面的问题，这是刀盘机构需要调整的依据。

7.4.5　实施模型、参数修正与建模意义

上述模型只是从原点“1”出发进行10个数据采样后形成的数学模型，这是一种理想状态，根据需要还可以从其他规定点“8”和“16”出发继续进行模型的实施，甚至可以从其他任意位置开始数据搜索，其模型的结构是一样的，即为3次型曲线，但是常数部分会有一定的差别，这也是模型修正的一部分。数学建模的意义在于通过比较少的试验次数获得较多的过程信息，据此可以进一步发现刀盘中一些藏得比较深的故障点。

7.5　改进的讨论

目前，机械故障诊断正在由单过程、单故障和渐发性故障的排查发展到多过程、多故障和突发性故障的智能检测。一方面，将刀库从加工中心信号端隔离开来并且接入到专用测试台，可以对刀库进行专门的测试，其优点是对原加工中心设备没有附加影响；另一方面，通过测试台对刀库发出各类动作指令或接收刀库发回的状态信号，这对刀库机构调整环节非常重要且有效。刀库测试台的研究、设计和应用过程都充分汲取了现场工作人员的集体智慧，为数控机床维修中心更好地开展刀库设备的专业测试、调整和机床维修提供了很好的技术支持。

除了上述的刀盘测试以外，还可以进行更多功能的测试，如可以进行电动机温升测试、刀臂测试、刀套测试以及混合测试等，通过按键查询方式，进入到各自的检测系统中，这样可以进一步提高检测精度及检测过程的自动化程度。

习　　题

图7-15所示为改进后的刀库测试流程图，根据本章所提供的梯形图编写素材，请读者自己编写一套全新的刀库测试程序，并将测试结果显示在数控单元屏幕上。试通过该案例来体会一个复杂工业对象的测试过程。

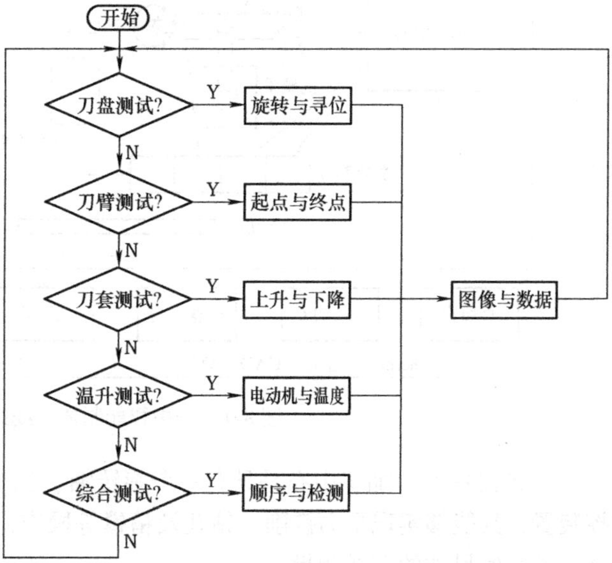

图7-15　改进后的刀库测试流程图

第 8 章　梯形图编制在加工中心设备调试中的应用

随着智能制造技术在数控加工环境中的应用，利用机械手来实现自动上料和下料，从而减少甚至完全代替人工的同类简单劳动已经成为一种趋势，而在机械手进入机床之前需要检查加工中心的侧门是否处于开启状态，在加工过程中需要关闭安全门，因此机械手、安全门和加工程序之间具有非常重要的有机联系；另一方面，在加工过程中，如果插入一个几何检测过程，如检测工件的深度、宽度和圆度等，则需要安装一台检测仪，而该仪器正常工作与否可以通过梯形图进行测试。因此，本章将通过两个典型的案例来说明梯形图程序编写在数控加工中心等高级设备调试中的应用。

8.1　系统组成原理

为了说明梯形图调试技术在高级数控设备中的应用，这里以华中数控设备为例进行案例分析。目前，华中智能产线有两个版本，华中智能制造产线（2018 版）是在 2017 版的基础上升级改造而成的一种用于智能制造教学的重要平台。它将智能制造的一些概念以一种现实的装置为载体实现了操作、验证、拆卸、装配、调试及程序编制等环节的“学做合一”，能够满足两个方面的基本要求，即生产与教学。

图 8-1 所示为华中智能制造产线组成结构，下面简单介绍其主要部件的功能。

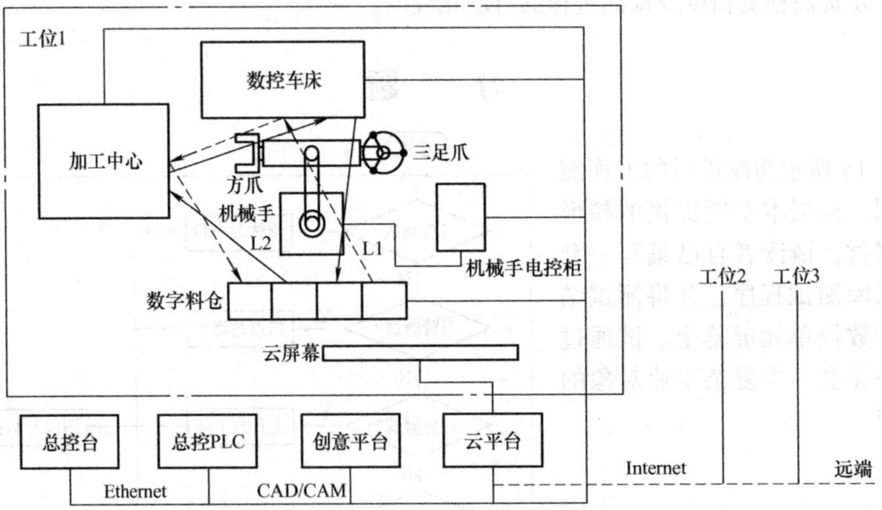

图 8-1　华中智能制造产线组成结构

（1）加工中心　加工中心是具有一个旋转轴、三个直线轴以及 10 工位斗笠式换刀器的数控装置，其能够实现平面铣削、钻孔及精镗等操作，通过安装在机内的红外测量装置可以实现工件几何尺寸的在线测量。

（2）数控车床　数控车床是具有一个旋转轴、两个直线轴、一个8工位电动刀架及斜床身结构的数控装置，能够实现通用回转体的加工操作，同时其尾部具有可编程顶尖装置，以配合机械手，装入工件时将工件夹紧。

（3）机械手　机械手是具有6个自由度外加一个直线运动的工件夹持装置，其中的方爪可以用于抓取托盘，而三足爪可以用于抓取工件，能够实现工件在数字料仓、数控车床和加工中心之间的抓取与放置，电控柜中放置着伺服电动机放大器，改进版的机械手还安装了射频识别（Radio Frequency Identification，RFID）系统，以便在数字料仓取料时依次读取工件毛坯的信息，同时将信息传送到总控平台，以控制机械手将加工好的零件送往规定的位置。

（4）数字料仓　数字料仓是用于存放毛坯、正品工件以及废品工件的装置，目前具有16个正式的位置，每个位置上安装有传感器，用于感应是否有料，该信息可以通过网络传送到总控平台上的屏幕上，便于操作者观察和处理。

（5）云屏幕　云屏幕是一个尺寸较大的电视屏幕，其上可以显示加工中心、数控车床以及数字料仓的各类信息，也可以对订单的发送过程进行显示，以方便现场人员动态了解生产情况。

（6）总控台　总控台是整个智能制造系统的信息中心，其安装了各种功能软件，其他各个环节的设备都通过通信接口与其连接，以实现各种信息的收集。

（7）总控PLC　总控PLC是一个特殊的信息采集器，其中数字料仓的仓位信息都传送到这里显示和处理，机械手的信号也在这里汇合。

（8）创意平台　创意平台是提供给程序员编写加工程序的装置，将MasterCAM等软件生成的可执行程序通过网络传送到加工中心或者数控车床，而不是传统的将其转化成磁盘文件进行传送，提高了程序编制的效率，特别适合于复合加工工艺流程。

（9）云平台　云平台是云数控的主机部分，主要用于各类信息的现场显示，也是数据远程处理的智能终端，是云屏幕的控制主机。

（10）网络系统　从图8-1中可知，各个环节都是通过网络连接起来的，因此该智能制造系统是基于网络技术，由路由器及相关网络通信标准组成的连接器。从现有的体系结构来看，共有两种网络结构，其一是Ethernet组成的局域网，主要连接加工中心、数控车床、机械手以及各类终端，这是一种局域网结构；其二是Internet（互联网），云平台一般与互联网连接，可以在更高层次的数据网络之间传递文件和信息。对于某一个特定的工位（如图8-1中的工位1），其各个终端显示器是基于局域网的，这样既可以满足互联网传递数据的广泛性，又体现了使用局域网在生产过程中的安全性。最后，通过IP地址设定可以将各设备有机地连接在一起。以下是一种可能的地址设定格式：加工中心（192.168.1.161）、数控车床（192.168.1.162）、总控台（本地）PLC（192.168.1.163）、RFID（接入机械手电控柜）（192.168.1.164）、总控台计算机（192.168.1.165）、云平台（192.168.1.166）和创意平台（192.168.1.167）等。这些仅仅是工位1的一套设备的地址设置方法，工位2、工位3及更多设备也有类似的设置方法。

8.2 加工工艺流程分析

本节以生产一套铝质金属配合件为例说明智能制造产线在实际工作中的应用，毛坯与成品件如图 8-2 所示，其中图 8-2a 所示为一种圆柱形毛坯，材质为铝 6061，其表面已进行基本的抛光处理，满足加工前的公称尺寸和表面粗糙度要求，具体的尺寸略。要求加工的零件形状如图 8-2b、c 所示，两者的共同特点是都具有尺寸相同的圆弧曲面，而图 8-2b 的一端要求加工出六面体的凹槽，图 8-2c 的一端要求加工成六面体的凸台，其目的是使两者形成配合件，并且满足基本的配合精度要求。为了说明配合的情形，图 8-3 显示了两个零件互相配合的一种方向。

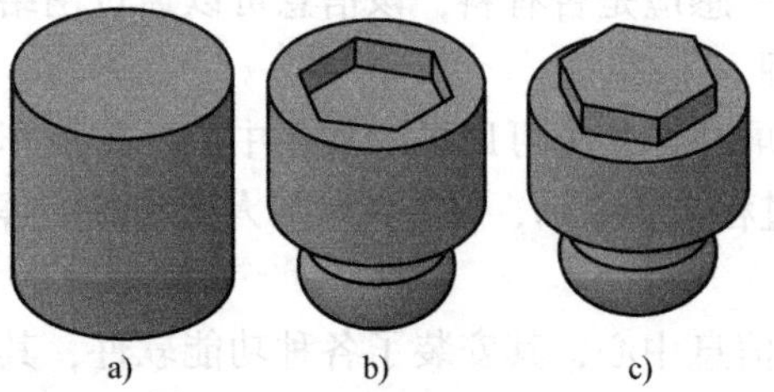

图 8-2　毛坯与成品件

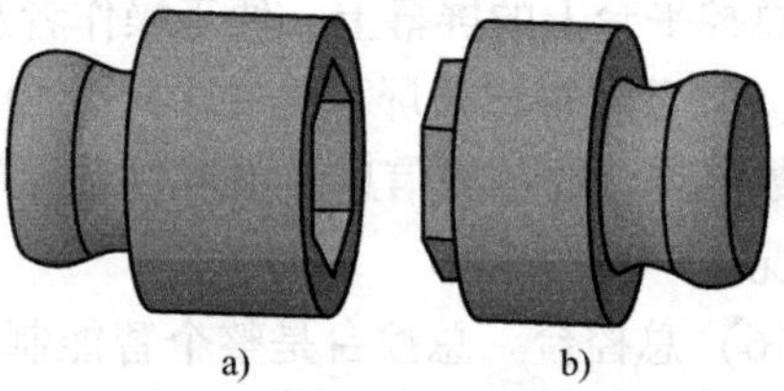

图 8-3　两个零件的配合过程

该制造系统中比较重要的两台设备是数控车床和加工中心，前者适合加工回转体工件，而后者可以加工槽和孔类工件，同时有些工件的加工需要经历这两个工艺流程才能完成，显然，该配合件可以在该制造系统中完成。另一方面，这里还存在着先进行车床加工，然后进行铣床加工，或者相反的顺序，甚至要求两种流程同时进行，因此，机械手需要将工件从数字料仓搬运到数控机床上，这个过程称为上料，同时，当加工完毕后，机械手又要将加工好的零件根据质量控制要求从机床搬运到数字料仓，这个过程称为下料。下面对工艺流程路线进行简要的分析，先从整体上理解梯形图在这些环节的调试中可能起到的作用。

1）第一种工艺流程。从图 8-1 可以看出，L1 代表第一种工艺流程，即先数控车床加工，然后进入加工中心。通过订单配置程序，机械手首先从数字料仓中取出一个毛坯，然后将其送往数控车床进行回转体加工，然后机械手将其送到加工中心进行多面体加工，根据几何测量的结果，机械手将加工好的工件放置在数字料仓的合适位置。

2）第二种工艺流程。图 8-1 还显示了第二种工艺流程，用符号 L2 表示。在该过程中，机械手首先从数字料仓中取出一个毛坯，然后将其送到加工中心进行多面体的铣削加工，接着完成规定的在线几何测量，并将数据记录在内存中，然后机械手将其送到数控车床进行回转体加工，最后根据几何测量结果，由机械手将加工好的工件送往数字料仓的指定区域。

3）混合工艺流程。该流程的本质是使第一种和第二种工艺流程同时开始执行，当工件数量非常庞大时，采用这种工作方式可以节约大量的时间成本，同时可以最大限度地发挥机械手的工作效率，同时，也提高了机械手示教的难度，如机械手运行的路径规划、防护门的自动开启与关闭、防碰撞功能的实现以及机械手夹具的合理分配等。

8.3　机械手与周围设备的位置关系

本节以一个机械手、一个加工中心和一个料仓为背景来介绍机械手与周围设备的关系。在现代制造业中，机械手将逐渐取代人工实现毛坯和工件的装夹。图8-4所示为一种典型的设备布置方式，其中，机械手由小车、手臂、方爪、圆爪和控制面板等组成，通过手臂的六自由度旋转以及小车的直线运动，它可以自由穿梭在加工中心和料仓之间，实现毛坯在两台设备上的自由抓取和放置；料仓是一种直立式并带有格子的货架，每个格子可以放置一件毛坯，为了识别加工前的毛坯和加工后的工件信息，在料仓特别的位置上安装了一个射频识别装置，其作用是识别粘贴在工件托盘上的电磁信息，以便对被加工的工件进行信息处理，如工件号、在线测量信息、合格信息和归属信息等，这些信息都将被送到总控台；加工中心是一种具有三个直线轴（即X、Y和Z轴）、一个旋转主轴和一个10工位斗笠式刀库的数控装置，其与传统的加工中心不同的是其侧门为气动控制，即通过活塞杆来控制防护门的打开与关闭，该安全门的功能是可编程的，它与机械手最重要的关系是防止碰撞功能的设计；该制造系统中还有一个重要的环节是总控台，其内置一台主机和总控PLC，与料仓之间通过信号电缆连接，并通过IP地址建立数据联系，这样可以实时监控料仓中毛坯和加工后工件的分布情况。另外，总控台与加工中心通过局域网连接，目的是将CAD/CAM生成的可执行程序下载到数控单元，同时也可以接收加工过程中的几何测量信息。后面讨论的问题就建立在上述简化连接方式的系统（图8-4）上。2018版的系统则在此基础上增加了一台数控车床，设备的连接方法更复杂一些，但是基本原理类似。

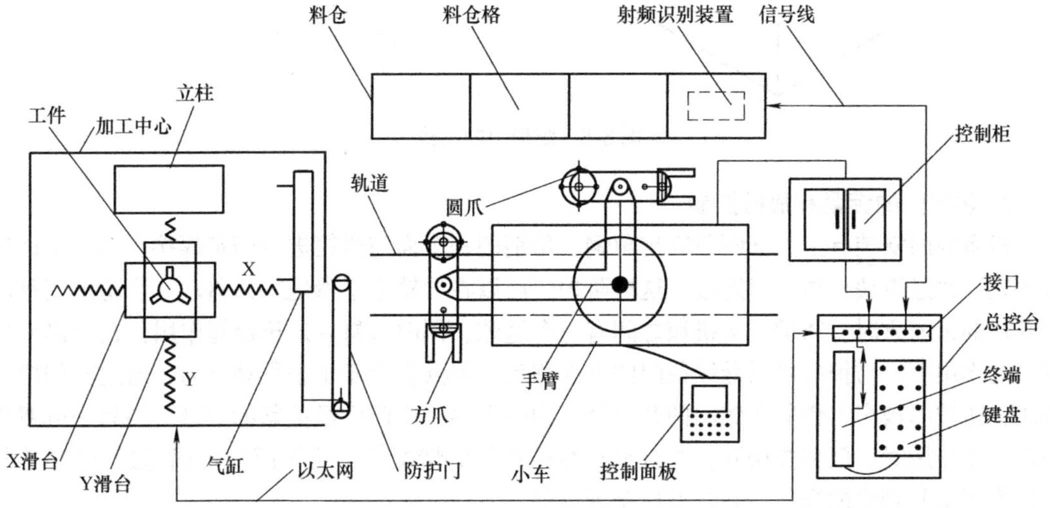

图8-4　机械手与周围设备的关系

8.4　防护门控制原理

1. 防护门的打开和关闭控制

如图8-5所示是加工中心防护门的一种结构，其主体部分是一个金属框架，被控制对象为防护门，其受两组气缸的控制，其中气缸-1控制防护门的打开和关闭，这是一个双作用气缸，两端的进气–出气是受程序控制的，图 8-5 中已经绘出气缸的作用位置，但为了节省空间，相应的连接气管未绘制出来，其连接细节可以参考图 8-6；开关门检测器是两个极限开关，内部是接近开关，用于探测门的全开或者全关情况，门的移动受连杆机构和气缸活塞杆的共同作用，图 8-5 所示为全开状态。因此，通过机箱顶部的气缸、活塞杆、连杆机构、开关门检测器以及数控单元等就可以实现防护门的打开和关闭，这就是防护门的可编程性。

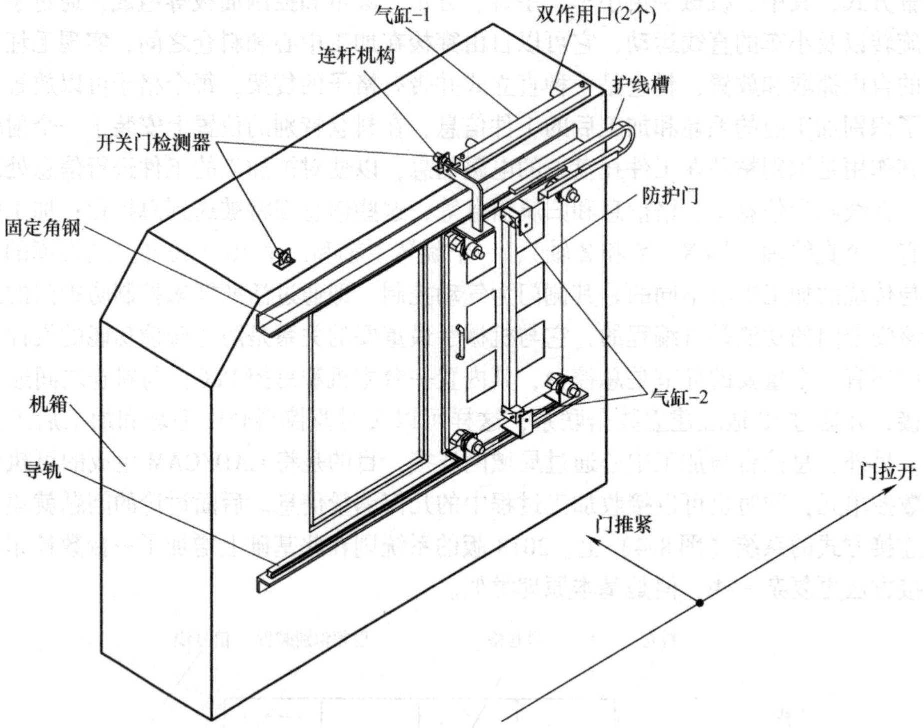

图 8-5　防护门的结构

2. 防护门的锁紧和放松控制

机箱侧面安装有上、下两条固定角钢，角钢的一个面与机箱进行固定焊接，另一个面装有导轨，通过滑块与防护门连接，这样防护门可以在导轨上平滑地来回移动。当防护门移动到开口的正前方时，防护门与机箱之间有一个缝隙，同时气缸 –2 开始起作用，在一侧双作用口的作用下，防护门可以继续往门内方向移动，但其垂直于水平移动方向，通过向门内侧挤压，防护门被牢牢锁紧在侧门的开口处，同时发出一个门已经关紧的信号。当另一侧双作用口发生作用时，门将被松开，并且只有在松到位的情况下，防护门才可以通过气缸–连杆机构实现全开到底的操作，并且发出全开信号。

3. 气动控制原理的说明

理解气动控制原理是实现防护门程序控制的基础。为了能够完整、准确和有效地编写出防护门控制梯形图，还需要对防护门的气压回路进行说明。图 8-6 所示为气动控制原理，来自空压站的气体进入分接开关 SW0，其中一路去机械手控制回路，另一路去机床侧。在机床侧，空气首先进入气动三联件进行油水分离，然后，清洁的气体进入 SW1 多路开关，其中一路去 SW2 多路开关，另一路去 SW3 多路开关，SW2 多路开关属于一进三出的结构，第一个出口接 EMV1 电磁阀，该阀一开机后线圈就得电，主要负责主轴 B 段吹气；第二个出口接气枪，用于加工过程中或平时的吹扫；第三个出口接气动阀，受 PLC 程序控制，其目标地址是刀库。

4. SW3 开关的重要作用

从图 8-6 可以看出，SW3 开关也是一个一进三出的多路开关。其中 1 路去气动阀 1 并控制气缸 1，通过气缸的活塞杆和连接件去拉动防护门，其中 Y3. 4 和 Y3. 5 分别为关门到底和开门到底的机床控制信号，而 X4. 0 和 X4. 1 分别是门已经关到底和开到底的检测信号；多路开关中的 2 路去气动阀 2，其作用是控制气动卡盘的松开和夹紧，该卡盘的作用是夹持待加工的工件，其中 Y3. 2 是卡爪夹紧控制信号，Y3. 3 是卡爪松开控制信号；多路开关中的 3 路去气动阀 3，该阀进而控制一组并联的短程气缸，其作用是控制防护门的推进到位（关紧）和拉开到位（松开），其中 Y3. 1 是推进到位控制信号，Y3. 0 是拉开到位控制信号，而 X4. 6 是上侧的推进到位检测信号，X4. 3 是上侧的拉开到位检测信号，同理，X4. 5 是下侧的推进到位检测信号，X4. 4 是下侧的拉开到位检测信号。通过以上信号的分析和描述，使读者更易弄清信号的来龙去脉，这对于后期的梯形图编写和调试起关键的指导作用。

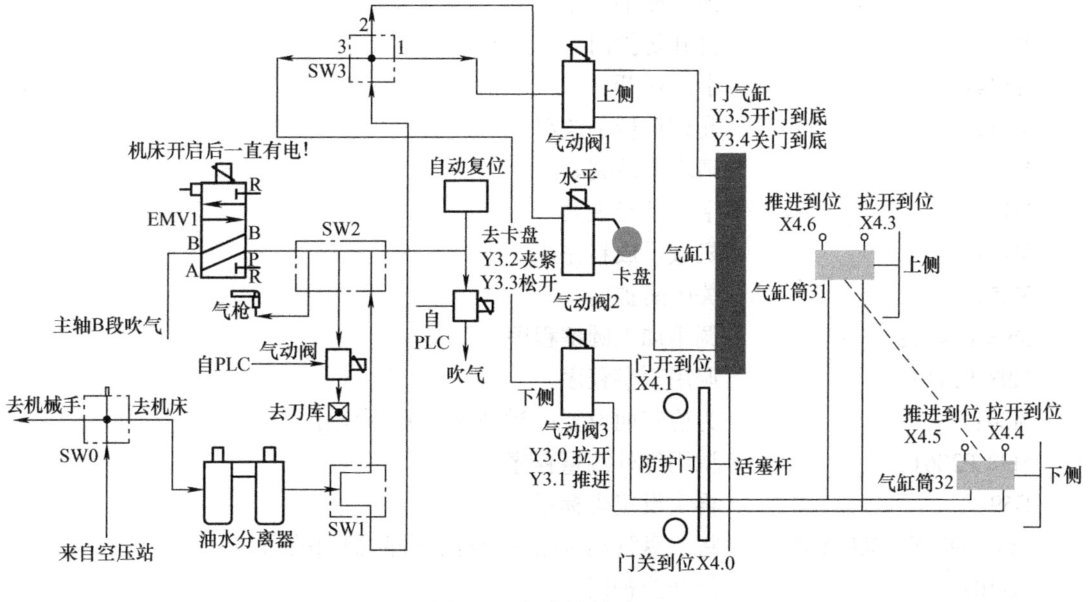

图 8-6　气动控制原理

8.5　主控程序的编制与调试

为了说明梯形图在调试防护门的拉开和关闭、防护门的松开和压紧、气动卡爪的松开与夹紧、红外测量的启动与关闭等方面的作用，这里首先要深刻理解主程序的作用，而梯形图属于主程序调用的一段子程序。下面以存储在加工中心中的一段核心主程序为例，读者可以通过程序和相应的注释来理解该主程序的编制思想。可以从以下两个方面加以理解，首先是以英文字母 G 开头的指令，这些指令是由数控厂商提供的，因此该指令的功能是普通用户无法更改的，只需要正确地理解指令的含义并使用它们，同时，即使是不同的数控厂商，这些G指令也大多是通用的，从而使得加工程序可以在不同类型的数控系统中运行，或者稍加修改后运行；另一方面，还有一类指令是以英文字母M开头的，M是英文Miscellaneous的首字母，其意思是混杂的或辅助的，也就是说，M指令可以由数控使用者自行编制，考虑到通用性，其中有些M指令在各大数控系统中也是约定俗成为通用的，如M03、M04和M05分别代表主轴的正转、反转和停止。但是，还有一部分的M指令具有自身特色，需要用户根据自身应用的特性自主开发，开发完成后，这些特殊的M指令应该添加到有关手册中，以方便他人调用。

以下程序中，分号右侧是注释，以帮助读者理解有关含义。

```
%
O0023;                    主程序号
G40 G17 G49 G80 G90;      取消刀具半径补偿，选择XY平面；取消长度补偿；取消固
                          定循环；绝对模式编程有效
G59;                      建立工件坐标系
G00 G90 X-380 Y43;        工作台快速移动，绝对编程，将卡盘移动到指定坐标，以方
                          便机械手操作
M110;                     打开防护门
M134;                     卡爪松开
M56;                      允许机械手放料
M73;                      请求卡爪夹紧
M133;                     卡爪已经夹紧
M74;                      机械手放料完成
M65;                      关闭防护门
M98 P1412;                调用加工圆槽程序
M98 P1413;                调用刻字程序
M00;                      为检查而设置的暂停键，可以禁用
M98 P2061;                调用红外测量程序
G59;                      再次设定坐标系
G00 G90 X-380 Y43;        将卡盘移动到指定坐标，即防护门的门口
M110;                     打开防护门
M57;                      允许机械手取出工件
M72;                      请求卡盘放松
M134;                     卡盘已经放松
M75;                      机械手取料完成
M30;                      返回至程序开头，以便下次再次执行
```

8.6 联络信号图的绘制

编制梯形图的前提是绘制信号流程图。从某种意义上来说，绘制一个合理的信号流程图是整个梯形图编制成功与否的关键。尽管从功能分配的角度来看，每个梯形图子程序都能够

完成各自规定的任务，但是，阅读或者维护这些大量的程序确实不容易。由于经常要根据客户的要求来修改一些程序代码，可是，这些修改究竟会给整个程序带来怎样的影响却很难从整体上得到评估。有时，尽管从局部的角度来看梯形图是合理的，但是从整体的角度来看并不是最优的，因此，这里尝试从信号流程图的角度来描述各个梯形图功能的实现方法。

图 8-7 所示为数控机床与机器人电柜之间的联络信号。在编制梯形图之前，绘制这样一张信号流程图可以清楚地看到设备的分布情况、信号的名称以及信号流向等信息。从某种意义上来说，该信息有时比编制程序本身更重要，只要这个信号流程图绘制得合理，在此基础上编制出的梯形图就比较容易实施、验证乃至最终投入使用。

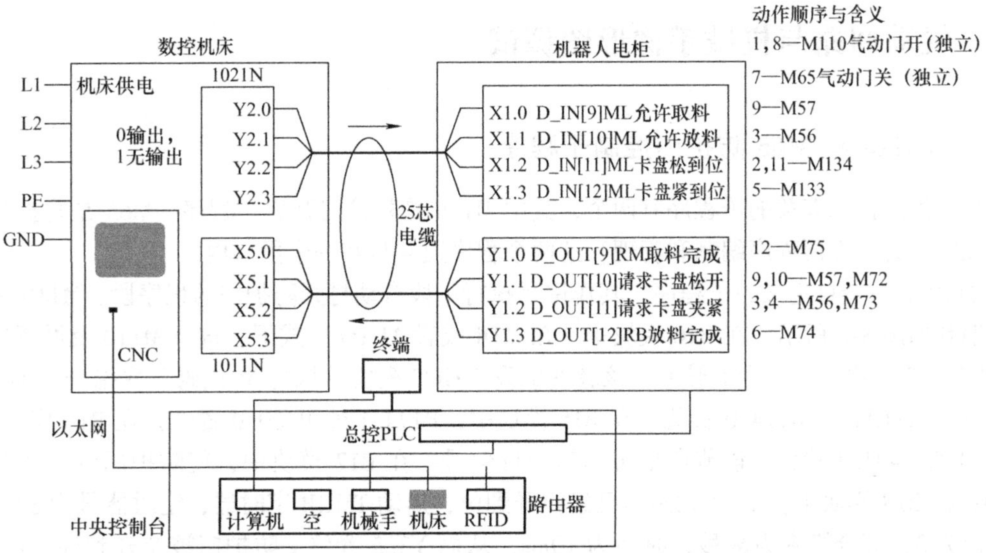

图 8-7　数控机床与机器人电柜之间的联络信号

1. 数控机床侧的信号描述

数控机床供电规格是三相五线制，其中相线是 L1、L2 和 L3，规格为 AC380V/50Hz，PE 是保护地，GND 是电源地；CNC 是数控单元，它与中央控制台用以太网连接；1021N 为继电器输出板，该板卡将机床中 PMC 梯形图中的 Y 信号发往机器人电柜，低电平有效；1011N 为开关量输入信号，信号形式为 X，主要用于检测来自机床外部的有关信号。

2. 机器人电柜侧的信号描述

机器人电柜也有与数控机床类似的供电要求，具体细节略。其中 X1.0 ~ X1.3 是机器人电柜的输入信号，它接收的是数控机床的输出信号；Y1.0 ~ Y1.3 是机器人电柜的输出信号，它发出到数控机床的信号输入侧，每个信号的含义都在图中进行精确的标注，其目的是方便后面的程序编制。

3. 中央控制台的描述

该设备主要由一台计算机和终端组成，通过内部总线和路由器，该计算机还与数控机床进行数据连接，以便完成加工程序的下载或者采集数控机床加工过程中的实时数据；另一方面，总控 PLC 还与机器人电柜进行连接，这样也方便在终端上观察机械手的实时工作状态。因此，中央控制台的作用主要集中在现场数据采集和产生部分实时控制上。

4. 动作顺序与含义的描述

在图8-7的右边给出了动作顺序与含义，动作顺序是按照序号1、2、3……进行编排的，其中“1，8—M110”表示第1步和第8步均执行M110子程序，该子程序的功能是开启防护门，“2，11—M134”表示第2步和第11步均执行M134子程序，该子程序的功能是松开数控机床中的卡盘，以便允许机械手放入毛坯或者从卡盘中取走加工好的工件。以此类推，这组标注信息的左边对应着信号的种类和名称，其是编写子程序所需要的信号，这样排列的目的是方便编程时有对应的输入和输出信号可供处理，以方便编程人员甚至其他技术人员理解这个整体的过程，而不仅仅是给职业程序员使用，提高了输入和输出信息的使用价值。

8.7 气动回路与机械手梯形图调试

8.7.1 M110和M65防护门控制子程序

与防护门控制有关的子程序有两个，其中M110是防护门开启子程序，M65是防护门关闭子程序，为了方便程序编制和管理，这两个程序通常写在一个段落内。

M110是一个自定义的子程序，其作用是执行一段自动打开防护门的程序段，M110子程序的编制如图8-8所示。在B10模块中，在MDI或者AUTO方式下，按下M110及循环启动键，R231.0发出一个上升沿脉冲，该脉冲触发MGET模块并执行M代码获取指令，即当0通道执行M110时，R174.0置位；在B15模块中，R174.1使B200.0置位；在B16模块中，B200.0使Y481.4置位，该节点是防护门的灯信号；在B17模块中，使防护门灯信号开启Y3.0；在B18模块中，X4.3判断门已经拉开到位，启动TMRB定时器，定时器号为87，时间单位为0，即分辨率为毫秒，时间为10ms，从而Y3.5置位，防护门被拉开到底。这样，B11模块的四个条件全部满足，对通道0的M110指令进行了准确的应答，M110指令周期结束。同样，在FANUC数控系统中也有类似的指令，只是它们的表现形式略有不同。

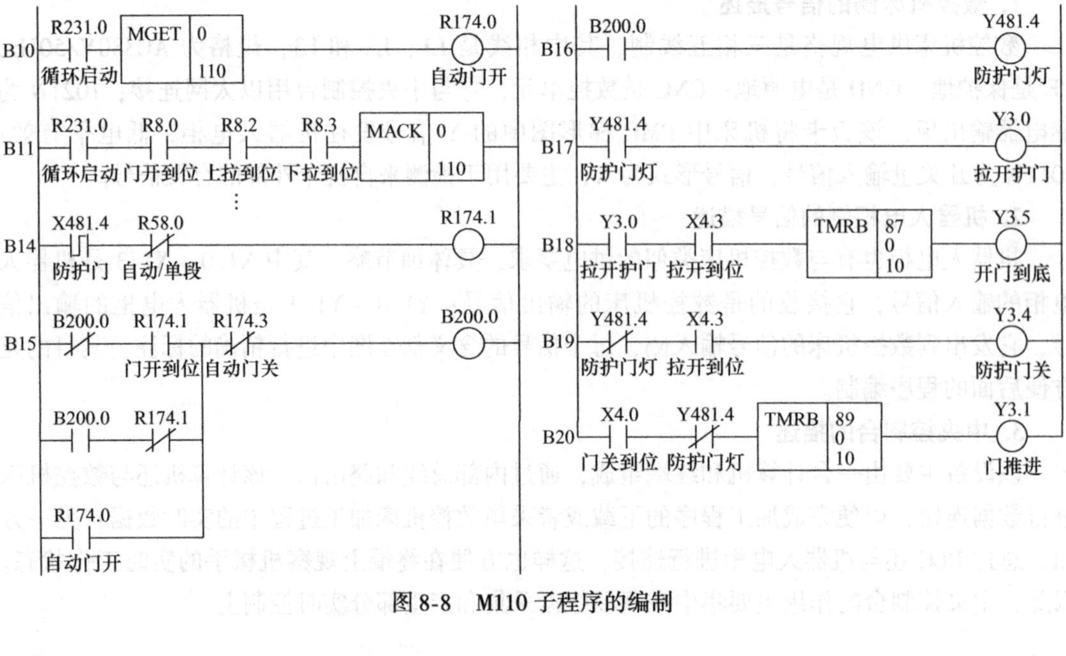

图8-8　M110子程序的编制

上面介绍的是通过 M 指令码的获取与响应来执行防护门的拉开操作，在 B14 模块中，在手动方式下，按下 X481.4，R174.1 会得到一个窄幅的方波信号，通过 B15 模块的前两行使 B200.0 置位，以执行后续的开门动作，之后的动作情况同前所述。由于这是一段编制很巧妙的一键启停控制程序，因此再按下一次 X481.4，防护门会执行相反方向的动作，读者也可以根据自己的理解重新编写这段典型的一键启停子程序。

M65 是关闭防护门的子程序，M65 子程序的编制如图 8-9 所示，它的结构与 M110 完全一样，这里将 B12 和 B13 模块分离出来是为了让读者更清晰地看到流程的主干线，分析过程不再赘述。

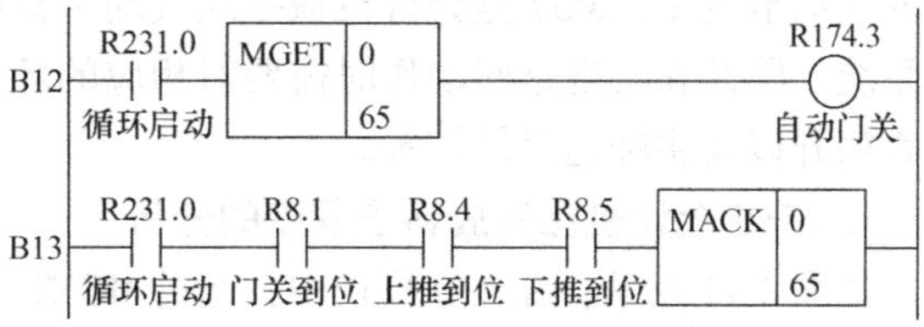

图 8-9　M65 子程序的编制

从图 8-8 中可以看到，B15 模块是一个类似于高级语言中的分支处理模块，前两行处理手动情况，后一行处理 M 指令，这是一种很好的梯形图编制方法，在学习中要逐渐积累并反复应用这种方法。

8.7.2　M133 和 M134 卡盘夹紧和放松子程序

M133 和 M134 分别是加工中心气动卡盘的夹紧和放松子程序，卡盘夹紧意味着工件被夹紧在卡盘上，这样可以利用主轴中的刀具进行切削加工；卡盘放松意味着被加工好的工件允许被取走，或者允许装入新的毛坯。图 8-10 所示为 M133 和 M134 子程序的编制。在 MDI 或者 AUTO 模式下，输入 M133 指令，B21 模块通过 MGET 功能获取 M133，R175.0 置位；B22 模块中 R175.0 常开节点闭合，线圈 Y3.2 置位，Y3.3 复位，这就意味着卡盘被夹紧；在 B23 模块中，在循环启动指令发出 1.5s（定时器设置为 1500ms）后，通过 MACK 使 M133 指令得到响应，其含义是告知 CNC 卡盘已经夹紧，之所以要有 1.5s 的延迟，主要是考虑卡盘夹紧需要一个短暂的时间，也就是 1.5s 后才告知 CNC 该动作已经完成。类似地，B24 ~ B27 模块显示了卡盘放松的程序段，若要进一步理解其原理，则可以参看图 8-6 所示的气动控制原理，图中清晰地定义了 Y3.2 和 Y3.3 的作用，这也是编写气动卡盘梯形图的主要依据。

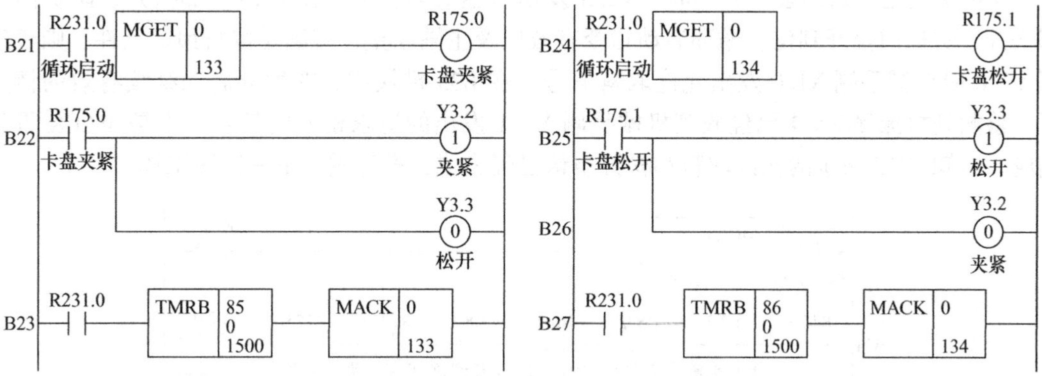

图 8-10　M133 和 M134 子程序的编制

防护门开启和关闭子程序除了可以在 MDI 和 AUTO 模式下执行以外，还允许在手动模式下开启和关闭防护门，但是，在卡盘的夹紧和放松子程序中，只编制了在 MDI 和 AUTO

模式下允许工作，没有编写在手动模式下夹紧和放松卡盘，这是为什么呢？请读者思考。

8.7.3 M56和M57机床放料和取料允许子程序

在该系统中，毛坯和成品工件是通过机械手进行放料（装入）和取料（取走）的，有时也称为机械手上料和下料。从数控机床的角度来看，M56是允许机械手将毛坯放入数控机床的气动卡盘中，M57是允许机械手从气动卡盘中取走成品工件。由于机械手并没有安装视觉系统，因此在实现这些动作时需要对相应的环境进行判断，如防护门是否打开、气动卡盘是否松开以及主轴是否停转等。

1. M56允许机械手放料子程序的分析

如图8-11所示，在B30模块中，通过MGET功能收到M56指令，并使继电器R16.0置位；B31模块是一系列条件的判断：Y2.2已经发出卡盘松开信号、防护门上部已经松开、防护门下部已经松开、防护门全开到位、循环启动指令有效以及主轴停止，若满足放料预定条件，则机床侧Y2.1向机械手侧X1.1发出允许放料信号；在B32模块中，在循环启动继续有效的情况下，检测到机床侧X5.2已经收到机械手侧Y1.2发送过来的请求夹紧的信号，于是MACK得到响应，告知CNC该步的允许放料和夹紧申请已经完成，准许进行下一步工作。

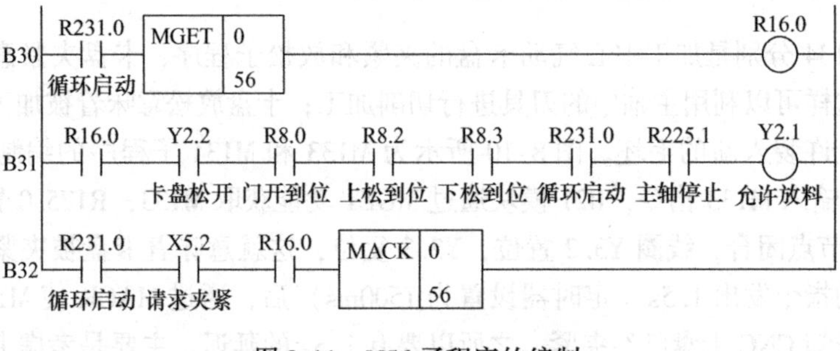

图8-11　M56子程序的编制

2. M57允许机械手取料子程序的分析

如图8-12所示，在B33模块中，通过MGET功能得到M57指令，并使继电器R16.1置位；B34模块是一系列条件的判断：Y2.3发出卡盘夹紧信号、防护门上部松开、防护门下部松开、防护门全开到位、循环启动指令有效以及主轴停止，若满足取料预定条件，则机床侧Y2.0向机械手侧X1.0发出允许取料信号；在B35模块中，在循环启动继续有效的情况下，检测到机床侧X5.1已经收到机械手侧Y1.1发出的请求松开的信号，于是MACK得到响应，告知CNC该步的允许取料和松开申请已经完成，准许进入下一阶段工作。

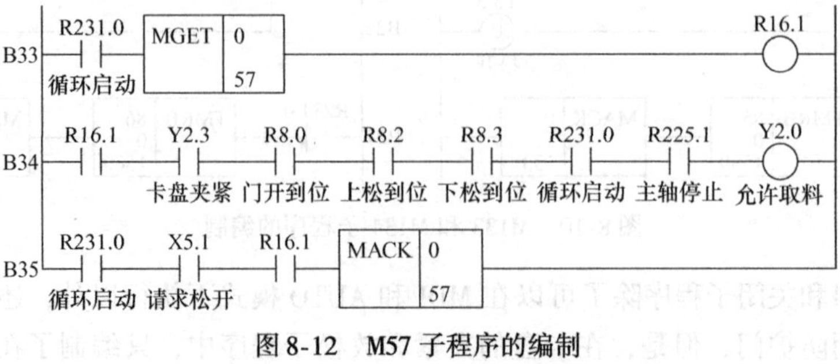

图8-12　M57子程序的编制

8.7.4　M72 和 M73 机械手请求卡盘放松和夹紧子程序

机械手夹持着工件并将其装入机床的气动卡盘，这个过程称为上料；相反，机械手将工件从机床的卡盘中取走，这个过程称为下料。从机械手的角度上来看，M72 是机械手向机床请求卡盘松开，M73 是机械手向机床请求卡盘夹紧，从而在机械手和机床之间建立正确的联络信号。

如图 8-13 所示，在 B40 模块中，在循环启动指令的作用下，通过 MGET 功能得到 M72 指令，并使 R16.2 置位；在 B41 模块中，在循环启动指令有效的情况下，如果检测到 X5.1 置位，即说明机床的卡盘已经松开，从而通过 MACK 获得 M72 指令已经得到执行的消息，并通知 CNC 系统，以便执行下一个步骤。M73 指令是一个相反的动作，详细过程如图 8-14 所示，这里不再赘述。

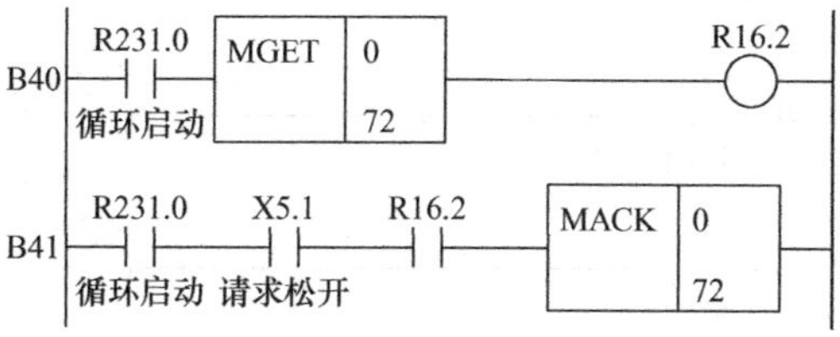

图 8-13　M72 子程序的编制

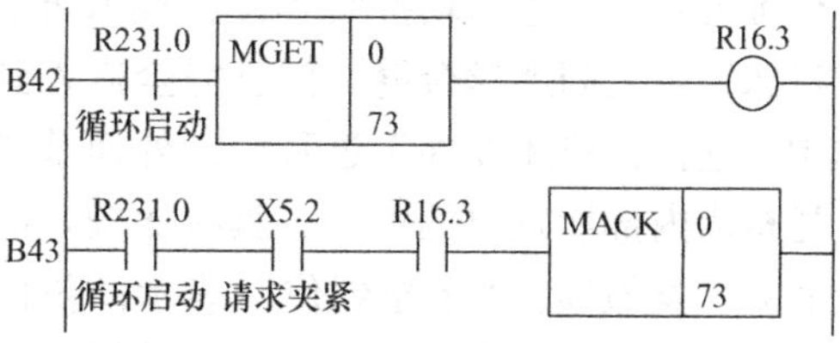

图 8-14　M73 子程序的编制

8.7.5　M74 和 M75 机械手放料完成和取料完成子程序

在机械手实现上料和下料的过程中，如何判断机械手已经放料到卡盘还是已经将工件从卡盘中取走是一个重要的问题，一种方法是在数控机床卡盘中安装一个传感器来检测是否有料，并由此做出相应的判断，但这种方法并不可靠，而且在卡盘上安装传感器也非常不方便。该系统采用的是机械手“告知”机床的方式来实现的，而且把该动作分成两步，第一步是机械手放料到卡盘，用 M56 完成；第二步是“告知”数控机床放料已经结束，只有机床在指定位上收到该信号，才可以确认该动作完成，用 M74 完成，以此类推，取料和取料完成也用同样的方法来实现。

如图 8-15 所示，在 B44 模块中，在循环启动指令有效的情况下，通过 MGET 功能得到 M74 指令，并使 R16.4 置位；在 B45 模块中，在循环启动指令继续有效的情况下，若 X5.3 收到高电平信号，则意味着收到了机械手发来的机械手放料已经完成的信号，然后，MACK 得到了正确的响应结果，该结果将被 CNC 接收，表示该步动作已经结束，允许下一步动作的执行。图 8-16 所示为 M75 子程序的编制，这里不再赘述。

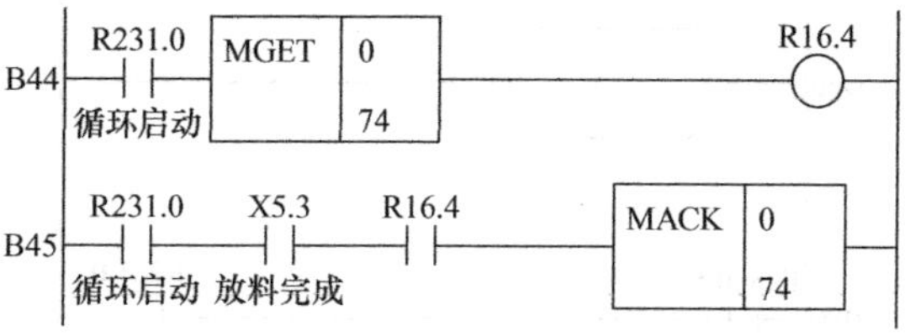

图 8-15　M74 子程序的编制

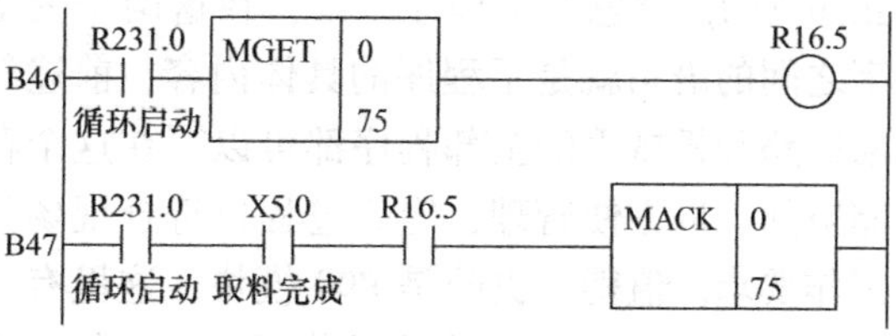

图 8-16　M75 子程序的编制

8.7.6 部分信号的预处理

在前面介绍的梯形图中，经常会看到R8.0～R8.5等信号，原来，这些都是来自数控机床输入端的采集信号，具体含义如图8-17所示。例如，在B50和B51模块中，R8.0来自X4.1，其含义是防护门开到位，R8.1来自X4.0，其含义是防护门关到位，显然，这两个信号表示了防护门所处的两个极限位置；而R8.2～R8.5则表示与防护门推紧和松开有关的状态，其中“上推到位”表示防护门的上部已经推紧到位，“下推到位”表示防护门的下部也推紧到位，上下均推紧到位，表示防护门与机床钣金之间严丝合缝，门已完全嵌入到门框中，这样，机床在加工过程中，外面基本听不见机床内部所发出的声音，具有比较好的隔音效果；类似地，“上松到位”表示防护门上部已经松开，“下松到位”表示防护门下部也松开，注意上下动作一定要协调，否则门会发生上下偏斜。实际上，门松开后只是一个过渡行为，或者说门从门框中脱离出来，在这种情况下，门才能够被拉开到底，注意门的拉开和返回与门的推进和松开在方向上是互相垂直的，图8-5清晰地显示了防护门的运行方向和特点。因此，在编制梯形图程序时，如果深刻地理解所涉及对象的动作特征，则可以比较好地编写出符合其运动规律的程序。

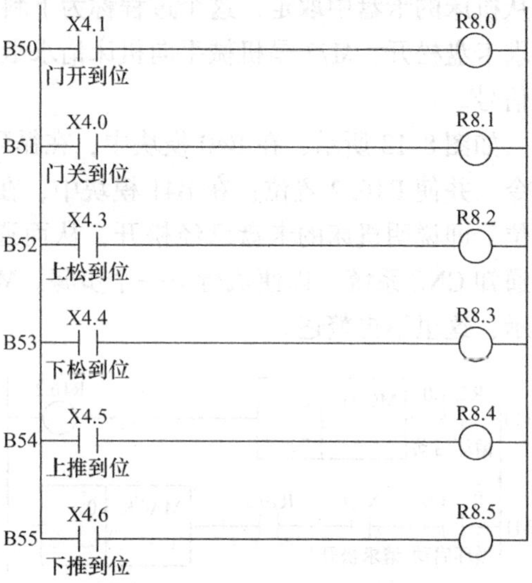

图8-17 部分防护门信号的含义

梯形图程序调用方式的说明。华中数控系统的梯形图是基于模块化的，这样可以方便用户根据功能来划分模块，其具体的调用方式如图8-18所示。B02是梯形图中比较靠前的一个模块，R400.0是条件调用节点，该节点有效时，后面的CALL语句有效，S75表示第75号子程序，该序号可以自由定义，S是英文Sub-Program的首字母，意思是子程序，显然，CALL S75表示调用第75号子程序，这是一条主调语句，建议将所有的任务都在此整齐和连续地排列。B08～B60模块是子程序体，SP表示子程序的开始，序号是75，B60模块表示子程序结束，其关键字是SPE，英文为Sub-Program End，意思是子程序结束，在这两个关键字之间的语句就是子程序的具体内容，前述气动回路和机械手的全部程序都可以写在这个存储空间，以方便管理，定义过程也符合现场的工作要求。值得一提的是B90模块，这里有一个F信号，其是CNC发出的信号，有效值范围是0～3119，而F2560是华中数控梯形图规定

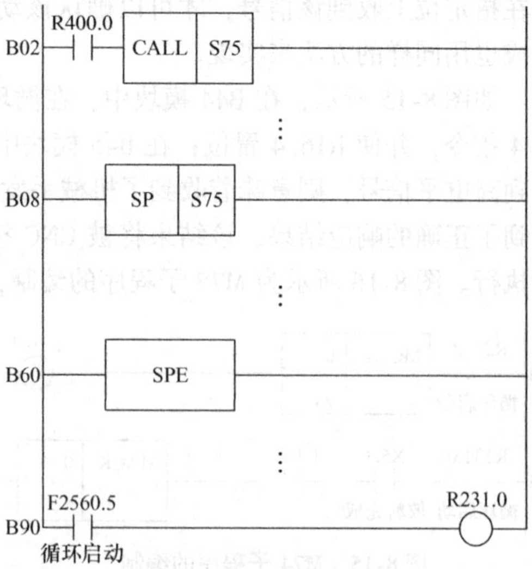

图8-18 程序的调用方式

的通道寄存器，每一位都有自己特定的含义，这里的 D5 位表示的是循环启动状态，“1”表示循环启动有效，通道号为 0。图 8-18 中将其安排在 B90 模块，实际可以根据需要将其安排在程序的某一个合适的位置上。

8.8 红外测量仪的测试与编程

8.8.1 红外测量仪的硬件组成

红外测量仪的作用是对工件进行在线几何测量，其测量项目包括工件的深度、圆度甚至是工件的坐标原点值等，因此首先要了解红外测量仪的安装方法、测量信号的产生、测量信号的合成与发送、测量信号的接收与转出以及数控单元的数值处理等。图 8-19 所示为典型红外测量仪的组成结构，其安装方式为分体式安装，发射器首先通过手工安装在刀套中，然后使用换刀指令将其转移到主轴夹持器中，而接收器则通过悬挂的方式安装在机箱内侧的某一合适位置，其基本原则是通过红外对管能够互相接收对方特定波长的信号。

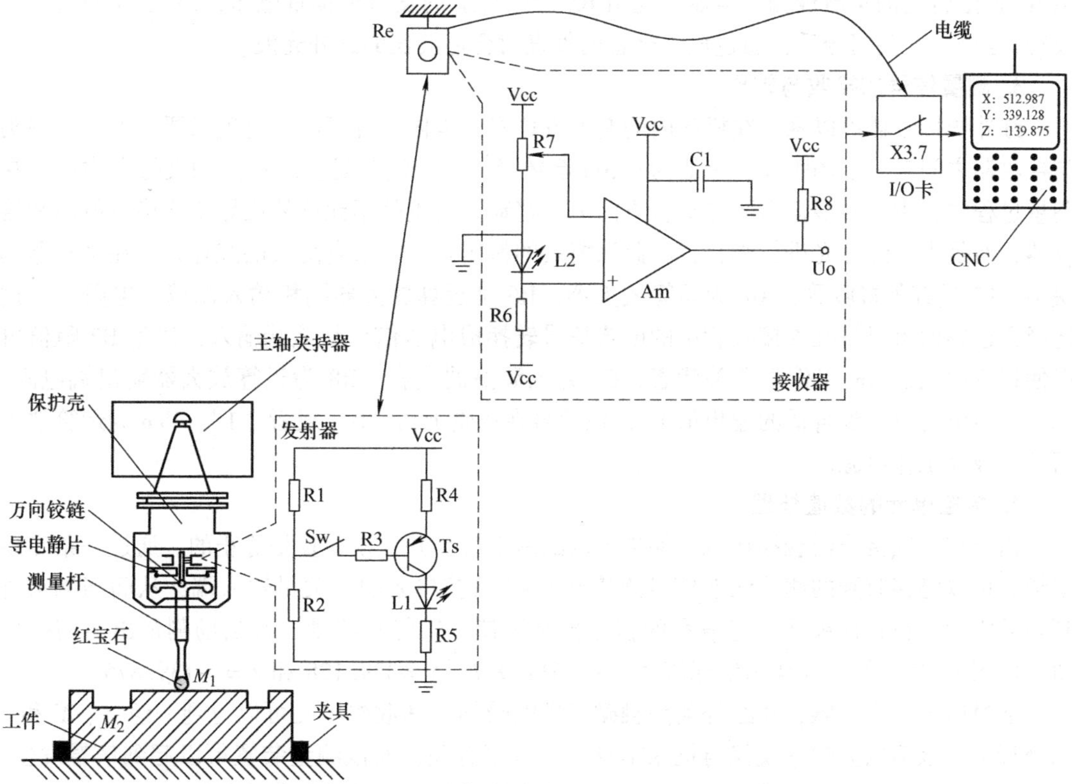

图 8-19　典型红外测量仪的组成结构

1. 测量信号的产生

从外观上来看，测量仪的一端与普通刀柄的形状是一样的，这样便于其在主轴和刀套之间实现位置的交换，图 8-19 中显示的是测量仪已经被安装在主轴夹持器中的情形，其特殊的锥形结构能够很好地锁紧仪器，不至于在运行过程中滑脱。测头的外部是坚硬的保护壳，内部是比较特殊的机电混合结构，一个是导电静片，另一个是可动的万向铰链，在外力的作用下，在任意方向上铰链与静片之间都可以产生开关信号，该信号可以被后续的晶体管放大电路接收和处理。测量杆是一根刚性的探针，其端部有一颗耐磨的红宝石，用于与被测物体接触。图 8-19 中显示了探针与工件从上表面碰撞并采集信号的一种位置情况，其中 M_1 是工件上表面上的一个点，M_2 是工件凹槽处的一个点，这两个点的位置需要在宏程序中确定。测量时，测头先移动到 M_1 点，并在数控单元中记录下该位置值，然后再移动到 M_2 点，记录下第二个位置值，两者相减便是工件指定两处的深度差值，该值可用于确定工件是否加工到合格尺寸，以便机械手根据情况将其送至数字化料仓中的合格品区或者是废品区，在后面的梯形图编制方法中将详细介绍这个过程。

2. 测量信号的合成与发送

该模块的作用是将状态信号进行合成和传送。由于测头体积很小，因此图 8-19 中将其内部结构进行放大和详细绘制，并用虚线框标示。从整体上来看，这是一个模拟放大电路，其中电阻 R1 和 R2 组成了偏置电路，用于建立放大电路的静态工作点，Sw 是前述的检测开关，状态是闭合或者打开，R3 是限流电阻，并在晶体管 Ts 的基极产生合适的电平信号，电阻 R4 产生合适的集电极偏置电压，电阻 R5 产生合适的发射极偏置电压，L1 是红外发射二极管，当 Sw 开关闭合后，通过该二极管向外发射合适波长的红外光波。

3. 测量信号的接收与转出

红外线接收器可以悬挂在机床内的右上方位置，具体位置可以通过现场调试确定。测头与接收器之间有一定的距离，一般为 0.5m 至数米。由于测头是安装在主轴夹持器中的，在测量过程中，主轴会根据需要在垂直方向上下移动，这里就不允许使用导线连接发射器和接收器，而是采用红外光进行耦合，因此该模块的作用是接收来自测头的红外光。在接收器模块中，L2 是红外接收管，Am 为运算放大器，R6 是运算放大器同相输入端偏置电阻，通过选择合适的值可以将红外接收管中的电流信号转换成电压信号从该端输入，调整 R7 阻值可以使运算放大器 Am 工作于开关状态，C1 为电源滤波电容，R8 为运算放大器输出端电阻，调整该阻值可以得到合适的输出值 Uo，该信号在逻辑上为“0”或者“1”，Vcc 为运算放大器的单极性工作电源。

4. 数控单元的数值处理

由于红外线接收器悬挂在机床保护罩内的右上方，并且该装置是静止的，通过一条专用电缆，可以将接收到的测量状态信号连接到 CNC 数控单元的开关量输入端，从而当测头碰到障碍物时，在数控单元特定编写的程序控制下使主轴停止移动，并当场测量出当前坐标值。以图 8-19 为例，其现场坐标值为：X = 512.987、Y = 339.128 和 Z = −139.875。

通过以上四个步骤，在红外测头触碰工件的瞬间，其数控单元可以得到一组 X、Y 和 Z 的坐标值，该值的分辨率仅仅与机床本身的分辨率有关，而该测量装置可以起到信号发生、空中光波传输和连接数控单元的作用，并产生合适的测量、记录和急停信号。

8.8.2 红外测量的软件调用

前述 8.5 节中介绍了 O0023 号主程序，其中，M98 P1412 是调用圆槽铣削子程序，M98 P1413 是调用刻字子程序，经过这两个加工环节之后，M98 P2061 则是调用红外测量子程序，该测量子程序中将调用两个非常重要的梯形图程序，即启动红外测头 M26 程序和关闭红外测头M27程序，还涉及梯形图和加工程序之间的条件调用，这样就大大拓宽了梯形图编制的领域。下面将详细介绍测量宏程序的含义，为后续的梯形图编制奠定基础。

%2061;	程序号
#50040 = 1.23;	送到屏幕上显示的初始化常数，本次测量完成后将被刷新
G91 G28 Z0.;	声明增量式编程，从当前位置直接回到参考点
G00 G90 G40 G49 G80;	声明快速移动，绝对式编程，取消刀具半径补偿，取消刀具长度补偿，取消固定循环
M06 T05;	转到5号位置，这里存放着一台红外测头
G00 G90 G57 X0. Y0.;	声明快速移动，绝对式编程，工件坐标系4选择，回到X-Y坐标原点
G01 Z50 F1000;	以线性进给方式移动到工件上方50mm处
M26;	启动红外测头
G04 X2.;	暂停刀具进给，延时2s
#755 = 1000;	保护晶格移动
#501 = 0.;	单元清零
#502 = 0.;	单元清零
#503 = 0.;	单元清零
G00 G90 G57 X0 Y0.;	声明快速移动，绝对式编程，工件坐标系4选择
#1 = 0.;	单元清零，测头在X轴的初始位置值
#2 = 0.;	单元清零，测头在Y轴的初始位置值
#3 = 30.;	常数赋值，测头在Z轴的初始位置值
G90 G57 G00 X#1 Y#2;	绝对式编程，工件坐标系4选择，快速移动到工件测量的第1点（图8-19中M1点）
G65 P9810 Z30. F1000;	宏非模态调用受保护的定位移动程序，快速向下
G65 P9810 Z#3 F1000;	宏非模态调用子程序，慢速向下
G90 G65 P9811 Z-3;	绝对式编程，宏非模态调用X、Y和Z平面测量
#501 = #635;	保存Z方向位置偏差值，保存M1点高度值到内存
G90 G57 G00 Z [#3 + #730];	绝对式编程，工件坐标系4选择，快速移动到安全位置
#1 = 0.;	确定测头在X轴的初始位置新参数
#2 = -14.2;	确定测头在Y轴的初始位置新参数
#3 = 30.;	确定测头在Z轴的初始位置新参数
G90 G57 G00 X#1 Y#2;	快速移动到工件测量的第2点（图8-19中M2点）
G65 P9810 Z30. F1000;	快下
G65 P9810 Z#3 F1000;	慢下
G65 P9811 Z-3.;	调用X、Y和Z平面测量
#502 = #635;	保存M2点高度值到内存
#503 = #501 - #502;	深度差计算：M1-M2
#50040 = #503;	深度差保存

```
G90 G57 G00 Z[#3 + #730];        测头上移到安全位置
M27;                             关闭测头
M99;                             反复执行
```

以上宏程序执行完毕后，在#50040单元中保存了图8-19中工件上M1和M2两点处的深度差值，该值是判断工件是否合格的一个重要指标。另外，在该测量程序中还包含了以下两段子程序，其一是受保护的定位移动M9810，其二是X、Y和Z平面测量M9811，由于这两段程序都很长，这里只取其中一段与梯形图编制有关的代码，用以说明如何编写相关梯形图程序，其余部分略去，进一步的内容可以参考机器中的有关代码。

1. 9810号子程序的部分代码

```
%9810;                                受保护的定位移动
……
G08;                                  停止预读
M90;                                  判断用户输入状态#1190 bit15是否为1。与梯形
                                      图编写有关
#1191 = #1191 | 64;                   输出到PLC中的移动状态字（第6位置1）
IF[AR[#23]NE 0] AND [AR[#24] NE 0] AND [AR[#25] NE 0];
                                      如果X、Y、Z均有定义
    G31 L4 G91 G01 X[#23]Y[#24]Z[#25] F[#5];
                                      三轴同时插补移动，与梯形图编写有关
    M90;
    IF #1190 & 64;                    如果检测到碰撞信号
        G91 G01 X[ - #23/ABS[#23] * 4]Y[ - #24/ABS[#24] * 4]Z[ - #25/ABS[#25]
* 4] F[#5];
                                      后退4mm
        G110 P - 8052;                极点尺寸，相对于上次编程的设定位置，同时发
                                      出遇见障碍物报警
    ENDIF;
ENDIF;
……
```

2. 9811号子程序的部分代码

```
%9811;                       X、Y和Z平面测量
G08;                         停止预读
M90;                         与梯形图编写有关
IF #1190 & 64;               如果检测到碰撞信号
    IF #23 GT 0;             计算并保存X轴测量面实际机床坐标位置
    #43 = #1360 + #600;
    ELSE   #43 = #1360 + #601;
ENDIF;
……
```

8.8.3　红外测量的梯形图编制

前一节介绍了测量子程序，其中的 M26、M27 和 M90 等内容均由梯形图程序来实现，现在简要说明这些梯形图程序的编写方法，由此可以清楚地看出主调程序与被调的梯形图程序之间的逻辑关系。

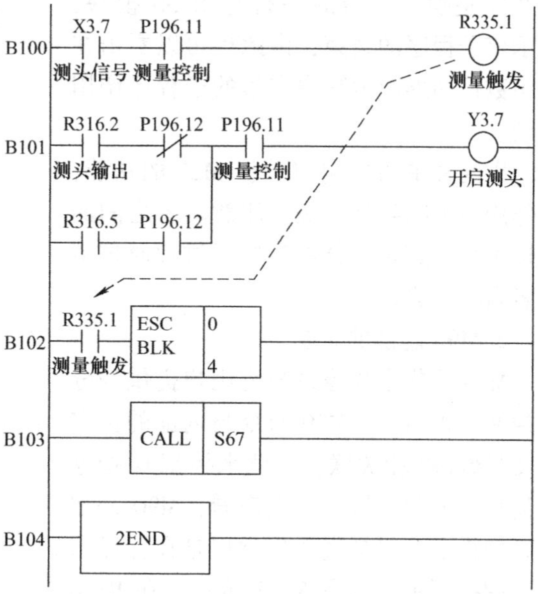

图 8-20　红外测头触发信号处理的梯形图编制

如图 8-20 所示，在 B100 模块中，X3.7 为测头信号，其为“1”时表示外部测头信号有效，P 是自定义参数，数据宽度为 16 位，其中 P196.11 是设定工件测量功能的有效或禁止位，当 P196.11 = 1 时激活工件测量功能，而当 P196.11 = 0 时则关闭测量功能，在禁止情况下，工件测量测头输入端、M 指令以及输出点均被屏蔽。显然，如果测头功能被激活，则 R335.1 置位，即测量触发信号有效，这时将激活 B102 模块，ESCBLK 有效，这是华中数控系统一条独特的语句，其作用是实现 G31 指令的跳段功能。实际上，这里构成了分支功能，其执行效果将与 9810 号子程序中的 G31 指令有关，当 R335.1 导通时，0 号通道的第一个 G31 语句激活 L4 语句，即三轴同时插补移动；当 R335.1 未导通时，该条语句不被执行，因此，加工程序和梯形图程序之间实现了一次条件判断，根据条件情况（0 或者 1）来实现预定的程序走向。而 B103 模块的作用是调用 67 号子程序，其语句是 CALL S67。至于 B101 模块，由于它涉及其他模块所引入的变量，后面再对此做关联说明。B104 模块中的 2END 是二级程序结束标志。

1. M26 和 M27 功能的说明

如图 8-21 所示，B110 模块是 67 号子程序的开始关键字。在 B111 模块中，R231.0 是循环启动命令，当该命令有效时，此节点导通，P196.12 原来是为开发 M28 功能而预留的，由于该功能未完全开发好，或者说该功能暂时不用，因此该节点就置为导通，而 P196.11 是测量有效信号的判断，在激活红外测头的情况下该节点也是导通的，则在 MGET 指令中，当 0 通道得到 M26 指令时，该指令就是启动红外测头指令，使 R316.0 线圈置位，这样，B113 中的 R316.0 节点导通，而 R316.1 也是导通的，但因为它是 M27 功能的，此时属于休眠状态，R29.0 是来自另一个模块的运行允许，所以，R316.2 线圈导通并且自锁，B101 模块（图 8-20）中的同名常开节点闭合，则 Y3.7 线圈得到能量，在数控机床上，这是一个信号指示灯，表示红外测头正式开启。B101 模块中还有 R316.5 和 P196.12 两个节点，正如先前描述，其是为开发 M28 而准备的，与上一行是逻辑“或”的关系，暂时可以不用考虑，这也是编制梯形图程序的一种方法，即预留一些位置，待条件成熟后可以很容易地插入所需功能。B114 模块编写得非常巧妙，R231.0 是循环启动信号，R316.2 是测量启动信号，这两个信号已均有效，关键是看 X3.7 的状况，若该节点断开，则此时还在测量中，若该节点闭合，则表示测量完毕，也就是在测量完毕后，MACK 响应，M26 得到完整执行，并将该状态告知 CNC，表示 M26 指令已经完整执行。最后一行是 B130 模块，表示该子程序的结束，由此也可以看出在华中数控梯形图编写中完整的子程序调用规则。

以同样的方式可以分析 M27 的功能，其作用是关闭红外测头，注意两者之间的互锁关系，其余的分析和执行过程原理由读者自行完成。

2. M90 功能的说明

M90 是华中数控系统为用户提供的分支控制流程语句。M90 指令与内部的预定义变量#1190 相关联，由此来控制 G 指令的流程。因此，从形式上来看，M90 是加工程序指令，但是其实现过程是在梯形图程序中执行的。如图 8-22 所示，在 B150 模块中，R231.0 循环启动信号有效，或者在自动状态，MGET 检测到 M90 命令，则 R334.0 线圈置位。同时，在 B152 模块中，由于测量触发信号 R335.1 有效，则 USERIN 模块有效，其作用是控制 0 通道中 G 指令的执行顺序，如果#1190 单元中的第 6 位（由 USERIN 模块定义）为 1，表明遇见了障碍物，则执行测头后退 4mm 指令，并发出第 8052 号报警。B153 模块用于判定 M90 指令得到响应并告知 CNC 系统。当然，如果没有遇见障碍物，则测头会继续前行，并跳过这条语句。B151 模块也是对#1190 单元中的第 5 位的情况而做出的判断，其含义由读者自行分析。

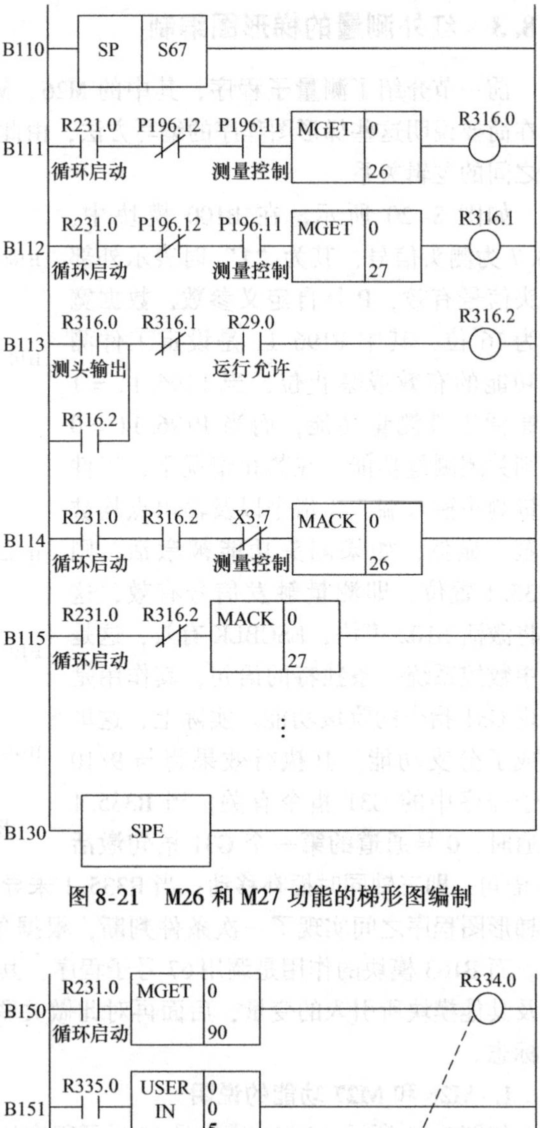

图 8-21　M26 和 M27 功能的梯形图编制

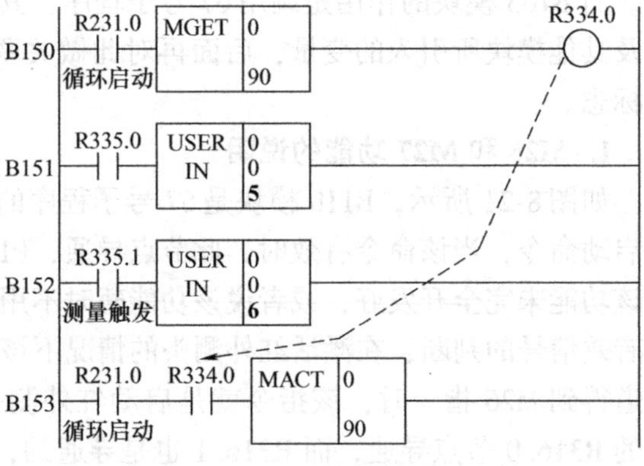

图 8-22　M90 功能的梯形图编制

8.8.4　红外测量仪进一步应用的讨论

为了进一步提高金属加工过程的工作效率，对于规整毛坯工件来说还有更进一步的应用，如测量工件上表面的几何中心点，工件坐标系的建立也可以采用这种方法来实现。目前，加工过程中主要面临的是工件坐标系的自动确定，也称之为对刀，对刀工作至今还是必须手动操作来完成，如何利用这种方法来实现自动对刀是提高工效的重要步骤。

1. 工件坐标系的建立

任何一种工件被装夹到数控机床工作台卡爪上之后，加工前必须先确定工件的坐标系（即对刀），对于规整工件来说，一般将工件上表面的几何中心作为工件坐标系。通常情况下，如果采用人工方法对刀，就需要利用手动脉冲发生器、刀具以及纸片进行分中对刀，劳动强度大，过程烦琐，测得的数据需要手工填写到指定数据单元中，如果不慎写错就会使得刀具长度补偿值错误，造成工件加工的错误乃至报废。如果采用如图8-23所示的方法，编写一段宏程序并调试好，然后依次触碰 M_1、M_2、M_3 和 M_4 四个测量点，通过中点坐标计算，最终得出工件原点坐标 O(X0，Y0)，该对刀过程是通过程序自动实现的，无须人工干预，对刀精度高，且节省劳动力。

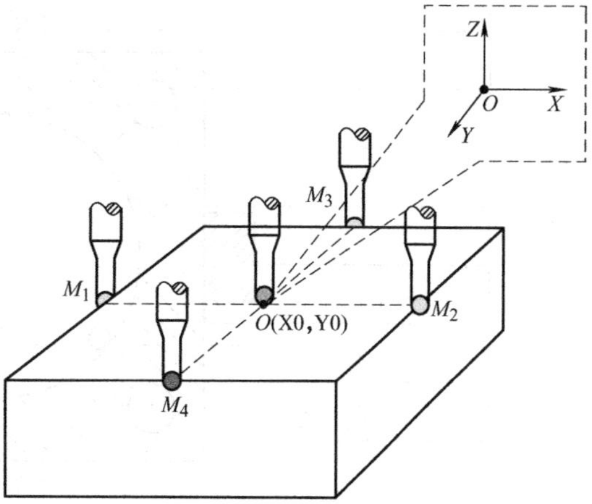

图 8-23　工件坐标系的建立

2. 工件高度及弧度的复合测量

如图8-24所示，在加工过程中，除了需要控制槽的高度外，有时还需要测量一种特定的弧线，其若干个采样点分别为 M_1、M_2、…、M_n。为了提高加工效率，可以在加工过程中适当插入检测周期，对这些所规定的关键点进行在线测量，通过数值判断，并形成实际的弧线，将实际弧线与理想弧线进行偏差比较，以确定下一步的进给速率，同时确保工件取出后其尺寸符合预定要求，避免因尺寸不合格而需要对工件进行二次装夹和再次加工的情况，提高了生产的自动化程度。

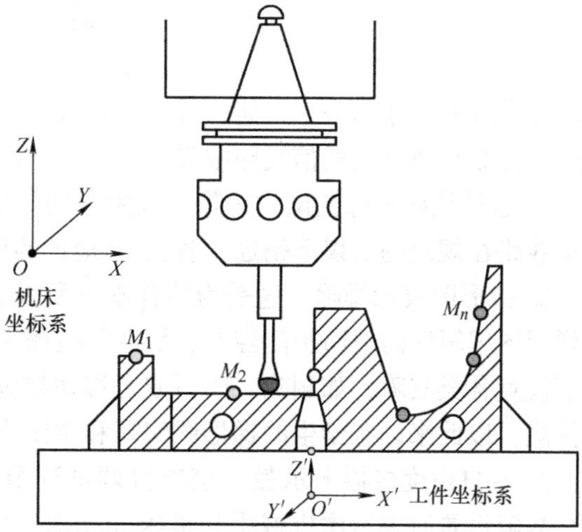

图 8-24　加工过程中槽的高度及弧度的复合测量

3. 寻找孔的中心

在加工过程中，有些工件经过上一道工序的加工后，还要在本工序继续加工，如图8-25所示，其中大圆已经加工完成，而且已经不允许再加工，余下的任务是需要在矩形的四个角上加工对称的四个小圆孔，那么如何定位这四个小圆孔的圆心呢？首先需要寻找大圆的圆心坐标，可以在上述测头程序的基础上，继续开发出通过两条直线的垂直平分线的焦点来确定大圆圆心的宏程序，然后通过偏移的方法正确地定位另外四个小圆孔的精确位置，通过钻孔、粗镗和精镗来满足最终的加工精度。显然，如果采用人工通过指示表寻找圆孔中心会比较烦琐，定位精度也比较低。这里采用红外测头、精确开发的宏程序以及增量方式编程等步骤，就可以比较好地解决这个问题。

通过以上三个实际的例子说明了红外测量的进一步应用，这里虽然没有提出进一步的细节，但读者完全可以在此基础上寻找出更有效的方法来提高金属加工过程中的红外测量水平。

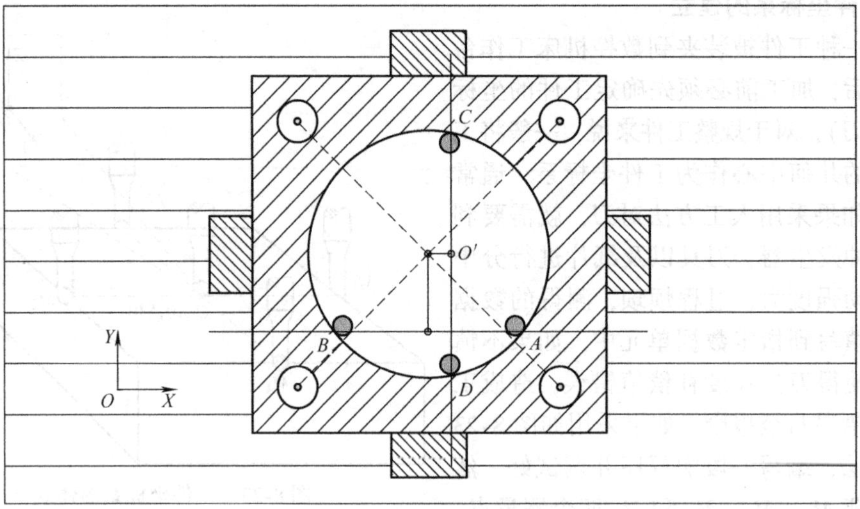

图 8-25　寻找孔的中心

习　　题

综合练习。作为一个智能产线，在投入生产之前，需要排除设备中的电气故障、梯形图故障、参数故障甚至通信线路故障等，针对本课程的特点，请按顺序完成如下工作。

1. 通信线路故障测试与排除。该阶段的目的是修复各种设备的线路连接故障，并保证通信线路在规定的协议下畅通。各类 IP 地址的设置是本环节训练的重要内容。

2. 梯形图故障排除。这是为结合本书所设定的重要环节之一，指导教师可以在数控机床梯形图编辑区内对防护门控制、机床与机械手联络信号、卡盘控制、机械手取料及放料等环节设置各类故障，如删除、改写或者移动相应梯形图程序，让学生根据故障现象进行分析和排除，以此来训练学生的梯形图编写和调试能力。

3. 六自由度机器人示教。该项目调试环节中有部分信号与数控机床有信号联络关系，进行故障设置时要考虑机械手与机床（如加工中心）的接口关系。例如，当机床的防护门关闭时，机床机械手是无法伸入到机床内进行放料和取料的，否则会发生碰撞事故。该过程需要进行数次模拟伸入和退出防护门，以检验各类联络信号的正确性。

4. 手动对刀。原则上，每一把刀都需要精确对刀，并且在刀具长度补偿单元和刀具半径补偿单元正确地写入数据。表 8-1 所列为刀具长度补偿值。

表 8-1　刀具长度补偿值

刀号	长度值/mm	长度磨损值/mm
1	-194. 570	0. 581（计算值）
2	-177. 800	0. 000
3	-194. 590	0. 000
4	0. 000	0. 000

5. 正式加工第一个工件的过程描述。机械手复位→去5#料仓→RFID识别→7轴前进→进安全门→放料进卡盘→卡盘夹紧→机械手退出→防护门关闭→加工外圆→刻字→在线测量并读取数据（如1.5674mm）→结论：不合格→机械手取出工件→再次RFID识别→11#仓（不合格区）→机械手复位。

6. 正式加工第二个工件的过程描述。机械手复位→去6#料仓→RFID识别→7轴前进→进安全门→放料进卡盘→卡盘夹紧→机械手退出→防护门关闭→加工外圆→刻字→在线测量并读取数据（如1.012mm）→结论：合格→机械手取出工件→再次RFID识别→14#仓（合格区，依据算法放置）→机械手复位。

7. 正式加工第三个工件的过程描述。机械手复位→去7#料仓→RFID识别→7轴前进→进安全门→放料进卡盘→卡盘夹紧→机械手退出→防护门关闭→加工个性化产品→机械手取出工件→再次RFID识别→15#仓（合格区）→机械手复位。

通过上述过程中的设备连接、IP地址设置、梯形图编写与调试、机器人示教、手动对刀乃至最终加工出三个工件，可以看出梯形图编辑所起的作用。这些功能包括机床与外部设备信号的接口、机床自定义功能的实现、梯形图与加工程序之间具有特定的数据接口等，这些功能的调试与实现使得数控机床从孤岛走向了与其他设备的融合，极大地提高了数控机床的功能和价值，这些工业设备在数字信息上的互联和互通也提高了现代制造业在社会发展中的地位。

参考文献

[1] KARL-HEINZ J, TIEGELKAMP M. IEC61131-3：Programming Industrial Automation Systems [M]. 2nd ed. Berlin：Springer-Veflag Company，2001.
[2] 廖常初 . PLC 基础及应用 [M]. 3 版 . 北京：机械工业出版社，2017.
[3] 杉布，王蔚庭 . IEC61131-3 国际标准简介 [J]. 国内外机电一体化技术，2001(1)：54－57.
[4] 李鄂民 . 液压与气压传动 [M]. 北京：机械工业出版社，2001.
[5] 郭昆丽，黄杰，杨过 . 小型 PLC 功能流程图编程的转换方法 [J]. 西安工程大学学报，2013，27(5)：633－636.
[6] 乔培平 . 基于 PLC 的液压滑台控制系统设计 [J]. 机械工程与自动化，2014(1)：155－156.
[7] 钟俊，章旋，张学斌，等 . IEC61131-3 标准控制逻辑组态跨平台仿真研究 [J]. 测控技术，2013，32(6)：112－115.
[8] 金沙 . 顺序功能图在深孔钻床设计中的应用 [J]. 自动化与仪器仪表，2014(4)：111－112.
[9] 李强，吴松松，严义，等 . 嵌入式 PLC 中顺序功能图向 AOV 的映射 [J]. 控制工程，2013，20(2)：272－275.
[10] 嵇海旭，梁秀娟 . 用顺序功能图实现复杂顺序 PLC 控制 [J]. 制造业自动化，2012，34(13)：71－73.
[11] 方富贵 . 图论的算法和应用研究 [J]. 计算机与数字工程，2012，40(2)：115－117.
[12] 陈泽南 . 圆盘式刀库控制方法的应用及分析 [J]. 机床与液压，2013，41(4)：28－30.
[13] 葛甜，李春梅，冯虎田，等 . 盘式刀库及机械手可靠性增长试验方法研究 [J]. 组合机床与自动化加工技术，2012(11)：12－14.
[14] 华红芳，邹晔，严勇，等 . 圆盘式刀库加工中心随机换刀系统的研究 [J]. 机床与液压，2010，38(18)：26－27.
[15] 朱文艺，张庆乐 . 数控加工中心自动换刀机构动作过程及控制原理研究 [J]. 武汉工程职业技术学院学报，2009，21(1)：5－9.
[16] 赖思琦，黄恒 . 基于 FANUC 0i 系统的加工中心刀库控制 [J]. 机床与液压，2012，40(16)：94－95.
[17] 杨林，李笑，李传军 . 基于 PLC 的液压多路阀试验台设计 [J]. 机床与液压，2014，42(4)：76－77.
[18] FRANK R GIORDANO，WILLIAM P FOX，STEVEN B HORTON，et al. 数学建模 [M]. 叶其孝，姜启源，等译 . 北京：机械工业出版社，2014.
[19] 赵永满，梅卫江，吴疆，等 . 机械故障诊断技术发展及趋势分析 [J]. 机床与液压，2009，37(10)：255－256.